郑阿奇 主编

刘启芬　顾韵华 编著

高等院校程序设计规划教材

SQL Server

教程（第3版）

U0347302

清华大学出版社

北京

内 容 简 介

本书以 Microsoft SQL Server 2012 中文版为平台,系统地介绍 SQL Server 基础、实验和综合应用实习三部分内容。全书由图书管理系统数据库引领,其他数据库辅助。SQL Server 基础内容主要包括数据库基础、SQL Server 2012 简介和安装、数据库和表、数据库的查询和视图、T-SQL 语言、索引与数据完整性、存储过程和触发器、系统安全管理、备份与恢复、其他概念等。实验部分训练 SQL Server 基本操作和基本命令,分基本训练和扩展训练两部分,基本训练主要操作教程实例;扩展训练给出要求,自己设计命令,其数据库自成系统。综合应用实习部分通过创建 SQL Server 2012 实习数据库及其数据库常用对象,将数据库、表、视图、触发器、完整性、存储过程等进行综合应用;之后介绍目前最流行的 4 种开发平台(包括 PHP 5.3.29、Java EE(8/8/2014)、ASP. NET 4.5 和 Visual C♯ 2013)操作 SQL Server 2012 数据库,统一开发图书管理系统。实例既典型又小而精,教和学都非常方便。

本书免费提供教学课件和配套的客户端——SQL Server 2012 应用系统数据库及所有源程序文件。

本书可以作为大学本科、高职高专数据库课程教材和社会培训教材,也可供广大数据库应用开发人员参考。

图书在版编目(CIP)数据

SQL Server 教程/郑阿奇主编. —3 版. —北京:清华大学出版社,2015(2021.8重印)
高等院校程序设计规划教材
ISBN 978-7-302-39346-7

Ⅰ. ①S… Ⅱ. ①郑… Ⅲ. ①关系数据库系统—高等学校—教材 Ⅳ. ①TP311.138

中国版本图书馆 CIP 数据核字(2015)第 024972 号

责任编辑:张瑞庆
封面设计:常雪影
责任校对:焦丽丽
责任印制:杨 艳

出版发行:清华大学出版社
　　网　　　址:http://www.tup.com.cn,http://www.wqbook.com
　　地　　　址:北京清华大学学研大厦 A 座　　　　　　　　邮　编:100084
　　社 总 机:010-62770175　　　　　　　　　　　　　　邮　购:010-83470235
　　投稿与读者服务:010-62776969,c-service@tup.tsinghua.edu.cn
　　质量反馈:010-62772015,zhiliang@tup.tsinghua.edu.cn
　　课件下载:http://www.tup.com.cn,010-83470236
印 刷 者:北京富博印刷有限公司
装 订 者:北京市密云县京文制本装订厂
经　　销:全国新华书店
开　　本:185mm×260mm　　　印　张:26　　　字　数:624 千字
版　　次:2005 年 8 月第 1 版　　2015 年 5 月第 3 版　　印　次:2021 年 8 月第 8 次印刷
定　　价:59.00元

产品编号:062131-02

FOREWORD

前 言

Microsoft SQL Server 是使用最为广泛的大中型关系型数据库管理系统,目前主要流行的版本是 SQL Server 2012。我国高校的许多专业都开设了介绍 SQL Serve 数据库的课程。2005 年,我们结合教学和应用开发实践,推出了《SQL Server 教程》,该教程把介绍内容和实际应用有机地结合起来,得到了高校师生和广大读者的广泛好评,取得了很好的效果。2010 年出版的《SQL Server 教程(第 2 版)》以 SQL Server 2008 中文版为教学和开发平台,沿袭了第 1 版的体系结构,详略结合,基础与应用并存,使读者能够做一些应用实践,设计开发应用系统。

本书以 Microsoft SQL Server 2012 为平台,结合近年来教学与应用开发实践,在简单介绍数据库基础后,系统地介绍 SQL Server,然后是 Server 实验和综合应用实习。全书由图书管理系统数据库贯穿,其他数据库辅助。SQL Server 2012 部分内容包括数据库和表、数据库查询和视图、游标、T-SQL 语言、索引与数据完整性、存储过程和触发器、系统安全管理、备份与恢复以及其他概念等。

实验部分训练 SQL Server 基本操作和基本命令,分基本训练和扩展训练两部分,基本训练主要操作教程实例;扩展训练给出要求,自己设计命令,其数据库自成系统。

Server 综合应用实习以当前最流行数据库应用开发工具为平台开发 SQL Server 数据库应用系统,平台包括 PHP 5.3.29、Java EE (8/8/2014)、ASP. NET 4.5 和 Visual C♯ 2013 等,开发具有相同功能的同一个数据库应用系统。选用的实例既典型又小而精,教和学都非常方便。

本书配有教学课件和配套的客户端——SQL Server 2012 应用系统数据库和所有源程序文件,可以从清华大学出版社网站(http://www.tup.com)免费下载。

本书由南京师范大学郑阿奇主编,南京师范大学刘启芬和南京信息工程大学顾韵华编著。参加本书编写的还有丁有和、曹弋、孙德荣、周怡明、刘博宇、郑进、周何骏、陶卫冬、严大牛、周怡君、吴明祥、王海娇、韩翠青、孙承龙等。此外,还有许多同志对本书提供了很多帮助,在此一并表示感谢!

由于作者水平有限,书中错误在所难免,敬请广大读者批评指正。

作 者
2015 年 1 月

目录

高等院校程序设计规划教材

第二部分 实　　验

第三部分 综合应用实习

第一部分　SQL Server 基础

CHAPTER 第 1 章

数据库基础

把按一定模型组织的数据称为**数据库**(DataBase,DB)。数据库是事务处理、信息管理等应用系统的核心和基础,**数据库管理系统**(DataBase Management System,DBMS)就是管理数据库的系统,它将大量的数据按一定的数据模型组织起来,提供存储、维护、检索数据的功能,使应用系统可以统一的方式方便、及时、准确地从数据库中获取所需信息。Microsoft公司推出的 SQL Server 数据库管理系统以其强大的功能在各领域得到广泛应用。

1.1 一个简单的数据库应用系统

项目内容:开发一个图书借阅系统。

对于图书借阅系统,主要应有以下功能:

(1) 学生(读者)信息的插入、删除、修改和查询。

(2) 图书信息的插入、删除、修改和查询。

(3) 实现图书的借还登记。

图书借阅系统中涉及的主要数据对象是"学生(读者)"和"图书","学生"涉及的主要信息有借书证号、姓名、专业、性别、出生时间、借书量和照片;"图书"涉及的主要信息有 ISBN、书名、作者、出版社、价格、复本量和库存量。图书借阅系统通过处理上述数据对象的相关信息,实现特定功能。

在项目开发时,必须选择一个合适的数据库管理系统将数据按一定**数据模型**组织起来,并对数据进行统一管理,为需要使用数据的应用程序提供一致的访问手段。数据模型主要包括关系模型、层次模型和网状模型。目前,关系模型较为常用。

关系模型以二维表格(关系表)的形式组织数据库中的数据。例如,表 1.1 描述了某一时刻学生图书借阅系统中的学生数据。

表 1.1 学生表

借书证号	姓 名	专业名	性别	出生时间	借书量	照片
10000001	王娟	计算机	女	1982-10-10	4	
10000002	李宏	计算机	男	1983-09-08	3	
10000003	朱小波	计算机	男	1983-12-09	3	
20000001	李小丽	英语	女	1982-01-09	2	
20000002	吴涛	英语	男	1984-01-18	0	

表格中的一行称为一个记录，一列称为一个字段（域），每列的标题称为字段名。如果给每个关系表取一个名字，则有 n 个字段的关系表的结构可表示为：关系表名（字段名 1，…，字段名 n），通常把关系表的结构称为关系模式。

在关系表中，如果一个字段或字段最小组合的值可唯一标识其对应记录，则称该字段或字段组合为码。例如，表 1.1 的"借书证号"可唯一标识每一个学生。有时一个表可能有多个码，如果规定在表 1.1 中姓名不允许重名，则"借书证号"、"姓名"均是码。对于每一个关系表，通常可指定一个码为"主码"，在关系模式中，一般用下横线标出主码。若设表 1.1 的名字为 XS，则表 1.1 的关系模式可表示为：XS（借书证号，姓名，专业，性别，出生时间，借书量，照片）。

目前，主流的关系型数据库管理系统（RDBMS）包括 Oracle、SQL Server、MySQL、Access 和 Visual FoxPro 等。SQL Server 是目前最流行的关系数据库管理系统。

SQL（Structured Query Language，结构化查询语言）是用于关系数据库查询的结构化语言。SQL 的功能包括数据查询、数据操纵、数据定义和数据控制 4 个部分。

1.2 数据库设计

数据模型按不同的应用层次分成三种类型：概念数据模型、逻辑数据模型和物理数据模型。

1.2.1 概念数据模型

概念数据模型（Conceptual Data Model）是面向数据库用户的实现世界的模型，主要用来描述世界的概念化结构，它使数据库的设计人员在设计的初始阶段，摆脱计算机系统以及 DBMS 的具体技术问题，集中精力分析数据以及数据之间的联系等，与具体的数据管理系统无关。概念数据模型必须换成逻辑数据模型，才能在 DBMS 中实现。

概念数据模型用于信息世界的建模，一方面应该具有较强的语义表达能力，能够方便直接表达应用中的各种语义知识，另一方面还应该简单、清晰、易于用户理解。在概念数据模型中最常用的是 E-R 模型、扩充的 E-R 模型、面向对象模型及谓词模型。

通常，E-R 模型把每一类数据对象的个体称为"实体"，而每一类对象个体的集合称为"实体集"，例如，在图书管理系统中主要涉及"读者"（又称学生）和"图书"等实体集，非主要实体集还有班级、班主任等。把每个实体集涉及的信息项称为属性。"读者"实体集属性有借书证号、姓名、性别、出生时间、专业和借书量等，另外照片也用于该实体。"图书"实体集属性有 ISBN、书名、作译者、出版社、价格、复本量、库存量和内容提要等，另外索书号、封面照片也用于该实体。"班级"实体集属性有班级编号、院系、专业和人数等。"班主任"实体集属性有员工号、姓名和联系电话等。

实体集中的实体彼此是可区别的。如果实体集中的属性或者最小属性组合的值能唯一标识其对应实体，则将该属性或属性组合称为码。码可能有多个，对于每一个实体集，可指定一个码为主码。

实体集之间存在各种关系，通常把这些关系称为"联系"。通常将实体集及实体集联系的图表示称为实体-联系（Entity-Relationship，E-R）模型。E-R 图就是 E-R 模型的描述方法,即实体-联系图。通常,关系数据库的设计者使用 E-R 图来对信息世界建模。在 E-R 图中,使用矩形表示实体型,使用椭圆表示属性,使用菱形表示联系。用线段连接实体集与属性,当一个属性或属性组合指定为主码时,在实体集与属性的连接线上标记一斜线,如图 1.1 所示。

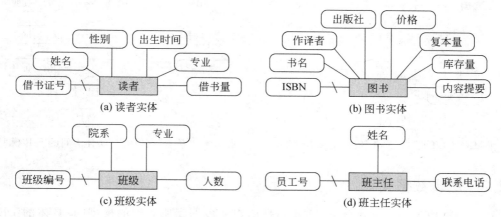

图 1.1　实体集属性的描述

从分析用户项目涉及的数据对象及数据对象之间的联系出发,到获取 E-R 图的这一过程称为概念结构设计。

两个实体集 A 和实体集 B 之间的联系可能是以下三种情况之一。

1. 一对一的联系(1 : 1)

A 中的一个实体至多与 B 中的一个实体相联系,B 中的一个实体也至多与 A 中的一个实体相联系。例如,"班级"与"班主任"这两个实体集之间的联系是一对一的联系,因为一个班级只有一个班主任,反过来,一个班主任只属于一个班级。"班级"与"班主任"两个实体集的 E-R 模型如图 1.2 所示。

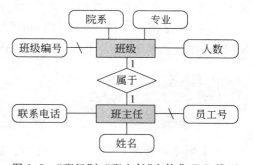

图 1.2　"班级"与"班主任"实体集 E-R 模型

2. 一对多的联系(1 : n)

A 中的一个实体可以与 B 中的多个实体相联系,而 B 中的一个实体至多与 A 中的一个实体相联系。例如,"班级"与"读者"这两个实体集之间的联系是一对多的联系,因为一个班级可以有若干个读者,反过来,一个读者只能属于一个班级。"班级"与"读者"两个实体集的 E-R 模型如图 1.3 所示。

3. 多对多的联系(m : n)

A 中的一个实体可以与 B 中的多个实体相联系,而 B 中的一个实体也可与 A 中的多个实体相联系。例如,"读者"与"图书"这两个实体集之间的联系是多对多的联系,因为一个读者可借多本图书,反过来,一个书号的图书可被多个学生借。"读者"与"图书"两个实体集的 E-R 模型如图 1.4 所示。

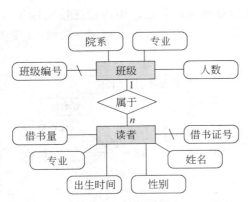

图 1.3 "班级"与"读者"实体集 E-R 模型

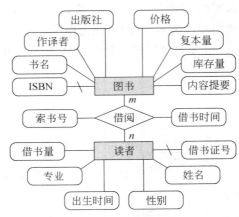

图 1.4 "读者"与"图书"实体集间的 E-R 模型

1.2.2 逻辑数据模型

逻辑数据模型(Logical Data Model)是用户从数据库所看到的模型,是具体的 DBMS 所支持的数据模型。前面用 E-R 图描述图书管理系统中实体集与实体集之间的联系,为了设计关系型的图书管理数据库,需要确定包含哪些表,每个表的结构是怎样的,就是需要从 E-R 图获得关系模式。下面将根据三种联系从 E-R 图获得关系模式的方法。

1. (1∶1)联系的 E-R 图到关系模式的转换

对于(1∶1)的联系,既可以单独对应一个关系模式,也可以不单独对应一个关系模式。

(1) 联系单独对应一个关系模式,则由联系属性、参与联系的各实体集的主码属性构成关系模式,其主码可以选择参与联系的实体集的任一方的主码。

例如,考虑图 1.2 描述的"班级(bj)"与"班主任(bzr)"实体集通过属性(sy)联系 E-R 模型,可设计如下关系模式(下横线表示该字段为主码):

```
bj(班级编号,院系,专业,人数)
bzr(员工号,姓名,联系电话)
sy(员工号,班级编号)
```

(2) 联系不单独对应一个关系模式,联系的属性及一方的主码加入另一方实体集对应的关系模式中。

例如,考虑图 1.2 描述的"班级(bj)"与"班主任(bzr)"实体集通过属于(sy)联系 E-R 模型,可设计如下关系模式:

```
bj(班级编号,院系,专业,人数)
bzr(员工号,姓名,联系电话,班级编号)
```

或者

```
bj(班级编号,院系,专业,人数,员工号)
bzr(员工号,姓名,联系电话)
```

2.（1 : n）联系的 E-R 图到关系模式的转换

对于（1 : n）的联系，既可以单独对应一个关系模式，也可以不单独对应一个关系模式。

（1）联系单独对应一个关系模式，则由联系的属性、参与联系的各实体集的主码属性构成关系模式，n 端的主码作为该关系模式的主码。

例如，考虑图 1.3 描述的"班级（bj）"与"读者（xs）"实体集 E-R 模型，可设计如下关系模式：

bj(班级编号,院系,专业,人数)
xs(借书证号,姓名,性别,出生时间,专业,借书量)
sy(借书证号,班级编号)

（2）联系不单独对应一个关系模式，则将联系的属性及 1 端的主码加入 n 端实体集对应的关系模式中，主码仍为 n 端的主码。

例如，图 1.3 描述的"班级（bj）"与"读者（xs）"实体集 E-R 模型可设计如下关系模式：

bj(班级编号,院系,专业,人数)
xs(借书证号,姓名,性别,出生时间,专业,借书量,班级编号)

3.（m : n）联系的 E-R 图到关系模式的转换

对于（m : n）的联系，单独对应一个关系模式，该关系模式包括联系的属性、参与联系的各实体集的主码属性，该关系模式的主码由各实体集的主码属性共同组成。

例如，图 1.4 描述的"读者（xs）"与"图书（book）"实体集之间的借阅联系（jy）可设计如下关系模式：

xs(借书证号,姓名,性别,出生时间,专业,借书量)
book(ISBN,书名,作译者,出版社,价格,复本量,库存量,内容提要)
jy(借书证号,ISBN,索书号,借阅时间)

关系模式 jy 的主码是由"借书证号"和"ISBN"两个属性组合起来构成的一个主码，一个关系模式只能有一个主码。

至此，已介绍了根据 E-R 图设计关系模式的方法，通常这一设计过程称为逻辑数据结构设计。

在设计好一个项目的关系模式后，就可以在数据库管理系统环境下，创建数据库、关系表及其他数据库对象，输入相应数据，并根据需要对数据库中的数据进行各种操作。

1.2.3　物理数据模型

物理数据模型（Physical Data Model）是面向计算机物理表示的模型，描述了数据在存储介质上的组织结构，它不但与具体的 DBMS 有关，而且还与操作系统和硬件有关。每一种逻辑数据模型在实现时都有对应的物理数据模型。DBMS 为了保证其独立性与可移植性，大部分物理数据模型的实现工作由系统自动完成，而设计者只设计索引、聚集等特殊结构。

1.3 数据库应用系统

数据、数据库、数据库管理系统与操作数据库的应用程序，加上支撑它们的硬件平台、软件平台和与数据库有关的人员一起构成了一个完整的数据库系统。如图 1.5 所示描述了数据库系统的构成。

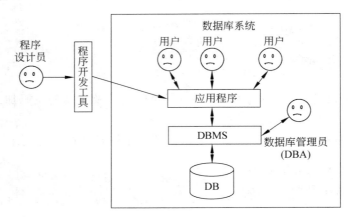

图 1.5　数据库系统的构成

1.3.1 应用系统的数据接口

客户端应用程序或应用服务器向数据库服务器请求服务时，首先必须和数据库建立连接。虽然现有的 DBMS 几乎都遵循 SQL 标准，但是不同厂家开发的 DBMS 有差异，存在适应性和可移植性等方面的问题，为此人们研究和开发了连接不同 DBMS 的通用方法、技术和软件接口。

1. ODBC 数据库接口

ODBC 即开放式数据库互连（Open DataBase Connectivity），是 Microsoft 公司推出的一种实现应用程序和关系数据库之间通信的接口标准。符合该标准的数据库就可以通过 SQL 语句编写的程序对数据库进行操作，但只针对关系数据库。目前所有的关系数据库都符合该标准。ODBC 本质上是一组数据库访问 API（应用程序编程接口），由一组函数调用组成，核心是 SQL 语句。

在具体操作时，首先必须用 ODBC 管理器注册一个数据源，管理器根据数据源提供的数据库位置、数据库类型及 ODBC 驱动程序等信息，建立 ODBC 与具体数据库的联系。这样，只要应用程序将数据源名提供给 ODBC，ODBC 就能建立与相应数据库的连接。

2. ADO 数据库接口

ADO（ActiveX Data Object）是 Microsoft 公司开发的基于 COM 的数据库应用程序接口，通过 ADO 连接数据库，可以灵活地操作数据库中的数据。使用 ADO 访问关系数据库有两种途径：一种是通过 ODBC 驱动程序，另一种是通过数据库专用的 OLE DB Provider，后者有更高的访问效率。

随着网络技术的发展，网络数据库及相关的操作技术也越来越多地应用到实际中，而数据库操作技术也在不断地发展完善。ADO 对象模型进一步发展成 ADO. NET。ADO. NET 是.NET FrameWork SDK 中用于操作数据库的类库总称,ADO. NET 相对于 ADO 的最大优势在于对数据的更新修改可在与数据源完全断开连接的情况下进行,然后再把数据更新的结果和状态传回到数据源,这样大大减少了由于连接过多对数据库服务器资源的占用。

3. ADO. NET 数据库接口

ADO. NET 数据模型从 ADO 发展而来,但它不只是对 ADO 的改进,而是采用了一种全新的技术。主要体现在以下几个方面:

(1) ADO. NET 不是采用 ActiveX 技术,而是与.NET 框架紧密结合的产物。

(2) ADO. NET 包含对 XML 标准的完全支持,这对于跨平台交换数据具有重要的意义。

(3) ADO. NET 既能在与数据源连接的环境下工作,又能在断开与数据源连接的条件下工作。特别是后者,非常适合网络应用,因为在网络环境下,始终保持与数据源连接并不好,不仅效率低、付出代价高,而且会引发由于多个用户同时访问而带来的冲突。因此,ADO. NET 系统集中主要致力于解决在断开与数据源连接的条件下数据处理的问题。

ADO. NET 提供了面向对象的数据库视图,并且在其对象中封装了许多数据库属性和关系。最重要的是,它通过多种方式封装和隐藏了很多数据库访问的细节。可以完全不知道对象在与 ADO. NET 对象交互,也不用担心数据移动到另外一个数据库或者从另一个数据库获得数据等细节问题。图 1.6 显示了通过 ADO. NET 访问数据库的接口模型。

数据层是实现 ADO. NET 断开式连接的核心,从数据源读取的数据先缓存到数据集中,然后被程序或控件调用。数据源可以是数据库或 XML 数据。

数据提供器用于建立数据源与数据集之间的联系,它能连接各种类型的数据源,并能按要求将数据源中的数据提供给数据集,或者从数据集向数据源返回编辑后的数据。

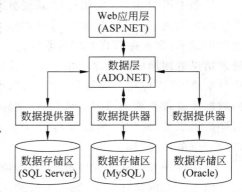

图 1.6　通过 ADO. NET 访问数据库的接口模型

4. JDBC 数据库接口

JDBC(Java DataBase Connectivity)是 JavaSoft（原来 Sun 公司的业务部门）开发的、用 Java 语言编写的用于数据库连接和操作的类和接口,可为多种关系数据库提供统一的访问方式。通过 JDBC 对数据库的访问包括 4 个主要组件:Java 应用程序、JDBC 驱动器管理器、驱动器和数据源。

在 JDBC API 中有两层接口:应用程序层和驱动程序层,前者使开发人员可以通过 SQL 调用数据库和取得结果,后者处理与具体数据库驱动程序的所有通信。

使用 JDBC 接口操作数据库有如下优点:

(1) JDBC API 与 ODBC 十分相似,有利于用户理解。

(2) 使编程人员从复杂的驱动器调用命令和函数中解脱出来,而致力于应用程序功能的实现。

（3）JDBC 支持不同的关系数据库，增强了程序的可移植性。

使用 JDBC 的主要缺点：访问数据记录的速度会受到一定影响，此外，由于 JDBC 结构中包含了不同厂家的产品，这给数据源的更改带来了较大麻烦。

5. 数据库连接池技术

对于网络环境下的数据库应用，由于用户众多，使用传统的 JDBC 方式进行数据库连接，系统资源开销过大，这成为制约大型企业级应用效率的瓶颈，采用数据库连接池技术对数据库连接进行管理，可以大大提高系统的效率和稳定性。

1.3.2　应用系统架构

1. 客户/服务器架构的应用系统

DBMS 通过命令和适合专业人员的界面操作数据库。对于一般的数据库应用系统，除了 DBMS 外，还需要设计适合普通人员操作数据库的界面。目前，流行的开发数据库界面的工具主要有 Visual Basic、Visual C++、Visual C# 等。应用程序与数据库、数据库管理系统之间的关系如图 1.7 所示。

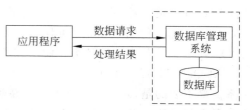

图 1.7　三个关系

从图中可看出，当应用程序需要处理数据库中的数据时，首先向数据库管理系统发送一个数据请求，数据库管理系统接收到这一请求后，对其进行分析，然后执行数据库操作，并把处理结果返回给应用程序。由于应用程序直接与用户交互，而数据库管理系统不直接与用户打交道，所以应用程序被称为"前台"，而数据库管理系统被称为"后台"。由于应用程序是向数据库管理系统提出服务请求，通常称为客户（Client）程序，而数据库管理系统是为应用程序提供服务，通常称为服务器（Server）程序，所以又将这一操作数据库的模式称为 C/S（客户/服务器）架构。

应用程序和数据库管理系统可以运行在同一台计算机上（单机方式），也可以运行在网络环境下。在网络环境下，数据库管理系统在网络中的一台主机上运行，应用程序可以在网络上的多台主机上运行，即一对多的方式。例如，用 Visual Basic 开发的 C/S 架构的学生成绩管理系统，学生信息输入界面如图 1.8 所示。

2. 浏览器/服务器架构的应用系统

基于 Web 的数据库应用采用三层（浏览器/Web 服务器/数据库服务器）模式，也称浏览器/服务器（Browser/Server，B/S）架构，如图 1.9 所示。其中，浏览器是用户输入数据和显示结果的交互界面，用户在浏览器表单中输入数据，然后将表单中的数据提交并发送到 Web 服务器，Web 服务器接收并处理用户的数据，通过数据库服务器，从数据库中查询需要的数据（或把数据录入数据库）回送 Web 服务器，Web 服务器把返回的结果插入 HTML 页面，传送给客户端，在浏览器中显示出来。

目前，流行的开发数据库 Web 界面的工具主要有 ASP. NET（C#）、PHP 和 JavaEE 等。例如，用 ASP. NET 开发的 B/S 架构的学生成绩管理系统，学生信息录入页面如图 1.10 所示。

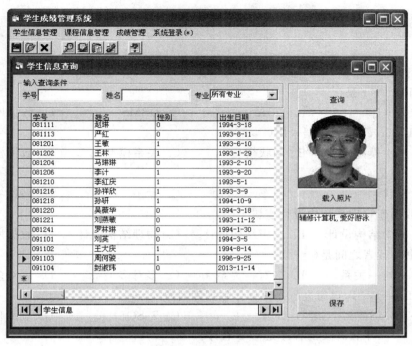

图 1.8　C/S 架构的学生成绩管理系统界面

图 1.9　三层 B/S 架构

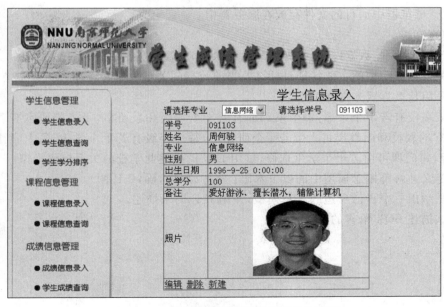

图 1.10　B/S 架构的学生成绩管理系统页面

习题

一、选择题

1. SQL Server 是（　　　）。
   A. 数据库　　　　　　B. DBA　　　　　　C. DBMS　　　　　　D. 数据库系统

2. SQL Server 组织数据采用（　　　）。
   A. 层次模型　　　　　B. 网状模型　　　　C. 关系模型　　　　D. 数据模型

3. （　　　）是实体属性。
   A. 形状　　　　　　　B. 汽车　　　　　　C. 盘子　　　　　　D. 高铁

4. 在数据库管理系统中设计表属于（　　　）。
   A. 概念结构设计　　　B. 逻辑结构设计　　C. 物理结构设计　　D. 数据库设计

5. 图书与读者之间是（　　　）。
   A. 一对一关系　　　　B. 多对一关系　　　C. 多对多关系　　　D. 一对多关系

6. SQL Server 用户通过（　　　）操作数据库对象。
   A. DBMS　　　　　　B. SQL　　　　　　C. T-SQL　　　　　D. 应用程序

7. 用（　　　）平台开发的程序是 C/S 程序。
   A. Java EE　　　　　B. PHP　　　　　　C. Visual C#　　　　D. ASP. NET

8. 下列说法错误的是（　　　）。
   A. 数据库通过文件存放在计算机中
   B. 数据库中的数据具有一定的关系
   C. 浏览器中的脚本可操作数据库
   D. 浏览器中运行的文件存放在服务器中

二、简答题

1. 什么是数据、数据库、数据库管理系统、数据库管理员、数据库系统？

2. 关系数据模型的主要特征是什么？当前流行的关系数据库管理系统有哪些？

3. 采用什么方式来操作关系数据库？

4. 某高校有若干个系部，每个系部都有若干个年级和教研室，每个教研室有若干个教师，其中有的教授和副教授每人带若干个研究生，每个年级有若干个学生，每个学生选修若干门课程，每门课可由若干个学生选修，试用 E-R 图描述此学校的关系概念模型。

5. 定义并解释概念模型中的以下术语：实体，属性，码，E-R 图。

6. 试举出一个自己身边的关系模型，并用 E-R 图来描述。

7. 试描述 SQL 语言的特点。

CHAPTER 第 2 章
SQL Server 2012 简介和安装

2.1 SQL Server 简介

SOL Server 从 20 世纪 80 年代后期开始开发,并于 1995 年发布了 SOL Server 6.05,该版本提供了廉价的可以满足众多小型商业应用的数据库方案,此后 SQL Server 迅速发展,并且推出了多种版本。

1. SQL Server 6.5

SQL Server 6.0 版是第一个完全由 Microsoft 公司开发的版本。1996 年,Microsoft 公司推出了 SOL Server 6.5 版本,由于受到旧有结构的限制,Microsoft 公司再次重写 SQL Server 的核心数据库引擎,并于 1998 年发布了 SQL Server 7.0,这版本在数据存储和数据库引擎方面发生了根本性的变化,提供了面向中、小型商业应用数据库功能支持,为了适应技术的发展,还包括了一些 Web 功能。此外,Microsoft 公司的开发工具 Visual Studio 6 也对其提供了非常不错的支持。SQL Server 7.0 是该家族第一个得到广泛应用的成员。

2. SQL Server 2000

SQL Server 2000 继承了 SQL Server 7.0 版本的优点,同时又增加了许多更先进的功能。具有使用方便、可伸缩性好和相关软件集成程度高等优点,可以跨越从运行 Windows 98 的膝上型电脑到运行 Windows 2000 的大型多处理器的服务器等多种平台使用。

3. SQL Server 2005

SQL Server 2005 是一个全面的数据库平台,使用集成的商业智能(BI)工具提供了企业级的数据管理。SQL Server 2005 数据库引擎为关系型数据和结构化数据提供了更安全可靠的存储功能,可以构建和管理用于业务的高可用、高性能的数据的应用程序。它不仅可以有效地执行大规模联机事务处理,而且可以完成数据仓库和电子商务应用等许多具有挑战性的工作。

SQL Server 2005 结合了分析报表、集成和通知功能。这使企业可以构建和部署经济有效的 BI 触屏方案,帮助团队通过记分卡、Dashboard、Web Services 和移动设备将数据应用推向业务的各个领域。与 Visual Studio、Microsoft office System 以及新的开发工具包(包括 Business Intelligence Development Studio)的紧密集成使 SQL Server 2005 与众不同。无论是开发人员、数据库管理员、信息工作者还是决策者,SQL Server 2005 都可以提供创新的触屏方案,帮助从数据中更多地获益。

4. SQL Server 2008

SQL Server 2008 是一个功能强大的版本,它推出了许多新的特性和关键的改进,使得它成为至今为止最强大和最全面的 SQL Server 版本。它满足数据爆炸和下一代数据驱动应用程序的需求,支持数据平台愿景:关键任务企业数据平台、动态开发、关系数据和商业智能。

5. SQL Server 2012

SQL Server 2012 是 Microsoft 公司最新开发的关系型数据库管理系统,于 2012 年 3 月 7 日发布。支持 SQL Server 2012 的操作系统平台包括 Window 桌面和服务器操作系统。

SQL Server 2012 在之前版本的基础上新增加了许多功能,使其功能进一步加强,是目前最新、功能最为强大的 SQL Server 版本,是一个能用于大型联机事务处理、数据仓库和电子商务等方面应用的数据库平台,也是一个能用于数据集成、数据分析和报表解决方案的商业智能平台。SQL Server 2012 扩展了可靠性、可用性、可编程性和易用性等各个方面的功能,为系统管理员和普通用户带来了强大的、集成的、便于使用的工具,使系统管理员与普通用户能够更方便、更快捷地管理数据库或者设计开发应用程序。

2.1.1 SQL Server 2012 服务器组件和管理工具

SQL Server 2012 除了基本功能外,还配置了许多服务器组件和管理工具,通过联机丛书提供 SQL Server 的核心文档。

1. 服务器组件

SQL Server 2012 服务器组件用于基于数据库的其他扩展功能,使用 SQL Server 安装向导的"功能选择"页面,选择安装 SQL Server 时要安装的组件。在默认情况下,未选中树中的任何功能。下面对 SQL Server 2012 服务器组件进行说明。

1) SQL Server 数据库引擎

SQL Server 数据库引擎包括数据库引擎(用于存储、处理和保护数据的核心服务)、复制、全文搜索、用于管理关系数据和 XML 数据的工具,以及数据质量服务(Data Quality Services,DQS)服务器。

2) Analysis Services

Analysis Services 包括用于创建和管理联机分析处理(OLAP)以及数据挖掘应用程序的工具。

3) Reporting Services

Reporting Services 包括用于创建、管理和部署表格报表、矩阵报表、图形报表以及自由格式报表的服务器和客户端组件。Reporting Services 还是一个可用于开发报表应用程序的可扩展平台。

4) Integration Services

Integration Services 是一组图形工具和可编程对象,用于移动、复制和转换数据,它还包括 Integration Services 的 DQS 组件。

5) Master Data Services

Master Data Services(MDS)是针对主数据管理的 SQL Server 解决方案,可以配置 MDS 来管理任何领域(产品、客户、账户);MDS 中可以包括层次结构、各种级别的安全性、事务、数据版本控制和业务规则,以及可以用于管理数据的 Excel 外接程序。

2. 管理工具

1）SQL Server Management Studio

SQL Server Management Studio 是用于访问、配置、管理和开发 SQL Server 组件的集成环境。Management Studio 使各种技术水平的开发人员和管理员都能使用 SQL Server。Management Studio 的安装需要 Internet Explorer 6 SP1 或更高版本。

2）SQL Server 配置管理器

SQL Server 配置管理器为 SQL Server 服务、服务器协议、客户端协议和客户端别名提供基本配置管理。

3）SQL Server Profiler

SQL Server Profiler 提供了一个图形用户界面，用于监视数据库引擎实例或 Analysis Services 实例。

4）数据库引擎优化顾问

数据库引擎优化顾问可以协助创建索引、索引视图和分区的最佳组合。

5）数据质量客户端

提供了一个非常简单和直观的图形用户界面，用于连接到 DQS 数据库并执行数据清理操作。它还允许集中监视在数据清理操作过程中执行的各项活动。数据质量客户端的安装需要 Internet Explorer 6 SP1 或更高版本。

6）SQL Server 数据工具

SQL Server 数据工具（SQL Server Data Tools，SSDT）提供 IDE 以便为 Analysis Services、Reporting Services 和 Integration Services 商业智能组件生成解决方案。SSDT 还包含"数据库项目"，为数据库开发人员提供集成环境，以便在 Visual Studio 内为任何 SQL Server 平台执行其所有数据库设计工作。数据库开发人员可以使用 Visual Studio 中功能增强的服务器资源管理器，轻松创建或编辑数据库对象和数据或执行查询。

SQL Server 数据工具安装需要 Internet Explorer 6 SP1 或更高版本。

7）连接组件

安装用于客户和服务器之间通信的组件，以及用于 DB-Library、ODBC 和 OLE DB 的网络库。

2.1.2　SQL Server 2012 的不同版本及支持功能

1. SQL Server 2012 的版本

SQL Server 2012 分主要版、专业版和扩展版三类 6 个版本，根据应用程序的需要，安装要求会有所不同。不同版本的 SQL Server 能够满足单位和个人独特的性能、运行和价格要求。安装哪些 SQL Server 组件还取决于用户的具体需要。下面分别介绍这 6 个版本，其中前三个为主要版本，第四个为专业版本，后面两个为扩展版本。

1）SQL Server 2012 Enterprise（企业版）

SQL Server 2012 Enterprise 版提供了全面的高端数据中心功能，性能极为快捷，虚拟化不受限制，还具有端到端的商业智能：可为关键任务工作负荷提供较高服务级别，支持最终用户访问深层数据。

2）SQL Server 2012 Business Intelligence(商业智能版)

SQL Server 2012 Business Intelligence 版提供了综合性平台,是可支持组织构建和部署安全、可扩展且易于管理的 BI 解决方案。它提供了基于浏览器的数据浏览与可见性等卓越功能、功能强大的数据集成功能以及增强的集成管理功能。

3）SQL Server 2012 Standard(标准版)

SQL Server 2012 Standard 版提供了基本数据管理和商业智能数据库,使部门和小型组织能够顺利运行其应用程序,并支持将常用开发工具用于内部部署和云部署：有助于以最少的 IT 资源获得高效的数据库管理。

4）SQL Server 2012 Web(专业版)

SQL Server 2012 Web 版对于为从小规模至大规模 Web 资产提供可伸缩性、经济性和可管理性功能的 Web 宿主和 Web VAP 来说,是一个总拥有成本较低的选择。

5）SQL Server 2012 Developer(开发版)

SQL Server 2012 Developer 版支持开发人员基于 SQL Server,构建任意类型的应用程序。它包括 Enterprise 版的所有功能,但有许可限制,只能用作开发和测试系统,而不能用作生产服务器。它是构建和测试应用程序的人员的理想之选。

6）SQL Server 2012 Express（精简版）

SQL Server 2012 Express 是入门级的免费数据库,是学习和构建桌面及小型服务器数据驱动应用程序的理想选择。它是独立软件供应商、开发人员和热衷于构建客户端应用程序的人员的最佳选择。如果需要使用更高级的数据库功能,则可以无缝升级到其他更高端的 SQL Server 版本。SQL Server 2012 中新增了 SQL Server Express LocalDB,该版本具备所有可编程性功能,但在用户模式下运行,具有快速的零配置安装和要求较少的必备组件。

2. 不同版本所支持的功能

不同版本的 SQL Server 2012 所支持的功能其主要信息如表 2.1 所示。

表 2.1　不同版本所支持的功能

版本\功能	企业版	商业智能版	标准版	专业版	Express（A）	Express（T）	Express
单个实例使用的最大计算能力（数据库引擎）	操作系统最大值	4 个插槽或 16 核取较小值	4 个插槽或 16 核取较小值	4 个插槽或 16 核取较小值	1 个插槽或 4 核取较小值	1 个插槽或 4 核,取二者中的较小值	1 个插槽或 4 核取较小值
Analysis Services、Reporting Services	操作系统支持的最大值	操作系统支持的最大值	操作系统支持的最大值	操作系统支持的最大值	操作系统支持的最大值	操作系统支持的最大值	操作系统支持的最大值
利用的最大内存（SQL Server 数据库引擎）	操作系统支持的最大值	64GB	64GB	64GB	1GB	1GB	1GB
利用的最大内存（Analysis Services）	操作系统支持的最大值	操作系统支持的最大值	64GB	不适用	不适用	不适用	不适用

续表

功能＼版本	企业版	商业智能版	标准版	专业版	Express(A)	Express(T)	Express
利用的最大内存（Reporting Services）	操作系统支持的最大值	操作系统支持的最大值	64GB	64GB	4GB	不适用	不适用
最大关系数据库大小	524PB	524PB	524PB	524PB	10GB	10GB	10GB

注：Express(A)：Express with Advanced Services；Express(T)：Express with Tools

此外，在高可用性、伸缩性、安全性、复制、管理工具、RDBMS 可管理性、开发工具、可编程性、Integration Services、Master Data Services、数据仓库、Analysis Services、BI 语义模型、PowerPivot for SharePoint、数据挖掘、Reporting Services、商业智能客户端、空间和位置服务以及其他数据库服务、其他组件等方面的支持都不相同。

2.2　SQL Server 2012 安装

2.2.1　SQL Server 2012 安装环境

1. 支持操作系统

虽然开发版本支持 Windows Vista、Windows 7 等桌面操作系统，但是 Web、Enterprise 和 BI 版本支持的操作系统版本只有 Windows Server 2008 和 Windows Server 2008 R2。其中，32 位软件可安装在 32 位和 64 位 Windows Server 上。由于 Windows 8 和 Windows Server 2012 发布时间晚于 SOL Server 2012，其是否得到支持尚不明确。

2. 应用于 Internet 服务器

在 Internet 服务器(如运行 Internet Information Services(IIS)的服务器)上通常都会安装 SQL Server 客户端工具。客户端工具包括连接到 SQL Server 实例的应用程序所使用的客户端连接组件。

尽管可以在运行 IIS 的计算机上安装 SQL Server 实例，但是这种做法通常只用于仅包含一台服务器的小型网站。大多数网站都将其中间层 IIS 系统安装在一台服务器上或服务器群集中，将数据库安装在另外一个服务器或服务器联合体上。

3. 应用于 C/S 应用程序

在运行直接连接到 SQL Server 实例的客户端/服务器应用程序的计算机上，只能安装 SQL Server 客户端组件。如果要在数据库服务器上管理 SQL Server 实例，或者打算开发 SQL Server 应用程序，可选择安装客户端组件。

客户端工具可选项安装向后兼容组件、SQL Server 数据工具、连接组件、管理工具、软件开发包和 SQL Server 联机丛书组件。

4. .NET Framework

在选择数据库引擎、Reporting Services、Master Data Services、Data Quality Services、复制和 SQL Server Management Studio 时，需要.NET 3.5 SP1 和.NET 4.0，它由 SQL Server 安装程序自动安装。如果安装 SQL Server Express 版本，安装程序需要从网上下载

并安装.NET 4.0。

5. 网络软件和网络协议

独立安装的命名实例和默认实例支持以下网络协议：共享内存、命名管道、TCP/IP 和 VIA。SSDT、Reporting Services 的报表设计器组件等需要 Internet Explorer 7 以上版本。

6. 虚拟化

Windows Server 2008 和 2012 有关版本中以 Hyper-V 角色运行的虚拟机环境中支持 SQL Server 2012。

7. 硬件条件

显示器：Super-VGA(分辨率×800×600 以上)。

DVD 驱动器：如果要从光盘进行安装，则需要 DVD 驱动器；否则不需要此设备。

最小内存：Express 版本 512MB；其他版本 1GB。

处理器速度：x86 处理器 1.0GHz；x64 处理器 1.4GHz。

8. 硬盘空间

在安装 SQL Server 2012 的过程中，Windows Installer 会在系统驱动器中创建临时文件，至少需要 6.0GB 的可用磁盘空间用来存储这些文件。实际硬盘空间需求取决于系统配置和决定安装的功能。表 2.2 列出 SQL Server 2012 组件的磁盘空间要求。

表 2.2　SQL Server 2012 组件的磁盘空间要求

功　　能	磁盘空间
数据库引擎和数据文件、复制、全文搜索以及 Data Quality Services	811MB
Analysis Services 和数据文件	345MB
Reporting Services 和报表管理器	304MB
Integration Services	591MB
Master Data Services	243MB
客户端组件(除 SQL Server 联机丛书组件和 Integration Services 工具之外)	1823MB
用于查看和管理帮助内容的 SQL Server 联机丛书组件1	375KB

2.2.2　SQL Server 2012 安装

如果没有正版 SQL Server 2012，可以从网上下载 SQL Server 2012 映像文件(例如，SQLServer 2012SP1-FullSlipstream-x86-CHS)，用解压工具解压，生成的目录中包含的文件如图 2.1 所示。

安装步骤如下：

(1) 运行 setup.exe 文件。系统显示"SQL Server 安装中心"，左边是大类，右边是对应该类的内容。系统首先显示"计划"类，如图 2.2 所示。

(2) 选择"安装"类，系统检查安装基本条件，进入"安装程序支持规则"窗口。如果有检

图 2.1　目录中包含的文件

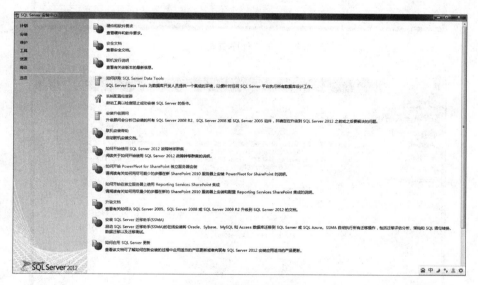

图 2.2　安装"计划"类

查未通过的规则,必须进行更正,否则安装将无法继续。如果全部通过,系统显示如图 2.3 所示。选择"确定"按钮进入下一步。

(3) 系统显示"产品密钥"窗口,选择"输入产品密钥",输入 SQL Server 对应版本的产品密钥,如图 2.4 所示。完成后单击"下一步"按钮。

(4) 系统显示"许可条款"窗口,阅读并接受许可条款,单击"下一步"按钮。进入 SQL Server"产品更新"窗口,通过网络对安装内容最新文件,如图 2.5 所示。完成后单击"下一步"按钮。

(5) 系统显示"安装安装程序文件"窗口,安装"安装 SQL Server 2012"程序,共 4 个,如图 2.6 所示。安装完成后,系统进入"安装安装程序规则"窗口,用户了解安装支持文件时是

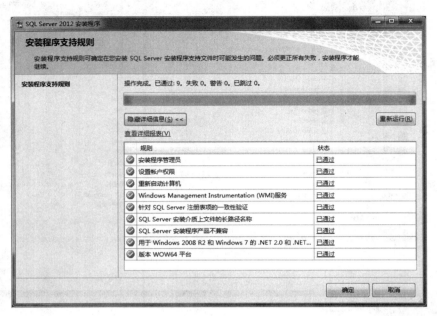

图 2.3 "安装程序支持规则"窗口

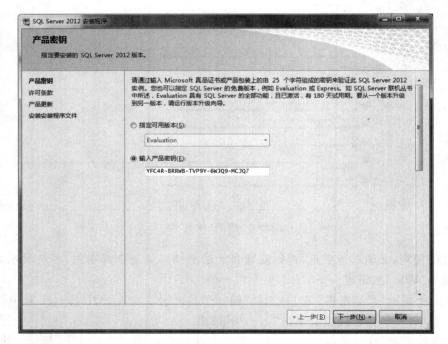

图 2.4 "产品密钥"窗口

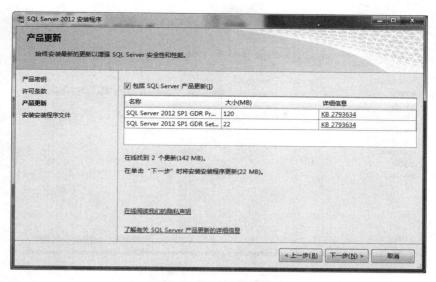

图 2.5　"产品更新"窗口

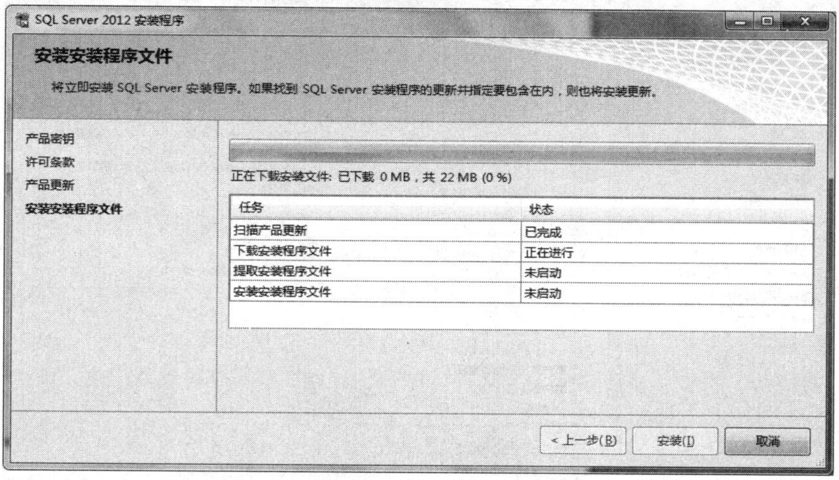

图 2.6　"安装安装程序文件"窗口

否发现问题。如有问题,解决问题后方可继续。

（6）系统显示"设置角色"窗口,如图 2.7 所示。选择"SQL Server 功能安装",则安装用户的所有功能。选择"具有默认值的所有功能",则安装用户的指定功能,单击"下一步"按钮确定。

（7）系统显示"功能选择"窗口,如图 2.8 所示。在"功能"区域中选择要安装的功能组件,用户如果仅仅需要基本功能,选择"数据库引擎服务"。若用户不能确认,单击"全选"按钮安装全部组件,单击"下一步"按钮确定。此后,系统进入"安装规则"窗口,用户了解安装支持文件时是否发现问题。如有问题,解决问题后方可继续,单击"下一步"按钮确定。

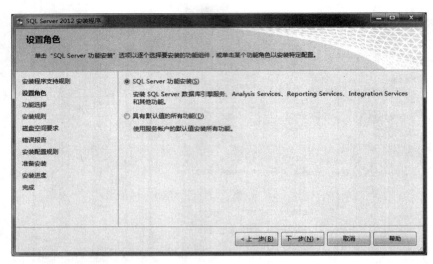

图 2.7　"设置角色"窗口

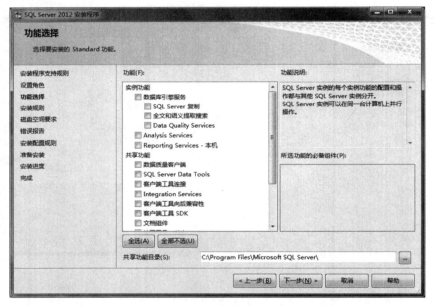

图 2.8　"功能选择"窗口

（8）系统显示"实例配置"窗口，如图 2.9 所示。如果是第一次安装，则既可以使用默认实例，也可以自行指定实例名称。如果当前服务器上已经安装了一个默认的实例，则再次安装时必须指定一个实例名称。系统允许在一台计算机上安装 SQL Server 的不同版本，或者同一版本的多个，把 SQL Server 看成是一个 DBMS 类，采用这个实例名称区分不同的 SQL Server。

如果选择"默认实例"，则实例名称默认为 MSSQLSERVER。如果选择"命名实例"，在后面的文本框中输入用户自定义的实例名称。

（9）系统显示"磁盘空间要求"窗口，如图 2.10 所示。窗口中显示根据用户选择 SQL

Server 2012 安装内容所需要的磁盘容量,单击"下一步"按钮。

图 2.9　"实例配置"窗口

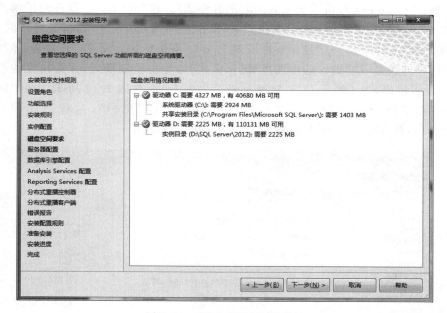

图 2.10　"磁盘空间要求"窗口

　　(10) 系统显示"服务器配置"窗口。在"服务账户"选项卡中为每个 SQL Server 服务单独配置用户名和密码及启动类型。"账户名"可以在下拉框中进行选择,也可以对所有 SQL Server 服务器使用相同的账户,为所有的服务分配一个相同的登录账户。配置完成后的界面如图 2.11 所示,单击"下一步"按钮。

　　(11) 系统显示"数据库引擎配置"窗口,包含三个选项卡。在"服务器配置"选项卡中选择"身份验证模式"。"身份验证模式"是一种安全模式,用于验证客户端与服务器的连接,它

图 2.11　"服务器配置"窗口

有两个选项："Windows 身份验证模式"和"混合模式"。在"Windows 身份验证模式"中，用户通过 Windows 账户连接时，使用 Windows 操作系统的用户账户名和密码；"混合模式"中，允许用户使用 SQL Server 身份验证或 Windows 身份验证。而建立连接后，系统的安全机制对于两种连接是一样的。这里选择"混合模式"为身份验证模式，并为内置的系统管理员账户 sa 设置密码，为了便于介绍，这里密码设为 123456，如图 2.12 所示。在实际操作过程中，密码要尽量复杂以提高安全性。选择"添加当前用户"，这样该用户（这里为 Administrator）具有操作该 SQL Server 2012 实例的所有权限。

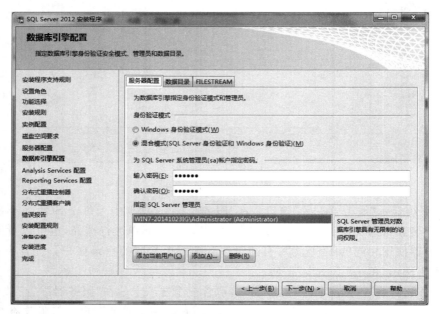

图 2.12　"数据库引擎配置"窗口

在"数据目录"选项卡中指定数据库的文件存放的位置,这里指定为 D:\SQL Server\
2012\,系统把不同类型的数据文件安装在该目录对应的子目录下,如图 2.13 所示。

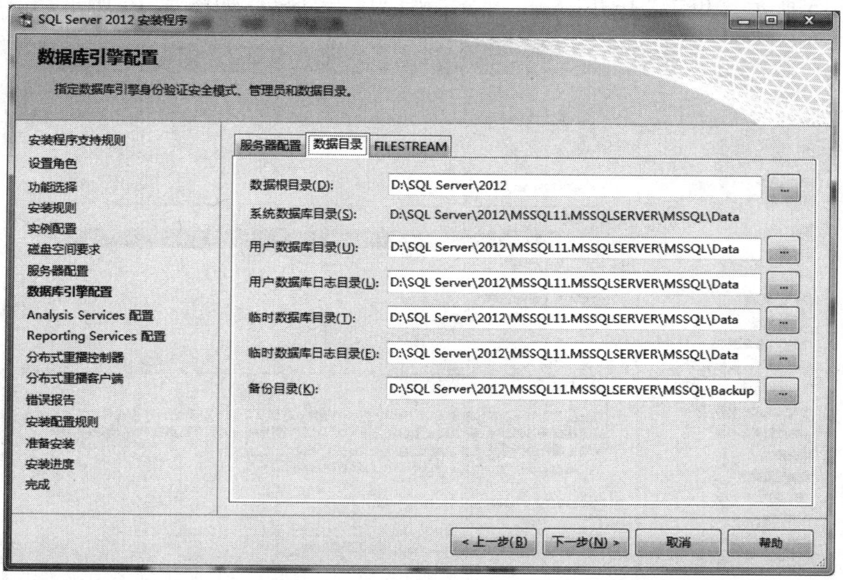

图 2.13　"数据目录"选项卡

在 FILESTREAM 选项卡中指定数据库中的 T-SQL、文件 I/O 和允许远程用户端访问
FILESTREAM 数据,如图 2.14 所示。

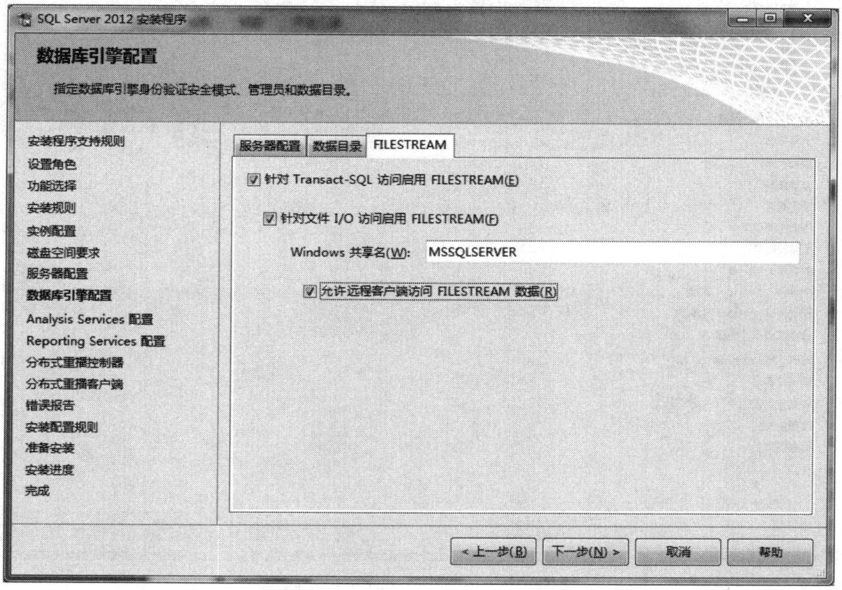

图 2.14　FILESTREAM 选项卡

单击"下一步"按钮,进入下一个窗口。

如果用户选择 Analysis Services、Reporting Services 和"分布式重播"选项,则系统分别

进入这些窗口进行配置。

(12) 系统进入"完成"窗口,显示为了安装 SQL Server 2012 目前已经安装的程序的状态,如图 2.15 所示。单击"关闭"按钮,显示"错误报告"窗口,如图 2.16 所示。

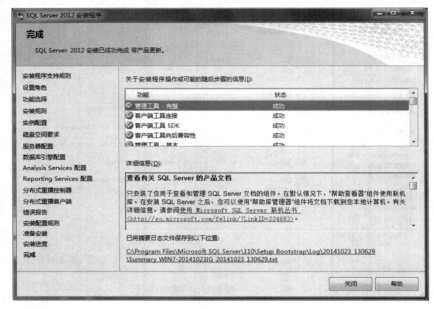

图 2.15 "完成"窗口

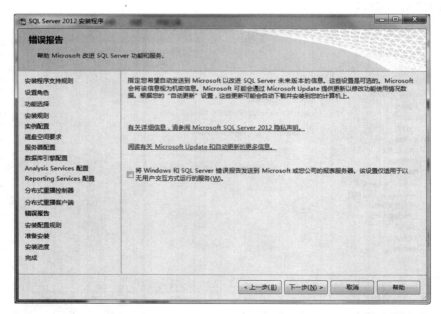

图 2.16 "错误报告"窗口

(13) 系统进入"安装配置规则"窗口,用户可以了解安装支持文件时是否发现问题。如有问题,解决问题后方可继续,单击"下一步"按钮确定。

（14）系统进入"准备安装"窗口,显示"已准备好安装"的内容,其中有的已经安装,如图 2.17 所示。

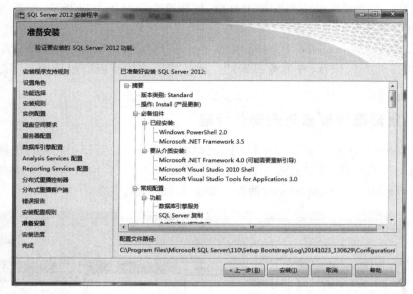

图 2.17　"准备安装"窗口

选择"安装"选项,系统便开始安装。安装结束,系统将重新启动计算机。

2.3　SQL Server 2012 运行

SQL Server 2012 安装结束后,系统重新启动计算机,在系统的程序菜单中增加了 Microsoft SQL Server 2008、Microsoft SQL Server 2012 和 Microsoft Visual Studio 2010 三个主菜单,每个主菜单包含若干菜单项,如图 2.18 所示。

选择 Microsoft SQL Server 2012 菜单下的 SQL Server Management Studio 菜单项,系统显示"连接到服务器"对话框,如图 2.19 所示。根据安装时的选择,可直接单击"连接"按

图 2.18　系统菜单

图 2.19　"连接到服务器"对话框

钮,系统进入 SQL Server Management Studio(管理员)窗口。

SQL Server 2012 使用的图形界面管理工具是 SQL Server Management Studio(简称 SSMS)。这是一个集成的统一的管理工具组,使用这个工具组可以开发、配置 SQL Server 数据库,发现并解决其中的故障。

在 SQL Server Management Studio 中主要有两个工具:"图形化的管理工具(对象资源管理器)"和"T-SQL 编辑器(查询分析器)"。此外,还拥有"模板资源管理器"和"注册服务器"等窗口。

2.3.1 对象资源管理器与查询分析器

在 SQL Server Management Studio 中,可以在对服务器进行图形化管理的同时编写 T-SQL 脚本,而且用户可以直接通过 SQL Server 2012 的"对象资源管理器"窗口来操作数据库,SQL Server Management Studio 的窗口如图 2.20 所示。

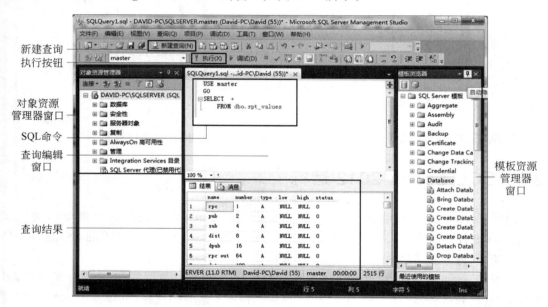

图 2.20　SQL Server Management Studio 窗口

T-SQL 是一种 SQL 语言,与其他各种类型的 SQL 语言一样,使用 T-SQL 语言可以完成从查询到对象建立的所有任务。编写 T-SQL 脚本的方法很简单,只需要用户在 SQL Server Management Studio 面板中单击"新建查询"按钮,在"查询分析器"窗口中输入相应的 T-SQL 命令,单击"!执行"按钮,系统执行该命令后会将执行的结果自动返回到 SQL Server Management Studio 的结果窗口中显示。

观察 SQL Server Management Studio 中的对象资源管理器窗口可以发现,在"对象资源管理器"中可以浏览所有的数据库及其对象。

(1) 利用"对象资源管理器"查看数据库对象。以 Windows 身份验证模式登录到 SQL Server Management Studio。在"对象资源管理器"中,展开"数据库"选项,选择"系统数据库"中的 master 数据库并展开,则将列出该数据库中所包含的所有对象,例如表、视图、存储过程等。

（2）利用"查询分析器"查询 master 数据库中 dbo. spt_values 表中的数据。在 SQL Server Management Studio 面板中，单击"新建查询"按钮，在打开的查询编辑器窗口输入以下命令：

```
USE master
GO
SELECT *
    FROM dbo.spt_values
```

单击"执行"按钮，该查询执行的结果如图 2.20 中下部所示。

2.3.2　模板资源管理器

在 SQL Server Management Studio 的"查询分析器"窗口中，使用 T-SQL 脚本可以实现从查询到对象建立所有的任务。而使用脚本操作数据库对象与使用图形化向导操作数据库对象相比，最大的优点是，使用脚本化的方式具有图形化向导的方式所无法比拟的灵活性。但是，高度的灵活性也就意味着使用它的时候有着比图形化向导的方式更高的难度。为了降低难度，SQL Server Management Studio 提供了"模板资源管理器"来降低编写脚本的难度。

在 SQL Server Management Studio 的菜单栏中单击"视图"菜单，选择"模板资源管理器"，界面右侧将出现模板资源管理器窗口，如图 2.20 中右侧所示。在"模板资源管理器"中除了可以找到超过 100 个对象以及 T-SQL 任务的模板之外，还包括备份和恢复数据库等管理任务。例如，在图 2.20 中可以双击 create_database 图标，打开创建数据库的脚本模板。

2.3.3　注册服务器

SQL Server Management Studio 界面有一个单独可以同时处理多台服务器的注册服务器窗口。可以用 IP 地址进行注册数据库服务器，也可以用比较容易分辨的名称为服务器命名，甚至还可以为服务器添加描述。名称和描述会在"已注册的服务器"窗口显示。

如果想要知道现在正在使用的是哪台服务器，只需要单击 SQL Server Management Studio 菜单栏的"视图"菜单，选择"已注册服务器"菜单项，即可打开"已注册的服务器"窗口，如图 2.21 所示。

图 2.21　"已注册的服务器"窗口

通过 SQL Server Management Studio 注册服务器，可以保存实例连接信息、连接和分组实例，察看实例运行状态。

习题

1. 若一台计算机安装多个 SQL Server,如何区分它们?
2. 如何指定登录 SQL Server 的登录方式?
3. 如何指定用户数据库文件的存放位置?
4. 对象资源管理器有什么作用?
5. 查询分析器有什么作用?
6. 什么情况下需要使用模板资源管理器?
7. 什么情况下需要使用注册服务器?

CHAPTER 第 3 章

数据库和表

数据库和表是 SQL Server 2012 用于组织和管理数据的基本对象,用户使用 SQL Server 2012 设计和实现信息系统,首要的任务就是实现数据的表示与存储,即创建数据库和表。本章将介绍 SQL Server 数据库、表的基本概念,着重讲述数据库、表的两种创建方式和对表数据进行插入、修改和删除的两种方式(即操作界面方式和使用 T-SQL 语句方式)。

3.1 基本概念

关系数据库是按照二维表结构方式组织的数据集合,数据库中的每个表都称为一个关系。二维表由行和列组成,表的行称为元组,又称记录;列称为属性,又称字段。SQL Server 就是一个关系数据库。

3.1.1 数据库

数据库是 SQL Server 2012 存储和管理数据的对象。对 SQL Server 的数据库,可以从逻辑和物理两个角度来讨论。

1. 逻辑数据库

从逻辑上看,SQL Server 2012 数据库由存放数据的表以及支持这些数据的存储、检索、安全性和完整性的对象所组成。组成数据库的逻辑成分称为数据库对象。SQL Server 2012 的数据库对象主要包括表(table)、视图(view)、索引(index)、存储过程(stored procedure)、触发器(trigger)和约束(constraint)等,各对象的简要说明列于表 3.1 中。

表 3.1 SQL Server 2012 数据库对象

数据库对象	说　　明
表	由行和列构成的集合,用来存储数据。表是最重要的数据库对象
数据类型	定义列或变量的数据类型,SQL Server 提供了系统数据类型,并允许用户自定义数据类型
视图	由表或其他视图导出的虚拟表
索引	为数据快速检索提供支持且可以保证数据唯一性的辅助数据结构
约束	用于为表中的列定义完整性的规则
默认值	为列提供的默认值
存储过程	存放于服务器的预先编译好的一组 T-SQL 语句
触发器	是特殊的存储过程,当用户表中数据改变时,该存储过程被自动执行

用户经常需要在 T-SQL 中引用 SQL Server 对象对其进行操作，如对数据库表进行查询、数据更新等，在其所使用的 T-SQL 语句中需要给出对象的名称。用户可以给出两种对象名，即完全限定名和部分限定名。

（1）完全限定名。完全限定名是对象的全名，在 SQL Server 2012 中创建的每个对象都有唯一的完全限定名。包括 4 个部分：服务器名、数据库名、数据库架构名和对象名，其格式为：

```
server.database.scheme.object
```

例如，NS001. xsbook. DBO. xs 即为一个完全限定名。

（2）部分限定名。使用 T-SQL 编程时，使用全名往往很繁琐且没有必要，所以常省略完全限定名中的某些部分。对象全名的 4 个部分中的前面三部分均可被省略，当省略中间的部分时，圆点符"."不可省略。这种只包含对象完全限定名中的一部分的对象名称为部分限定名。使用对象的部分限定名时，SQL Server 2012 可以根据系统的当前工作环境确定对象名称中省略的部分。

在部分限定名中，未指出的部分使用以下默认值：

服务器：默认为本地服务器。

数据库：默认为当前数据库。

数据库架构名：默认为 dbo。

以下是一些正确的对象部分限定名：

```
server.database..object          /* 省略架构名 */
server..scheme.object            /* 省略数据库名 */
database. scheme.object          /* 省略服务器名 */
server...object                  /* 省略架构名和数据库名 */
scheme.object                    /* 省略服务器名和数据库名 */
object                           /* 省略服务器名、数据库名和架构名 */
```

例如，完全限定名 NS001. xsbook. DBO. xs 的部分限定名可以为：

```
NS001.xsbook..xs
NS001..DBO.xs
xsbook.DBO.xs
NS001...xs
DBO.xs
xs
```

说明：用户所使用的 SQL Server 对象名是逻辑名，其命名遵循 T-SQL 常规标识符命名规则，最长为 30 个字符，且区分大小写。

在 SQL Server 2012 中有两类数据库：系统数据库和用户数据库。

系统数据库存储有关 SQL Server 的系统信息，它们是 SQL Server 2012 管理数据库的依据。如果系统数据库遭到破坏，SQL Server 将不能正常启动。在安装 SQL Server 2012 时，系统将创建 4 个可见的系统数据库：master、model、msdb 和 tempdb。

（1）master 数据库记录 SQL Server 实例的所有系统级信息。

（2）model 数据库为新创建的数据库提供模板。

（3）msdb 数据库用于 SQL Server 代理计划警报和作业。

（4）tempdb 数据库为临时表和临时存储过程提供存储空间。

每个系统数据库都包含主数据文件和主日志文件。扩展名分别为. mdf 和. ldf。例如，master 数据库的两个文件分别为 master. mdf 和 master. ldf。

用户数据库是用户创建的数据库。两类数据库在结构上相同，文件的扩展名也相同。本书中创建的都是用户数据库。

2. 物理数据库

从数据库管理员观点看，数据库是存储逻辑数据库的各种对象的实体。这种观点将数据库称为物理数据库。SQL Server 2012 的物理数据库构架主要内容包括文件及文件组，还有页和盘区等，它们描述了 SQL Server 2012 如何为数据库分配空间。创建数据库时，了解 SQL Server 2012 如何存储数据也是很重要的，这有助于规划和分配给数据库的磁盘容量。

1）页和区

SQL Server 2012 中有两个主要的数据存储单位：页和区。

页是 SQL Server 2012 中用于数据存储的最基本单位。每个页的大小是 8KB，即 SQL Server 2012 每 1MB 的数据文件可以容纳 128 页。每页的开头是 96B 的标头，用于存储有关页的系统信息。紧接着标头存放的是数据行，数据行按顺序排列。数据库表中的每一行数据都不能跨页存储，即表中的每一行数据字节数不能超过 8192 个。页的末尾是行偏移表，对于页中的每一行在偏移表中都有一个对应的条目。每个条目记录着对应行的第一个字节与页首部的距离。

区是用于管理空间的基本单位。每 8 个连接的页组成一个区，大小为 64KB，即每 1MB 的数据库就有 16 个区。区用于控制表和索引的存储。

2）数据库文件

SQL Server 2012 所使用的文件包括以下三类文件。

（1）主数据文件。主数据文件简称主文件，该文件是数据库的关键文件，包含了数据库的启动信息，并且存储数据。每个数据库必须有且仅能有一个主文件，其默认扩展名为 mdf。

（2）辅助数据文件。辅助数据文件简称辅（助）文件，用于存储未包括在主文件内的其他数据，默认扩展名为 ndf。一般当数据库很大时，有可能需要创建一个或多个辅助文件。而数据库较小时，则只要创建主文件而不需要辅助文件。

（3）日志文件。日志文件用于保存恢复数据库所需的事务日志信息。每个数据库至少有一个日志文件，日志文件的扩展名为 ldf。

3）文件组

文件组是由多个文件组成，为了管理和分配数据而将它们组织在一起。通常可以为一个磁盘驱动器创建一个文件组，然后将特定的表、索引等与该文件组相关联，那么对这些表的存储、查询和修改等操作都在该文件组中。

使用文件组可以提高表中数据的查询性能。在 SQL Server 2012 中有以下两类文件组。

(1) 主文件组。主文件组包含主要数据文件和任何没有明确指派给其他文件组的其他文件。管理数据库的系统表的所有页均分配在主文件组中。

(2) 用户定义文件组。用户定义文件组是指在 CREATE DATABASE 或 ALTER DATABASE 语句中,使用 FILEGROUP 关键字指定的文件组。每个数据库中都有一个文件组作为默认文件组运行。若在 SQL Server 2012 中创建表或索引时没有为其指定文件组,那么将从默认文件组中进行存储页分配、查询等操作。用户可以指定默认文件组,如果没有指定默认文件组,则主文件组是默认文件组。

注意:若不指定用户定义文件组,则所有数据文件都包含在主文件组中。

设计文件和文件组时,一个文件只能属于一个文件组。只有数据文件才能作为文件组的成员,日志文件不能作为文件组成员。

3.1.2 表

表是 SQL Server 中最主要的数据库对象,是用来存储和操作数据的一种逻辑结构。表由行和列组成,因此也称为二维表。

1. 表

表(Table)是在日常工作和生活中经常使用的一种表示数据及其关系的形式。例如,表 3.2 就是一个图书管理系统中的学生情况表。

表 3.2　学生表(xs)

借书证号	姓　名	性别	出生时间	专　业	借书量
131101	王林	男	1996-2-10	计算机	4
131102	程明	男	1997-2-1	计算机	2
131103	王燕	女	1995-10-6	计算机	1
131104	韦严平	男	1996-8-26	计算机	4
131106	李方方	男	1996-11-20	计算机	1
131107	李明	男	1996-5-1	计算机	0
131108	林一帆	男	1995-8-5	计算机	0
131109	张强民	男	1995-8-11	计算机	0
131110	张蔚	女	1997-7-22	计算机	0
131111	赵琳	女	1996-3-18	计算机	0
131113	严红	女	1995-8-11	计算机	0
131201	王敏	男	1995-6-10	通信工程	1
131202	王林	男	1995-1-29	通信工程	1
131203	王玉民	男	1996-3-26	通信工程	1
131204	马琳琳	女	1995-2-10	通信工程	1
131206	李计	男	1995-9-20	通信工程	1

续表

借书证号	姓　名	性别	出生时间	专　业	借书量
131210	李红庆	男	1995-5-1	通信工程	1
131216	孙祥欣	男	1995-3-19	通信工程	0
131218	孙研	男	1996-10-9	通信工程	1
131220	吴薇华	女	1996-3-18	通信工程	1
131221	刘燕敏	女	1995-11-12	通信工程	1
131241	罗林琳	女	1996-1-30	通信工程	0

(1) 表结构。每个数据库包含了若干个表。每个表具有一定的结构,称为"表型",所谓表型是指组成表的各列的名称及数据类型。

(2) 表名。每个表都有一个名字,以标识该表。例如,表 3.2 的学生表名是 xs。

(3) 记录。每个表可包含若干行数据,表中的一行称为一个记录(Record),因此表是记录的有限集合。表记录可以增加、修改和删除。

(4) 字段。每个记录由若干个数据项(列)构成,构成记录的每个数据项称为字段,字段有其数据类型,是该字段的取值类型。字段概念也有字段名和字段值之分,字段名是数据项的标识,字段值是表中记录所包含的该字段的值。

表 3.2 中的学生表中,表结构为(借书证号,姓名,性别,出生时间,专业,借书量),该表的每个记录都包含 6 个字段,字段名分别为借书证号、姓名、性别、出生时间、专业、借书量。该表包含若干个记录,每个记录都由 6 个字段值组成。例如,第一个记录的"借书证号"字段值为 131101,"姓名"字段值为"王娟","性别"字段值为"女","出生时间"字段值为 1996-2-10,"专业"字段值为"计算机","借书量"字段值为 4。

(5) 空值。空值(NULL)通常表示未知、不可用或将在以后添加的数据。若一个列允许为空值,则向表中输入记录值时可不为该列给出具体值。而一个列若不允许为空值,则在输入时必须给出具体值。例如,在学生借书数据库的学生表(xs)中的"专业"字段,可以取空值,表示该学生的专业尚未确定。待该学生的专业确定后,即可确定"专业"字段值。

(6) 关键字。在学生表中,若不加以限制,每个记录的姓名、专业、性别、出生时间和借书量 5 个字段的值都有可能相同,但是借书证号字段的值对表中所有记录来说一定不同,即通过"借书证号"字段可以将表中的不同记录区分开来。

若表中记录的某一字段或字段组合能唯一标识记录,则称该字段或字段组合为候选关键字(Candidate key)。若一个表有多个候选关键字,则选定其中一个为主关键字(Primary key),又称主键。当一个表仅有唯一的一个候选关键字时,该候选关键字就是主关键字。例如,上述学生表的主关键字为"借书证号"。

注意:表的关键字不允许为空值。空值不能与数值数据 0 或字符类型的空字符混为一谈。任意两个空值都不相等。

2. 表示实体的表和表示联系的表

数据库不仅要反映数据本身的内容,而且要反映数据之间的联系。关系数据库用统一的表示形式——"表"来表示这两方面内容,所以在关系数据库中,包含了反映实体信息的表和反映实体之间联系的表。

例如，在图书管理数据库中，学生表表示学生这一实体的信息；图书表表示图书馆拥有的可借阅图书这一实体的信息，如表 3.3 所示。此外，还需要一个表示学生实体与图书实体联系的表——借阅表，如表 3.4 所示。

表 3.3   图书表（book）

ISBN	书 名	作 者	出 版 社	价格	复本量	库存量
978-7-121-23270-1	MySQL 实用教程（第 2 版）	郑阿奇	电子工业出版社	53	8	1
978-7-81124-476-2	S7-300/400 可编程控制器原理与应用	崔维群 孙启法	北京航空航天出版社	59	4	1
978-7-111-21382-6	Java 编程思想	Bruce Eckel	机械工业出版社	108	3	1
978-7-121-23402-6	SQL Server 实用教程（第 4 版）	郑阿奇	电子工业出版社	59	8	5
978-7-302-10853-6	C 程序设计（第三版）	谭浩强	清华大学出版社	26	10	7
978-7-121-20907-9	C♯实用教程（第 2 版）	郑阿奇	电子工业出版社	49	6	3

表 3.4   借阅表（jy）

索书号	借书证号	ISBN	借书时间
1200001	131101	978-7-121-23270-1	2014-02-18
1300001	131101	978-7-81124-476-2	2014-02-18
1200002	131102	978-7-121-23270-1	2014-02-18
1400030	131104	978-7-121-23402-6	2014-02-18
1600011	131101	978-7-302-10853-6	2014-02-18
1700062	131104	978-7-121-20907-9	2014-02-19
1200004	131103	978-7-121-23270-1	2014-02-20
1200003	131201	978-7-121-23270-1	2014-03-10
1300002	131202	978-7-81124-476-2	2014-03-11
1200005	131204	978-7-121-23270-1	2014-03-11
1400031	131206	978-7-121-23402-6	2014-03-13
1600013	131203	978-7-302-10853-6	2014-03-13
1700064	131210	978-7-121-20907-9	2014-03-13
1300003	131216	978-7-81124-476-2	2014-03-13
1200007	131218	978-7-121-23270-1	2014-04-08
1800001	131220	978-7-111-21382-6	2014-04-08
1200008	131221	978-7-121-23270-1	2014-04-08

续表

索书号	借书证号	ISBN	借书时间
1400032	131101	978-7-121-23402-6	2014-04-08
1700065	131102	978-7-121-20907-9	2014-04-08
1600014	131104	978-7-302-10853-6	2014-07-22
1800002	131104	978-7-111-21382-6	2014-07-22

图书表 book 的主关键字为 ISBN,借阅表(jy)的主关键字是索书号。

在 SQL Server 2012 中,创建数据库、表(包括指定表的关键字),表数据的插入、修改和删除等操作均有两种方式,即操作界面方式和使用 T-SQL 语句。

3.2 操作数据库

在 SQL Server 2012 中,能够操作数据库的用户必须是系统管理员,或者是被授权使用 CREATE DATABASE 语句的用户。创建数据库时需要确定数据库名、所有者(即创建数据库的用户)、数据库大小(即数据库所需要占用的空间,包括初始大小(最初占用的空间)、最大大小(最大占用的空间)、是否允许增长及增长方式)和存储数据库的文件。

对于新创建的数据库,系统对数据文件的默认值为:初始大小 5MB,最大大小不限制,而实际上仅受硬盘空间的限制,允许数据库自动增长,增量为 1MB。

对日志文件的默认值为:初始大小 1MB,最大大小不限制,而实际上也仅受硬盘空间的限制,允许日志文件自动增长,增长方式为按 10% 比例增长。

3.2.1 界面方式操作数据库

SQL Server 2012 中使用界面方式创建数据库主要通过 SQL Server Management Studio 窗口中所提供的图形化向导进行。

1. 创建数据库

下面以创建名为 xsbook 的图书管理数据库为例,说明界面方式创建数据库的过程。

【例 3.1】 创建数据库 xsbook,初始大小为 5MB,最大大小 200MB,数据库自动增长,增长方式是按 10% 比例增长;日志文件初始为 2MB,最大可增长到 10MB,按 1MB 增长。假设 SQL Server 服务已启动,并以 Administrator 身份登录计算机。

(1) 以系统管理员身份登录计算机,在桌面上单击"开始"菜单,选择"所有程序",再选择 Microsoft SQL Server 2012,选择并启动 SQL Server Management Studio。如图 3.1 所示,使用默认的系统配置连接到数据库服务器。

(2) 进入 SQL Server Management Studio 主界面,选择"对象资源管理器"中的服务器目录下的"数据库"目录,右击,在弹出的快捷菜单中选择"新建数据库"菜单项,打开"新建数据库"窗口。

(3) "新建数据库"窗口的左上方共有"常规"、"选项"和"文件组"三个选项卡。这里只配置"常规"选项卡,其他选项卡使用系统默认设置。

图 3.1 "连接到服务器"对话框

在"新建数据库"窗口的左上方选择"常规"选项卡，在"数据库名称"文本框中填写要创建的数据库名称 xsbook，并设置其他选项的值，如图 3.2 所示。

图 3.2 "新建数据库"属性窗口

通过单击自动增长标签栏下面的 按钮，出现图 3.3 所示的对话框，在该对话框中可以设置数据库是否自动增长、增长方式、数据库文件最大文件大小。日志文件的自动增长设置对话框与数据文件类似。

图 3.3 "更改 xsbook 的自动增长设置"对话框

配置路径可以通过单击路径标签栏下面的 按钮来自定义路径。

本书中 SQL Sever 2012 数据库软件默认安装在 D:\SQL Server\2012\data\ 目录下，所以，数据文件的默认路径为 D:\SQL Server\2012\data\MSSQL11. SQLSERVER\MSSQL

\DATA。

到此,数据库 xsbook 已经创建完成了,此时可以在"对象资源管理器"窗口的"数据库"目录下找到该数据库所对应的图标,如图 3.4 所示。

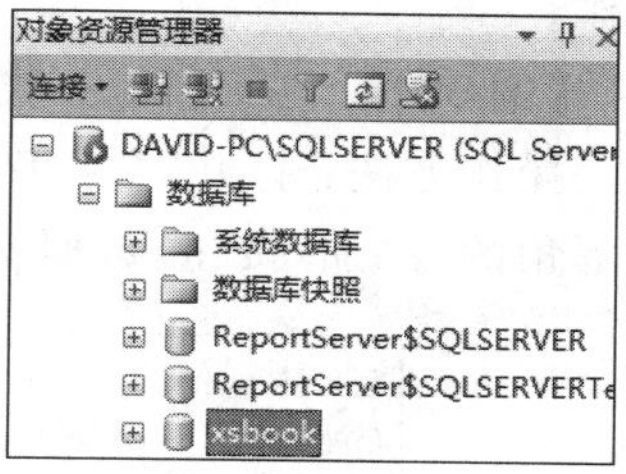

2. 修改数据库

数据库创建后,在使用中通常会由于种种原因需要修改其某些属性。例如,针对 xsbook 数据库,在创建时确定了其最大大小,但是由于学生人数的增加,数据库原来的最大大小就可能不满足要求,从而会出现数据库物理存储容量不够的问题,此时就必须改变数据库的最大大小,才能与变化了的现实相适应。

图 3.4 创建后的 xsbook 数据库图标

在数据库创建后,数据文件和日志文件名就不能改变了。对已存在的数据库可以进行如下的修改:

- 增加或删除数据文件;
- 改变数据文件的大小和增长方式;
- 改变日志文件的大小和增长方式;
- 增加或删除日志文件;
- 增加或删除文件组。

下面以对数据库 xsbook 的修改为例,说明在"对象资源管理器"中对数据库进行修改的操作方法。

选择需要进行修改的数据库 xsbook,右击,在出现快捷菜单中选择"属性"菜单项。弹出如图 3.5 所示的"数据库属性-xsbook"窗口。从图中的选项卡列表中可以看出,它包括 9 个选项卡。

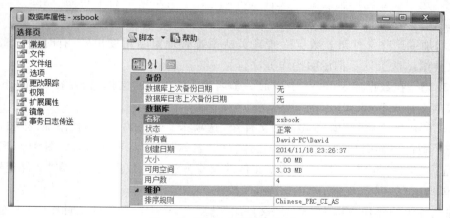

图 3.5 "数据库属性"对话框

通过选择列表中这些选项卡,可以查看数据库系统的各种属性和状态。

下面详细介绍对已经存在的数据库可以进行的修改操作。

(1)改变数据文件的大小和增长方式。选择"文件",在窗口右边的"初始大小"列中输入要修改的数据库的初始大小。

(2)添加数据文件。当原有数据库的存储空间不够时,除了可以采用扩大原有数据文件的存储量的方法之外,还可以增加新的数据文件;或者从系统管理的需求出发,采用多个数据文件来存储数据,以避免数据文件过大。此时,会用到向数据库中增加数据文件的操作。

【例 3.2】 在 xsbook 数据库中增加数据文件 xsbook_2,其属性均取系统默认值。

操作方法:打开"数据库属性-xsbook"窗口,在"选项页"列表中选择"文件",单击窗口右下角的"添加"按钮,数据库文件下方会新增加一行文件项,如图 3.6 所示。

图 3.6 增加数据文件

在"逻辑名称"一栏中输入数据文件名 xsbook_2,并设置文件的初始大小和增长属性,单击"确定"按钮,完成数据文件的添加。增加的文件是辅助数据文件,文件扩展名为.ndf。

增加或删除日志文件的方法与数据文件类似,这里不再赘述。

(3) 删除数据文件。当数据库中的某些数据文件不再需要时,应及时将其删除。在 SQL Server 2012 中,只能删除辅助数据文件,而不能删除主数据文件。其理由是很显然的,因为在主数据文件中存放着数据库的启动信息,若将其删除,数据库将无法启动。

例如,要删除辅助数据文件 xsbook_2,操作方法为:打开"数据库属性"窗口,选择"文件"选项卡,选中需删除的辅助数据文件 xsbook_2,单击对话框右下角的"删除"按钮,删除后单击"确认"按钮即可删除。

(4) 增加或删除文件组。数据库管理员从系统管理策略角度出发,有时可能需要增加或删除文件组。这里以示例说明操作方法。

【例 3.3】 在数据库 xsbook 中增加一个名为 FGroup 的文件组,并在 FGroup 文件组中增加数据文件 xsbook_2。

① 打开"数据库属性"窗口,选择"文件组"选项卡。单击右下角的"添加"按钮,这时在 PRIMARY 行的下面会出现新的一行,在这行的"名称"列输入 FGroup,如图 3.7 所示。

② 选择"文件"选项卡,按增加数据文件的操作方法添加数据文件。在"文件组"下拉框中选择 FGroup,如图 3.8 所示,单击"确定"按钮。

删除文件组的操作方法为:选择"文件组"选项卡,选中需删除的文件组,单击对话框右下角的"删除"按钮,再单击"确认"按钮即可删除。

注意:可以删除用户定义的文件组,但不能删除主文件组(PRIMARY)。删除用户定义的文件组后,该文件组中所有的文件都将被删除。

3. 删除数据库

数据库系统在长时间使用之后,系统的资源消耗加剧,导致运行效率下降。因此,数据库管理员需要适时地对数据库系统进行一定的调整。

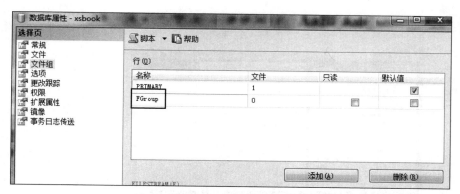

图 3.7　输入新增的文件组名

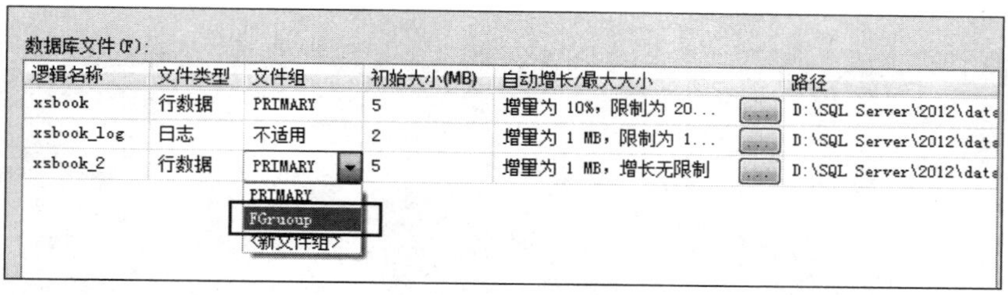

图 3.8　将数据文件加入新增的文件组中

通常的做法是把一些不需要的数据库删除，以释放被其占用的系统空间和消耗。用户可以利用图形向导方式很轻松地完成数据库系统的删除工作。

【例 3.4】　删除 xsbook2 数据库。

① 首先在"对象资源管理器"窗口创建 xsbook2 数据库。

② 在"对象资源管理器"窗口中选择要删除的数据库 xsbook2，右击，在弹出的窗口中选择"删除"菜单项，打开"删除对象"窗口后，单击右下角的"确定"按钮，即可删除数据库 xsbook2。

注意：删除数据库后，该数据库的所有对象均被删除，将不能再对该数据库进行任何操作，因此删除时应十分慎重。

3.2.2　命令方式操作数据库

除了在 SQL Server 2012 的图形用户界面中操作数据库外，还可以使用 T-SQL 语句来操作数据库。与界面方式操作数据库表相比，命令方式更为常用，使用也更为灵活。

1. 使用 CREATE DATABASE 创建数据库

先来看一个例子。

【例 3.5】　使用 T-SQL 语句，创建 xsbook2 数据库，数据库配置与 xsbook 数据相同。

在 SQL Server Management Studio 窗口中，单击"新建查询"按钮，新建一个查询编辑窗口，如图 3.9 所示。

在查询窗口中输入如下 T-SQL 语句：

T-SQL语句输入及
执行结果返回窗口

图 3.9   SQL Server 2012 查询窗口

```
CREATE DATABASE xsbook2
ON
(
    NAME='xsbook2',
    FILENAME='D:\SQL Server\2012\data\MSSQL11.SQLSERVER\MSSQL\DATA \xsbook2.mdf',
    SIZE=5MB,
    MAXSIZE=200MB,
    FILEGROWTH=10%
)
LOG ON
 (
    NAME='xsbook2_log',
    FILENAME='D:\SQL Server\2012\data\MSSQL11.SQLSERVER\MSSQL\DATA \xsbook2.ldf',
    SIZE=2MB,
    MAXSIZE=5MB,
    FILEGROWTH=1MB
);
```

　　输入完毕后,单击"!执行"按钮,如图 3.10 所示。从图中可以看到,CREATE
DATABASE 命令执行时,在结果窗口中将显示命令执行的进展情况。
　　当命令成功执行后,在"对象资源管理器"中选择"数据库",右击,在弹出的快捷菜单中
选择"刷新"菜单项即可看到刚刚创建的 xsbook2 数据库。通过"数据库属性"对话框,可以
看到新建立 xsbook2 数据库的各项属性,完全符合预定要求。
　　从上面实例已经了解了使用 T-SQL 语句创建数据库的过程,其核心是 CREATE
DATABASE 语句。该语句的基本语法格式是:

```
CREATE DATABASE database_name          /*指定数据库名*/
    [ON 子句]                          /*指定数据库文件和文件组属性*/
    [LOG ON 子句]                      /*指定日志文件属性*/
```

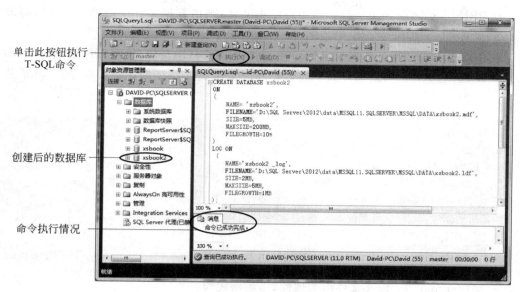

单击此按钮执行
T-SQL命令

创建后的数据库

命令执行情况

图 3.10 在查询编辑窗口中执行创建数据库命令

在对语法格式进行解释之前,先介绍本书的 T-SQL 语法格式中使用的约定。表 3.5 列出了这些约定,并给予说明。这些约定在本书中介绍 T-SQL 语法格式时都适用。

表 3.5 本书 T-SQL 语法的约定和说明

约　　定	用　　于
UPPERCASE(大写)	T-SQL 关键字
|	分隔括号或大括号中的语法项。只能选择其中一项
[ ]	可选语法项。不要输入方括号
{ }	必选语法项。不要输入大括号
[,…n]	指示前面的项可以重复 n 次。每一项由逗号分隔
[…n]	指示前面的项可以重复 n 次。每一项由空格分隔
[;]	可选的 T-SQL 语句终止符。不要输入方括号
<label>::=	语法块的名称。此约定用于对可在语句中的多个位置使用的过长语法段或语法单元进行分组和标记。可使用的语法块的每个位置由尖括号内的标签指示:<label>

下面说明 database_name、ON 子句和 LOG ON 子句的构成和作用。

(1) database_name:是所创建的数据库逻辑名称,其命名须遵循 SQL Server 2012 的命名规则,最大长度为 128 个字符。

(2) ON 子句:指出了数据库的数据文件和文件组,其格式为:

```
ON [PRIMARY][<filespec>[,…n]] [,<filegroup>[,…n]]
```

- PRIMARY：指定主文件。若不指定主文件，则诸数据文件中的第一个文件将成为主文件。
- ＜filespec＞：指定数据文件的属性，主要给出文件的逻辑名、存储路径、大小和增长特性（这些特征可以与界面创建数据库时对数据库特征的设置相联系）。其语法定义为：

```
<filespec>::=
{ (
    NAME='<逻辑文件名>',
    FILENAME='<操作系统文件名>'
    [, SIZE=<数据文件初始大小>[KB|MB|GB|TB]]
    [, MAXSIZE={<文件的最大大小>[KB|MB|GB|TB]|UNLIMITED}]
    [, FILEGROWTH=<文件每次的增量>[KB|MB|GB|TB|%]])
}
```

- ＜filegroup＞：定义文件组的属性，语法格式为：

```
<filegroup>::=
    FILEGROUP<文件组名>[CONTAINS FILESTREAM] [DEFAULT]<filespec>[,…n]
```

CONTAINS FILESTREAM 选项指定文件组在文件系统中存储 FILESTREAM 二进制大型对象（BLOB）。DEFAULT 关键字指定命名文件组为数据库中的默认文件组。

（3）LOG ON 子句：用于指定数据库事务日志文件的属性，其定义格式与数据文件的格式相同。语法结构为：

```
LOG ON {<filespec>[,…n]}
```

下面再举几个使用 CREATE DATABASE 语句创建数据库的示例。

【例 3.6】　创建一个名为 TEST1 的数据库，该数据库只包含一个主数据文件和一个主日志文件，它们均采用系统默认存储路径和文件名，其大小分别为 model 数据库中主数据文件和日志文件的大小。

在 SQL Server 2012 查询窗口中输入如下 T-SQL 语句并执行：

```
CREATE DATABASE TEST1
    ON
    (NAME='TEST1_data',
     FILENAME='D:\SQL Server\2012\data\MSSQL11.SQLSERVER\MSSQL\DATA\TEST1.mdf'
    )
```

【例 3.7】　创建一个名为 TEST2 的数据库，它有两个数据文件，其中主数据文件为 20MB，不限制最大大小，按 10％增长。一个辅数据文件为 20MB，最大大小不限，按 10％增长；有一个日志文件，大小为 50MB，最大大小为 100MB，按 10MB 增长。

在查询编辑窗口中输入如下 T-SQL 语句并执行：

```
CREATE DATABASE TEST2
    ON
    PRIMARY
    (
        NAME='TEST2_data1',
        FILENAME='D:\data\test2_data1.mdf',
        SIZE=20MB,
        MAXSIZE=UNLIMITED,
        FILEGROWTH=10%
    ),
    (
        NAME='TEST2_data2',
        FILENAME='D:\data\test2_data2.ndf',
        SIZE=20MB,
        MAXSIZE=UNLIMITED,
        FILEGROWTH=10%
    )
    LOG ON
    (
        NAME='TEST2_log1',
        FILENAME='D:\data\test2_log1.ldf',
        SIZE=50MB,
        MAXSIZE=100MB,
        FILEGROWTH=10MB
    );
```

说明：本例用 PRIMARY 关键字显式地指出了主数据文件。需要注意在 FILENAME 中使用的文件扩展名，mdf 用于主数据文件，ndf 用于辅数据文件，ldf 用于日志文件。

【例 3.8】　创建一个具有两个文件组的数据库 TEST3。要求：

(1) 主文件组包括文件 TEST3_dat1，文件初始大小为 20MB，最大 60MB，按 5MB 增长；

(2) 有一个文件组名为 TEST3Group1，包括文件 TEST3_dat2，文件初始大小为 10MB，最大为 30MB，按 10％增长；

```
CREATE DATABASE TEST3
    ON
    PRIMARY
    (
        NAME='TEST3_dat1',
        FILENAME='D:\data\TEST3_dat1.mdf',
        SIZE=20MB,
        MAXSIZE=60MB,
        FILEGROWTH=5MB
    ),
```

```
         FILEGROUP TEST3Group1
         (
             NAME='TEST3_dat2',
             FILENAME='D:\data\TEST3_dat2.ndf',
             SIZE=10MB,
             MAXSIZE=30MB,
             FILEGROWTH=10%
         )
```

2. 使用 ALTER DATABASE 修改数据库

这部分将讨论使用 T-SQL 的 ALTER DATABASE 命令对数据库进行以下修改:

- 增加或删除数据文件;
- 改变数据文件的大小和增长方式;
- 改变日志文件的大小和增长方式;
- 增加或删除日志文件;
- 增加或删除文件组。

ALTER DATABASE 语句的基本语法格式为:

```
ALTER DATABASE database_name
{   ADD FILE<filespec>[,…n][TO FILEGROUP filegroup_name]
                                            /* 在文件组中增加数据文件 */
    |ADD LOG FILE<filespec>[,…n]             /* 增加日志文件 */
    |REMOVE FILE logical_file_name           /* 删除数据文件 */
    |ADD FILEGROUP filegroup_name            /* 增加文件组 */
    |REMOVE FILEGROUP filegroup_name         /* 删除文件组 */
    |MODIFY FILE<filespec>                   /* 更改文件属性 */
    |MODIFY NAME=new_dbname                  /* 数据库更名 */
    |MODIFY FILEGROUP filegroup_name
         {  {READ_ONLY|READ_WRITE}
            |DEFAULT
            |NAME=new_filegroup_name
         }                                   /* 更改文件组属性 */
    |SET<optionspec>[,…n] [WITH<termination>] /* 设置数据库属性 */
}
[;]
```

说明:

(1) database_name:数据库名。

(2) ADD FILE 子句:向数据库添加数据文件,<filespec>构成与 CREATE DATABASE 语句的<filespec>相同。关键字 TO FILEGROUP 指出了添加的数据文件所在的文件组 filegroup_name,若缺省则默认为主文件组。

(3) ADD LOG FILE 子句:向数据库添加日志文件。

(4) REMOVE FILE 子句:从数据库中删除数据文件,被删除的数据文件由其中的参数 logical_file_name 给出。当删除一个数据文件时,逻辑文件与物理文件全部被删除。

(5) ADD FILEGROUP 子句:向数据库中添加文件组。

(6) REMOVE FILEGROUP 子句:删除文件组,被删除的文件组名由参数 filegroup_name 给出。

(7) MODIFY FILE 子句:修改数据文件的属性,被修改文件的逻辑名由<filespec>的 NAME 参数给出。可以修改的文件属性包括 FILENAME、SIZE、MAXSIZE 和 FILEGROWTH。但要注意,一次只能修改其中的一个属性。修改文件大小时,修改后的大小不能小于当前文件的大小。

(8) MODIFY NAME 子句:更改数据库名,新的数据库名由参数 new_dbname 给出。

(9) MODIFY FILEGROUP 子句:用于更改文件组的属性。READ_ONLY 选项用于将文件组设为只读,READ_WRITE 选项将文件组设为读/写模式。DEFAULT 选项表示将默认数据库文件组改为 filegroup_name。NAME 选项用于将文件组名称改为 new_filegroup_name。

(10) SET 子句:用于设置数据库的属性,<optionspec>中指定了要修改的属性。例如,设为 READ_ONLY 时用户可以从数据库读取数据,但不能修改数据库。其他属性请参考 SQL Server 联机丛书,这里不一一列出。

下面通过示例说明 ALTER DATABASE 语句的使用。

【例 3.9】 假设已经创建了数据库 TEST1,它只有一个主数据文件,其逻辑文件名为 TEST1_data,大小为 3MB,最大不受限制,增长方式为按 1MB 增长。

要求:修改数据库 TEST1 现有数据文件 TEST1_data 的属性,将主数据文件的最大大小改为 100MB,增长方式改为按每次 5MB 增长。

在查询编辑窗口中输入如下 T-SQL 语句:

```
ALTER DATABASE TEST1
    MODIFY FILE
    (
        NAME=TEST1_data,
        MAXSIZE=100MB,              /*将主数据文件的最大大小改为 100MB*/
        FILEGROWTH=5MB              /*将主数据文件的增长方式改为按 5MB 增长*/
    )
GO
```

单击“执行”按钮执行输入的 T-SQL 语句,右击“对象资源管理器”中的“数据库”,选择“刷新”菜单项,之后右击数据库 TEST1 的图标,选择“属性”菜单项,在“文件”页上查看修改后的数据文件。

说明:GO 命令不是 T-SQL 语句,但它是 SQL Server Management Studio 代码编辑器识别的命令。SQL Server 将 GO 命令解释为应该向 SQL Server 实例发送当前批 T-SQL 语句的信号。当前批语句由上一个 GO 命令后输入的所有语句组成,如果是第一条 GO 命令,则由会话或脚本开始后输入的所有语句组成。

注意:GO 命令和 T-SQL 语句不能在同一行中,否则运行时会发生错误。

【例 3.10】 先为数据库 TEST1 增加数据文件 TEST1BAK。然后删除该数据文件。

```
ALTER DATABASE TEST1
ADD FILE
(
    NAME='TEST1BAK',
    FILENAME='D:\SQL Server\2012\data\MSSQL11.SQLSERVER\MSSQL\DATA \TEST1BAK.ndf',
    SIZE=10MB,
    MAXSIZE=50MB,
    FILEGROWTH=5%
)
```

通过查看数据库属性对话框中的文件属性,观察数据库 TEST1 是否增加数据文件
TEST1BAK。

删除数据文件 TEST1BAK 的命令如下:

```
ALTER DATABASE TEST1
    REMOVE FILE TEST1BAK
GO
```

【例 3.11】 为数据库 TEST1 添加文件组 FGROUP,并为此文件组添加两个大小均为
10MB 的数据文件。

```
ALTER DATABASE TEST1
    ADD FILEGROUP FGROUP
GO
ALTER DATABASE TEST1
    ADD FILE
    (
        NAME='TEST1_DATA2',
    FILENAME='D:\SQL Server\2012\data\MSSQL11.SQLSERVER\MSSQL\DATA \TEST1_Data2.ndf',
        SIZE=10MB
    ),
    (
        NAME='TEST1_DATA3',
    FILENAME='D:\SQL Server\2012\data\MSSQL11.SQLSERVER\MSSQL\DATA \TEST1_Data3.ndf',
        SIZE=10MB
    )
    TO FILEGROUP FGROUP
GO
```

【例 3.12】 从数据库中删除文件组,将例 3.11 中添加到 TEST1 数据库中的文件组
FGROUP 删除。注意,被删除的文件组中的数据文件必须先删除,且不能删除主文件组。

```
ALTER DATABASE TEST1
    REMOVE FILE TEST1_DATA2
GO
```

```
ALTER DATABASE TEST1
    REMOVE FILE TEST1_DATA3
GO
ALTER DATABASE TEST1
    REMOVE FILEGROUP FGROUP
GO
```

【例 3.13】　为数据库 TEST1 添加一个日志文件。

```
ALTER DATABASE TEST1
ADD LOG FILE
(
    NAME='TEST1_LOG2',
    FILENAME='D:\SQL Server\2012\data\MSSQL11.SQLSERVER\MSSQL\DATA \TEST1_Log2.ldf',
    SIZE=5MB,
    MAXSIZE=10 MB,
    FILEGROWTH=1MB
)
GO
```

【例 3.14】　从数据库 TEST1 中删除一个日志文件,将日志文件 TEST1_LOG2 删除。注意,不能删除主日志文件。

将数据库 TEST1 的名称改为 JUST_TEST。进行此操作时必须保证该数据库此时没有被其他任何用户使用。

在查询编辑窗口中输入如下 T-SQL 语句并执行:

```
ALTER DATABASE TEST1
    REMOVE FILE TEST1_LOG2
GO
ALTER DATABASE TEST1
    MODIFY NAME=JUST_TEST
GO
```

3. 使用 DROP DATABASE 删除数据库

DROP DATABASE 语句的语法格式为:

```
DROP DATABASE database_name [,…n]
```

其中,database_name 是要删除的数据库名。例如,使用以下命令将删除数据库 TEST2:

```
DROP DATABASE TEST2
GO
```

注意:使用 DROP DATABASE 语句不会出现确认信息,所以要小心使用。另外,不能删除系统数据库,否则将导致服务器无法使用。

3.2.3 数据库快照

数据库快照就是指数据库在某一指定时刻的情况，数据库快照提供了源数据库在创建快照时刻的只读、静态视图。虽然数据库在不断变化，但数据库快照一旦创建就不会改变。多个快照可以位于一个源数据库中，并且可以作为数据库始终驻留在同一服务器实例上。创建快照时，每个数据库快照在事务上与源数据库一致。在被数据库所有者显式删除之前，快照始终存在。

快照可用于报表。另外，如果源数据库出现用户错误，还可将源数据库恢复到创建快照时的状态。丢失的数据仅限于创建快照后数据库更新的数据。

在 SQL Server 2012 中，创建数据库快照也使用 CREATE DATABASE 命令。语法格式：

```
CREATE DATABASE <数据库快照名>
    ON
    (
        NAME='<逻辑文件名>',
        FILENAME='<操作系统文件名>'
    )[,…n]
    AS SNAPSHOT OF<源数据库名>
[;]
```

注意：数据库快照必须与源数据库处于同一实例中。创建了数据库快照之后，快照的源数据库就会存在一些限制：不能对数据库删除、分离或还原；源数据库性能会受到影响；不能从源数据库或其他快照上删除文件；源数据库必须处于在线状态。

【例 3.15】 创建 TEST3 数据库的快照 TEST3_01。

```
CREATE DATABASE TEST3_01
    ON
    (
        NAME=TEST3_dat1,
        FILENAME='D:\data\TEST3_dat1.mdf'
    ),
    (
        NAME=TEST3_dat2,
        FILENAME='D:\data\TEST3_dat2.ndf'
    )
    AS SNAPSHOT OF TEST3
GO
```

命令执行成功之后，在"对象资源管理器"窗口中刷新"数据库"菜单栏，在"数据库"中展开"数据库快照"，就可以看见刚刚创建的数据库快照 TEST3_01。

删除数据库快照的方法和删除数据库的方法完全相同，可以使用界面方式删除，也可以使用命令方式删除，例如：

```
DROP DATABASE TEST3_01;
```

3.3 创建表

在 SQL Server 中,一个数据库中可创建多达 20 亿个表,每个表的列数最多可达 1024,每行最多 8092B(不包括 image、text 或 ntext 数据)。

建立数据库最重要的一步就是创建其中的数据表,即决定数据库包括哪些表,每个表中包含哪些字段,每个字段是何种数据类型等。当创建和使用表时,需要使用不同的数据库对象,包括数据类型、约束、默认值、触发器和索引等。关于这些数据库对象的详细内容,将在后面的章节里介绍。这里先介绍创建表时所要用到的对象——数据类型。

3.3.1 数据类型

创建表的字段时,必须为其指定数据类型。字段的数据类型决定了数据的取值、范围和存储格式。字段的数据类型可以是 SQL Server 提供的系统数据类型,也可以是用户定义数据类型。SQL Server 2012 提供了丰富的系统数据类型,将其列于表 3.6 中。

表 3.6 SQL Server 系统数据类型

数 据 类 型	符 号 标 识
整数型	bigint,int,smallint,tinyint
精确数值型	decimal,numeric
浮点型	float,real
货币型	money,smallmoney
位型	bit
字符型	char,varchar,varchar(MAX)
Unicode 字符型	nchar,nvarchar,nvarchar(MAX)
文本型	text,ntext
二进制型	binary,varbinary,varbinary(MAX)
日期时间类型	datetime,smalldatetime
时间戳型	timestamp
图像型	image
其他	cursor,sql_variant,table,uniqueidentifier,xml

在讨论数据类型时,使用了精度、小数位数和长度三个概念,前两个概念是针对数值型数据的,而长度则是每种数据类型都涉及到的。它们的含义是:

- 精度:是数值数据中所存储的十进制数据的总位数。
- 小数位数:是数值数据中小数点右边数字的位数。例如,数值数据 3890.587 的精度是 7,小数位数是 3。
- 长度:指存储数据所使用的字节数。

1. 整数型

整数包括 bigint、int、smallint 和 tinyint 4 类,从标识符的含义就可以看出,它们的表示数范围逐渐缩小。表 3.7 列出了这 4 类整数的精度、长度和取值范围。

表 3.7   4 类整数的精度、长度和取值范围

整数类型	精度	长度(字节数)	数值范围
bigint(大整数)	19	8	$-2^{63} \sim 2^{63}-1$
int(整数)	10	4	$-2^{31} \sim 2^{31}-1$
smallint(短整数)	5	2	$-2^{15} \sim 2^{15}-1$
tinyint(微短整数)	3	1	$0 \sim 255$

2. 精确数值型

精确数值型数据由整数部分和小数部分构成,其所有的数字都是有效位,能够以完整的精度存储十进制数。精确数值型包括 decimal 和 numeric 两类。在 SQL Server 2012 中,这两种数据类型在功能上完全等价。

声明精确数值型数据的格式是 numeric|decimal(p[,s])。其中,p 为精度,s 为小数位数,s 的默认值为 0。例如,指定某列为精确数值型,精度为 6,小数位数为 3,即 decimal(6,3),那么若向某记录的该列赋值 56.342689 时,该列实际存储的是 56.3427。

decimal 和 numeric 可存储 $-10^{38}+1 \sim 10^{38}-1$ 固定精度和小数位的数字数据,它们的存储长度随精度变化而变化,最少为 5 字节,最多为 17 字节。

例如,若有声明 numeric(8,3),则存储该类型数据需 5B,而若有声明 numeric(22,5),则存储该类型数据需 13B。

注意:声明精确数值型数据时,其小数位数必须小于精度。在给精确数值型数据赋值时,必须使所赋数据的整数部分位数不大于列的整数部分的长度。

3. 浮点型

浮点型又称近似数值型,这种类型不能提供精确表示数据的精度。当使用这种类型来存储某些数值时,有可能会损失一些精度,所以它可以用于处理取值范围非常大且对精确度要求不是十分高的数值量,如一些统计量。

有两种近似数值数据类型:float[(n)]和 real,两者通常都使用科学记数法表示数据。科学记数法的格式为:

尾数 E 阶数

其中,阶数必须为整数。

例如,9.8431E10,$-$8.932E8,3.68963E$-$6 等都是浮点型数据。

real 和 float 类型数据的精度、长度和表数范围列于表 3.8 中。

表 3.8   浮点型数据的精度、长度和取值范围

类 型	精度	长度(字节数)	数 值 范 围
real	7	4	$-3.40E+38 \sim 3.40E+38$
float[(n)](当 n 在 1~24 之间时)	7	4	$-3.40E+38 \sim 3.40E+38$
float[(n)](当 n 在 25~53 之间时)	15	8	$-1.79E+308 \sim 1.79E+308$

注意：float[(n)]类型在缺省 n 时，代表 n 在 25～53 之间。

4. 货币型

SQL Server 提供了两个专门用于处理货币的数据类型：money 和 smallmoney，它们用十进制数表示货币值。这两种类型数据的精度、长度和表数范围列于表 3.9 中。

表 3.9　货币型数据的精度、长度和取值范围

类　　型	精度	小数位数	长度（字节数）	数值范围
money	19	4	8	$-2^{63} \sim 2^{63}-1$
smallmoney	10	4	4	$-2^{31} \sim 2^{31}-1$

从表 3.9 可以看出，money 的数值范围与 bigint 相同，不同的只是 money 型有 4 位小数，实际上，money 就是按照整数进行运算的，只是将小数点固定在末 4 位。而 smallmoney 与 int 的关系就如同 money 与 bigint 的关系一样。

当向表中插入 money 或 smallmoney 类型的值时，必须在数据前面加上货币表示符号（＄），并且数据中间不能有逗号（,）；若货币值为负数，需要在符号 ＄ 的后面加上负号（－）。例如，＄18000.5、＄880、＄－28000.806 都是正确的货币数据表示形式。

5. 位型

SQL Server 2012 中的位（bit）型只存储 0 和 1，长度为一个字节。当为 bit 类型数据赋 0 时，其值为 0，而赋非 0（如 100）时，其值为 1。

字符串值 TRUE 和 FALSE 可以转换为以下 bit 值：TRUE 转换为 1，FALSE 转换为 0。

6. 字符型

字符型数据用于存储字符串，字符串中可包括字母、数字和其他特殊符号（如 ♯、@、&等）。在输入字符串时，需将串中的符号用单引号或双引号括起来，如'abc'、"Abc＜Cde"。

SQL Server 字符型包括两类：固定长度（char）和可变长度（varchar）字符数据类型。

（1）char[(n)]：定长字符数据类型，其中 n 定义字符型数据的长度，n 在 1～8000 之间，默认值为 1。当表中的列定义为 char(n)类型时，若实际要存储的串长度不足 n 时，则在串的尾部添加空格以达到长度 n，所以 char(n)的长度为 n。例如，某列的数据类型为 char(20)，而输入的字符串为"test2004"，则存储的是字符 test2004 和 12 个空格。若输入的字符个数超出 n，则超出的部分被截断。

（2）varchar[(n)]：变长字符数据类型，其中 n 的规定与定长字符型 char 中的 n 完全相同，但这里 n 表示的是字符串可达到的最大长度。varchar(n)的长度为输入的字符串的实际字符个数，而不一定是 n。例如，表中某列的数据类型为 varchar(100)，而输入的字符串为"test2004"，则存储的就是字符 test2004，其长度为 8B。

当列中的字符数据值长度接近一致时，如姓名，此时可使用 char；而当列中的数据值长度明显不同时，使用 varchar 较为恰当，可以节省存储空间。

7. Unicode 字符型

Unicode 是"统一字符编码标准"，用于支持国际上非英语语种的字符数据的存储和处理。SQL Server 的 Unicode 字符型可以存储 Unicode 标准字符集定义的各种字符。

Unicode 字符型包括 nchar[(n)]和 nvarchar[(n)]两类。nchar 是固定长度 Unicode 数据的数据类型，nvarchar 是可变长度 Unicode 数据的数据类型，二者均使用 Unicode UCS-2 字符集。

(1) nchar[(n)]：包含 n 个字符的固定长度 Unicode 字符型数据，n 的值在 1～4000 之间，默认值为 1。长度为 2nB。若输入的字符串长度不足 n，将以空白字符补足。

(2) nvarchar[(n)]：最多包含 n 个字符的可变长度 Unicode 字符型数据，n 的值在 1～4000 之间，默认值为 1。长度是所输入字符个数的两倍。

实际上，nchar、nvarchar 与 char、varchar 的使用非常相似，只是字符集不同（前者使用 Unicode 字符集，后者使用 ASCII 字符集）。

8. 文本型

当需要存储大量的字符数据，如较长的备注、日志信息等，字符型数据的最长 8000 个字符的限制可能使它们不能满足这种应用需求，此时可使用文本型数据。

文本型包括 text 和 ntext 两类，分别对应 ASCII 字符和 Unicode 字符，其可以表示的最大长度和存储字节数列于表 3.10 中。

表 3.10　text 和 ntext 数据最大长度和字节数

类型	最大长度（字符数）	存储字节数
text	$2^{31}-1$(2 147 483 647)	与实际字符个数相同
ntext	$2^{30}-1$(1 073 741 823)个 Unicode 字符	是实际字符个数的 2 倍

9. 二进制型

二进制数据类型表示的是位数据流，包括 binary（固定长度）和 varbinary（可变长度）两种。

(1) binary[(n)]：固定长度的 n 个字节二进制数据。N 的取值范围为 1～8000，默认值为 1。binary(n)数据的存储长度为 n+4B。若输入的数据长度小于 n，则不足部分用 0 填充；若输入的数据长度大于 n，则多余部分被截断。

输入二进制值时，在数据前面要加上 0x，可以用的数字符号为 0～9、A～F（字母大小写均可）。因此，二进制数据有时也被称为十六进制数据。例如，0xFF、0x12A0 分别表示值 FF 和 12A0，因为每字节的数最大为 FF，故在 0x 格式的数据每两位占 1 个字节。

(2) varbinary[(n)]：n 个字节变长二进制数据。n 的取值范围为 1～8000，默认值为 1。varbinary(n)数据的存储长度为实际输入数据长度+4B。

10. 日期时间类型

日期时间类型数据用于存储日期和时间信息，在 SQL Server 2012 以前的版本中，日期时间数据类型只有 datetime 和 smalldatetime 两种。而在 SQL Server 2012 新增了 4 种新的日期时间数据类型，分别为 date、time、datetime2 和 datetimeoffset。

(1) datetime：datetime 类型可表示的日期范围从 1753 年 1 月 1 日到 9999 年 12 月 31 日的日期和时间数据，精确度为百分之三秒（3.33ms 或 0.00333s）。例如 1～3ms 的值都表示为 0ms，4～6ms 的值都表示为 4ms。

datetime 类型数据长度为 8B，日期和时间分别使用 4B 存储。前 4B 用于存储 datetime

类型数据中距 1900 年 1 月 1 日的天数。为正数表示日期在 1900 年 1 月 1 日之后，为负数则表示日期在 1900 年 1 月 1 日之前。后 4B 用于存储 datetime 类型数据中距 12：00（24 小时制）的毫秒数。

　　用户以字符串形式输入 datetime 类型数据，系统也以字符串形式输出 datetime 类型数据。通常将用户输入系统以及系统输出的 datetime 类型数据的字符串形式称为 datetime 类型数据的"外部形式"，而将 datetime 在系统内的存储形式称为"内部形式"。SQL Server 负责 datetime 类型数据的两种表现形式之间的转换，包括合法性检查。

　　用户给出 datetime 类型数据值时，日期部分和时间部分分别给出。

　　日期部分的常用格式如下：

年 月 日	2001 Jan 20、2001 Janary 20
年 日 月	2001 20 Jan
月 日 [,]年	Jan 20 2001、Jan 20,2001、Jan 20,01
月 年 日	Jan 2001 20
日 月 [,]年	20 Jan 2001、20 Jan,2001
日 年 月	20 2001 Jan
年（4位数）	2001 表示 2001 年 1 月 1 日
年月日	20010120、010120
月/日/年	01/20/01、1/20/01、01/20/2001、1/20/2001
月-日-年	01-20-01、1-20-01、01-20-2001、1-20-2001
月.日.年	01.20.01、1.20.01、01.20.2001、1.20.2001

　　说明：年可用 4 位或 2 位表示，月和日可用 1 位或 2 位表示。

　　时间部分的常用格式如下：

时：分	10:20、08:05
时：分：秒	20:15:18、20:15:18.2
时：分：秒：毫秒	20:15:18:200
时：分 AM|PM	10:10AM、10:10PM

　　（2）smalldatetime：smalldatetime 类型数据可表示从 1900 年 1 月 1 日到 2079 年 6 月 6 日的日期和时间，数据精确到分钟。即 29.998s 或更低的值向下舍入为最接近的分钟，29.999s 或更高的值向上舍入为最接近的分钟。

　　smalldatetime 类型数据的存储长度为 4B，前 2B 用来存储 smalldatetime 类型数据中日期部分距 1900 年 1 月 1 日之后的天数。后 2B 用来存储 smalldatetime 类型数据中时间部分距中午 12 点的分钟数。

　　用户输入 smalldatetime 类型数据的格式与 datetime 类型数据完全相同，只是它们的内部存储可能不相同。

　　（3）date：date 类型数据可以表示从公元元年 1 月 1 日到 9999 年 12 月 31 日的日期，date 类型只存储日期数据，不存储时间数据，存储长度为 3B，表示形式与 datetime 数据类型的日期部分相同。

　　（4）time：time 数据类型只存储时间数据，表示格式为 hh：mm：ss[.nnnnnnn]。hh 表

示小时,范围为 0～23。mm 表示分钟,范围为 0～59。ss 表示秒数,范围为 0～59。n 是 0～7 位数字,范围为 0～9999999,表示秒的小数部分,即微秒数。所以,time 数据类型的取值范围为 00:00:00.0000000～23:59:59.9999999。time 类型的存储大小为 5B。另外,还可以自定义 time 类型微秒数的位数,例如 time(1)表示小数位数为 1,默认为 7。

(5) datetime2:datetime2 数据类型和 datetime 类型一样,也用于存储日期和时间信息。但是,datetime2 类型取值范围更广,日期部分取值范围从公元元年 1 月 1 日到 9999 年 12 月 31 日,时间部分的取值范围从 00:00:00.0000000～23:59:59.999999。另外,用户还可以自定义 datetime2 数据类型中微秒数的位数,例如 datetime(2)表示小数位数为 2。datetime2 类型的存储大小随着微秒数的位数(精度)而改变,精度小于 3 时为 6B,精度为 4 和 5 时为 7B,所有其他精度则需要 8B。

(6) datetimeoffset:datetimeoffset 数据类型也用于存储日期和时间信息,取值范围与 datetime2 类型相同。但是,datetimeoffset 类型具有时区偏移量,此偏移量指定时间相对于协调世界时(UTC)偏移的小时和分钟数。datetimeoffset 的格式为 YYYY-MM-DD hh:mm:ss[.nnnnnnn] [{+|−}hh:mm],其中 hh 为时区偏移量中的小时数,范围为 00～14,mm 为时区偏移量中的额外分钟数,范围为 00～59。时区偏移量中必须包含+(加)或−(减)号。这两个符号表示是在 UTC 时间的基础上加上还是从中减去时区偏移量以得出本地时间。时区偏移量的有效范围为−14:00～+14:00。

11. 时间戳型

标识符是 timestamp。若创建表时定义一个列的数据类型为时间戳类型,那么每当对该表加入新行或修改已有行时,都由系统自动将一个计数器值加到该列,即将原来的时间戳值加上一个增量。

记录 timestamp 列的值实际上反映了系统对该记录修改的相对(相对于其他记录)顺序。一个表只能有一个 timestamp 列。timestamp 类型数据的值实际上是二进制格式数据,其长度为 8B。

12. 图像数据类型

标识符是 image,它用于存储图片和照片等。实际存储的是可变长度二进制数据,介于 $0～2^{31}−1(2\ 147\ 483\ 647)$B 之间。在 SQL Server 2012 中该类型是为了向下兼容而保留的数据类型。Microsoft 公司推荐用户使用 varbinary(MAX)数据类型来替代 image 类型。

13. 其他数据类型

除了上面所介绍的常用数据类型外,SQL Server 2012 还提供了其他几种数据类型:cursor、sql_variant、table、uniqueidentifier、xml 和 hierarchyid。

(1) cursor:是游标数据类型,用于创建游标变量或定义存储过程的输出参数。

(2) sql_variant:是一种存储 SQL Server 支持的各种数据类型(除 text、ntext、image、timestamp 和 sql_variant 外)值的数据类型。sql_variant 的最大长度可达 8016B。

(3) table:是用于存储结果集的数据类型,结果集可以供后续处理。

(4) uniqueidentifier:是唯一标识符类型。系统将为这种类型的数据产生唯一标识值,它是一个 16B 长的二进制数据。

(5) xml:是用来在数据库中保存 xml 文档和片段的一种类型,但是此种类型的文件大小不能超过 2GB。

varchar、nvarchar、varbinary 这三种数据类型可以使用 MAX 关键字,如 varchar (MAX)、nvarchar(MAX)和 varbinary(MAX),加了 MAX 关键字的这几种数据类型最多可存放 $2^{31}-1$B 的数据,分别可以用来替换 text、ntext 和 image 数据类型。

按照上述 SQL Server 2012 数据类型,根据图书管理系统各表中每一字段存放的数据,可以确定它们的数据类型和字段长度。下面以学生(xs)表为例进行说明。

学生(xs)表包含借书证号、姓名、性别、出生时间、专业、借书量和照片等字段。

(1) 借书证号:存放 8 个符号,用作主键,不能为空。借书证号字段确定为:char(8),NOT NULL,PRIMARY KEY。

(2) 姓名:考虑姓名最多可能 4 个汉字(超过 4 个汉字存放需要缩减),一个汉字占用 2 个字节,不能为空。姓名字段确定为 char(8),NOT NULL。

(3) 性别:考虑男和女两种情况,可以确定以 bit 类型存放,用 1 表示男,0 表示女。默认为 1(因为男性占多数),这样是男性就不需要输入。本书是为了让读者通过它熟悉 bit 类型的操作。实际使用时也可把该字段确定为 char(2)。

(4) 出生时间:因为可能需要据该字段计算如年龄等,所以该字段应该确定为 Date 类型。

(5) 专业:考虑最多可能 6 个汉字,该字段确定为 char(12)。

(6) 借书量:考虑该字段内容需要数值增减运算,可确定为 int 类型。当然也可为 smallint 类型和 tinyint 类型,因为借书量一般不超过 255 本。

(7) 照片:为了在借书时核对照片,也可在 xs 表中增加该字段。因为照片数据量大而且不同人差别较大,为了节省存储空间,照片字段确定为 varbinary(MAX),NULL。NULL 表示有人可以没有照片。

这样图书管理数据库 xsbook 中的学生表(xs)、图书表(book)、借阅表(jy)和借阅历史(jyls)表结构如表 3.11 至表 3.14 所示。

表 3.11 xs 表结构

字 段 名	类型与宽度	是否主码	是否允许空值	说　　明
借书证号	char(8)	√	×	
姓名	char(8)	×	×	
性别	bit	×	×	0:男,1:女
出生时间	date	×	×	
专业	char(12)	×	×	
借书量	int	×	×	默认值为 0
照片	varbinary(MAX)	×	√	

表 3.12 book 表结构

字段名	类型与宽度	是否主码	是否允许空值	说　　明
ISBN	char(18)	√	×	
书名	char(40)	×	×	

续表

字段名	类型与宽度	是否主码	是否允许空值	说　明
作者	char(16)	×	×	
出版社	char(30)	×	×	
价格	float	×	×	
复本量	int	×	×	复本量＝库存量＋已借阅量。当借一本书时，book 的库存量应减 1；当还一本书时，book 的库存量应加 1
库存量	int	×	×	

表 3.13　jy 表结构

字段名	类型与宽度	是否主码	是否允许空值	说　明
索书号	char(10)	√	×	当借一本书时，book 的库存量应减 1，同时借书人的借书量应加 1；当还一本书时，book 的库存量应加 1，同时借书人的借书量应减 1，同时在 jyls 表中插入一条记录
借书证号	char(8)	×	×	
ISBN	char(18)	×	×	
借书时间	date	×	×	

表 3.14　jyls 表结构

字段名	类型与宽度	是否主码	是否允许空值	说　明
借书证号	char(8)	√	×	
ISBN	char(18)	×	×	
索书号	char(10)	√	×	此表用于存放读者的借阅历史信息
借书时间	date	√	×	
还书时间	date	×	×	

3.3.2　界面方式操作表

界面方式下可以对表进行的操作包括创建、修改和删除等。

1. 创建表

下面以在图书管理数据库 xsbook 中创建学生表 xs 为例，说明通过 SQL Server 2012 界面方式创建表的操作过程。

以下是通过"对象资源管理器"创建表 xs 的操作步骤：

（1）启动 SQL Server Management Studio，在"对象资源管理器"中，展开"数据库"，右击 xsbook 数据库菜单下的"表"选项，在弹出的快捷菜单中，选择"新建表(N)"菜单项，打开"表设计器"窗口。

（2）在"表设计器"窗口中，根据已经设计好的 xs 的表结构分别输入或选择各列的名称、数据类型、是否允许为空等属性。根据需要，可以在列属性表格填入相应内容，如图 3.11 所示。

（3）在"借书证号"列上右击，选择"设置主键"菜单项，选择"设置主键"选项，如图 3.12 所示。

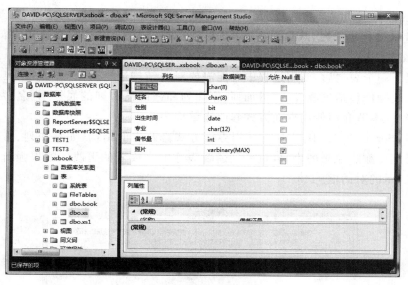

图 3.11　表设计器窗口

（4）在"列属性"窗口中的"默认值和绑定"和"说明"项中分别填写各列的默认值和说明。

说明："列属性"窗口中有个"标识规范"属性,用于对表创建系统所生成序号值的一个标识列,该序号值唯一标识表中的一行,可以作为键值。每个表只能有一个列设置为标识属性,该列只能是 decimal、int、numeric、smallint、bigint 或 tinyint 数据类型,设置为标识属性的列称为 identity 列。定义标识属性时,可指定其种子值（即起始值）、增量值,二者的默认值均为 1。系统自动更新标识列值,标识列不允许为空值。对应需要系统帮助维护既保证唯一性、又保证增量方向性时可以选用该属性。如果要将某个字段设置为自动增加,可以选中这个字段,在"列属性"窗口中展开"标识规范"属性,将"是标识"选项设置为"是",再设置"标识增量"和"标识种子"的值即可。

（5）在表的各列的属性均编辑完成后,单击工具栏中的![save]按钮,出现"选择表名"对话框。在"选择表名"对话框中输入表名 xs,单击"确定"按钮即可创建 xs 表。在"对象资源管理器"窗口中可以找到新创建的 xs 表,如图 3.13 所示。

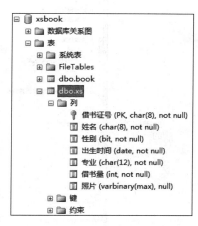

图 3.12　设置 XS 表的主键　　　　图 3.13　新创建的 xs 表

说明：在创建表时,如果遇到主键是由两个或两个以上的列组成时,在设置主键时,需要按住 Ctrl 键选择多个列,然后右击选择"设置主键"菜单项,将多个列设置为表的主键。

2. 修改表结构

在创建了一个表之后,使用过程中可能需要对表结构进行修改。对一个已存在的表可以进行的修改操作包括更改表名、增加列、删除列和修改已有列的属性(列名、数据类型、是否为空值等)。本节介绍使用界面方式修改表结构。

在 SQL Server 2012 中,当用户使用界面方式修改表的结构(如添加列、修改列的数据类型)时,必须要删除原来的表,再重新创建新表才能完成表的更改。如果强行更改会弹出如图 3.14 所示的对话框。

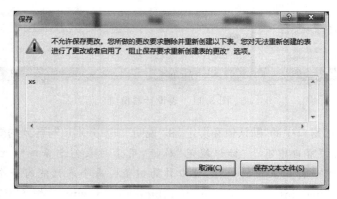

图 3.14　不允许保存更改对话框

如果要在修改表时不出现此对话框,可以进行如下操作:

启动 SQL Server Management Studio,在面板中单击"工具"主菜单,选择"选项"子菜单,在出现的"选项"窗口中选择"设计器"下的"表设计器和数据库设计器"选项卡,将窗口右面的"阻止保存要求重新创建表的更改"复选框前的勾去掉,如图 3.15 所示,完成操作后单击"确定"按钮,就可以对表进行更改。

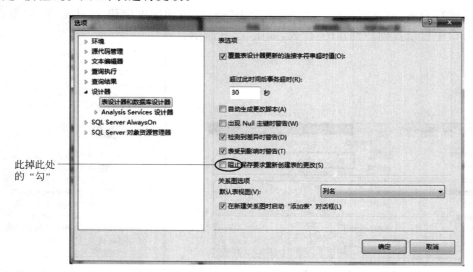

图 3.15　解除阻止保存的选项

1）更改表名

SQL Server 中允许改变一个表的名字,但是当表名改变后,与此相关的某些对象如视图,以及通过表名与表相关的存储过程将无效。因此,一般不要更改一个已有的表名,特别是在其上定义了视图或建立了相关的表。

例如,将前述所创建的 xs 表的表名改为 student,更改表名的操作步骤如下:

在"对象资源管理器"中选择需要更名的表 xs,右击鼠标,在弹出的快捷菜单上选择"重命名"菜单项,输入新的表名 student,按下回车键即可更改表名。

说明:如果系统弹出"重命名"对话框,提示用户若更改了表名,那么将导致引用该表的存储过程、视图或触发器无效,则需要对更名操作予以确认。

操作完成后使用相同的方法将 student 的名称改回 xs。

2）增加列

当原来所创建的表中需要增加项目时,就要向表中增加字段。例如,若在表中需要登记学生是否有逾期未还的书籍等,就要用到增加字段的操作。

下面以向表 xs 中添加一个"逾期未还书数"字段为例,说明向表中添加新字段的操作过程,"逾期未还书数"字段为微整型 tinyint,允许为空值。操作过程如下:

① 启动 SQL Server Management Studio,在"对象资源管理器"中展开"数据库",选择其中的 xsbook 数据库,在 xsbook 数据库中选择表 dbo. xs,右击鼠标,在弹出的快捷菜单上选择"设计"菜单项,打开"表设计器"窗口。

② 在表设计器窗口中选择第一个空白行,输入列名"逾期未还书数",选择数据类型 tinyint,如图 3.16 所示。

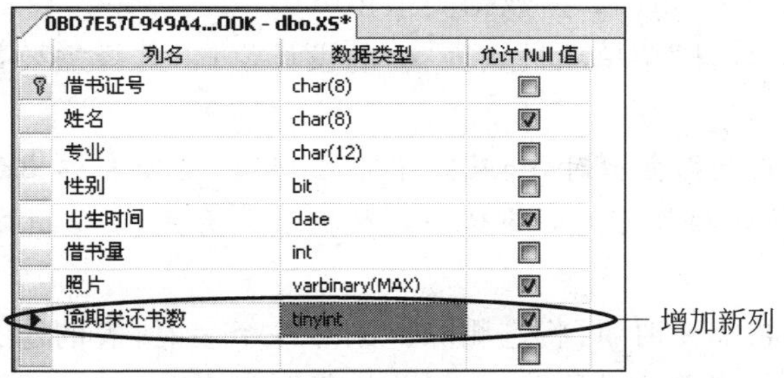

图 3.16　增加新列

如果要在某列之前加入新列,可以右击该列,选择"插入列(M)",在空白行填写列信息即可。

③ 当需向表中添加的列均输入完毕后,关闭该窗口,此时将弹出一个保存更改对话框,单击"是"按钮,保存修改后的表(或单击面板中的🖫保存按钮)。

3）删除列

在表设计器窗口中需删除的列(如 xs 表中删除"逾期未还书数"列)上右击,在弹出的快捷菜单上选择"删除列"菜单项,该列即被删除。

注意:在 SQL Server 中,被删除的列是不可恢复的,所以在删除列之前需要慎重考虑。并且在删除一个列以前,必须保证基于该列的所有索引和约束都已被删除。

4）修改列

表中尚未有记录值时，可以修改表结构，如更改列名、列的数据类型、长度和是否允许空值等属性。但是当表中有了记录后，建议不要轻易改变表结构，特别不要改变数据类型，以免产生错误。

① 具有以下特性的列不能被修改：

- 数据类型为 timestamp 的列；
- 计算列；
- 全局标识符列；
- 用于索引的列（但若用于索引的列为 varchar、nvarchar 或 varbinary 数据类型时，可以增加列的长度）。
- 用于主键或外键约束的列；
- 用于 CHECK 或 UNIQUE 约束的列；
- 关联有默认值的列。

② 当改变列的数据类型时，要求满足下列条件：

- 原数据类型必须能够转换为新数据类型；
- 新类型不能为 timestamp 类型。

如果被修改列属性中有"标识规范"属性，则新数据类型必须是有效的"标识规范"数据类型。

现在来看如何修改已有字段的属性。在创建的 xs 表中，因尚未输入记录值，所以可以改变表的结构。例如，将"姓名"列的列名改为 name，数据长度由 8 改为 10，允许为空值；将"出生时间"列的列名改为 birthday，数据类型由 date 改为 datetime。操作方法为：右击需要修改的 xs 表，选择"设计"菜单项进入表 xs 的设计窗口，选择需要修改的列，修改相应的属性，修改完后保存。

说明：在修改列的数据类型时，如果列中存在列值，可能会弹出警告框，要确认修改可以单击"是"按钮，但是此操作可能会导致一些数据永久丢失，请谨慎使用。

3. 删除表

当一个数据表不再需要时，可将它删除。删除一个表时，表的定义、表中的所有数据以及表的索引、触发器、约束等均被删除掉，因此执行删除表操作时一定要格外小心。

注意：不能删除系统表和有外键约束所参照的表。

设需将 xsbook 数据库中的表 xs 删除，操作过程为：

在"对象资源管理器"中展开"数据库"，选择 xsbook，选择"表"再选择要删除的表 dbo.xs，右击鼠标，在弹出的快捷菜单上选择"删除"菜单项。系统弹出"删除对象"窗口。单击"确定"按钮，即可删除选 xs 表。

3.3.3　命令方式操作表

本节讨论使用 T-SQL 语句对表进行创建、修改和删除操作。

1. 创建表

下面通过例子开始学习如何使用 CREATE TABLE 语句创建表。

在 xsbook 数据库中创建表 xs 的 T-SQL 语句如下：

```
USE xsbook
GO
CREATE TABLE xs
(
        借书证号       char(8)          NOT NULL PRIMARY KEY,
        姓名           char(8)          NOT NULL,
        性别           bit              NOT NULL DEFAULT 1,
        出生时间       date             NOT NULL,
        专业           char(12)         NOT NULL,
        借书量         int              NOT NULL,
        照片           varbinary(MAX) NULL
)
```

分析：上面的 T-SQL 语句首先使用 USE xsbook 语句,将数据库 xsbook 指定为当前数据库,然后使用 CREATE TABLE 语句在数据库 xsbook 中创建表 xs。

在 T-SQL 中,用于创建数据表的语句是 CREATE TABLE,该语句的基本语法格式为:

```
CREATE TABLE [database_name . [schema_name] .|schema_name .] table_name
(
    {    <column_definition>                        /*列的定义*/
       |<列名>AS<表达式>[PERSISTED [NOT NULL]]   /*定义计算列*/
    }
    [<table_constraint>] [,…n]                   /*指定表的约束*/
)
[ON {partition_scheme_name(partition_column_name)|filegroup|"default"}]
                                              /*指定分区方案和存储表的文件组*/
[{TEXTIMAGE_ON {filegroup|"default"}}]        /*指定存储 text、image 等类型数据的文件组*/
[;]
```

说明：

(1) database_name 是数据库名,schema_name 是新表所属架构的名称,table_name 是表名,表的标识按照对象命名规则。如果省略数据库名,则默认在当前数据库中创建表。如果省略架构名,则默认是 dbo。

(2) 列的定义格式如下:

```
<column_definition>::=
<列名><数据类型>                              /*指定列名、类型*/
    [NULL|NOT NULL]                            /*指定是否为空*/
    [
        [CONSTRAINT<约束名>]
            DEFAULT<默认值>]                   /*指定默认值*/
        |[IDENTITY [(seed ,increment)]]        /*指定列为标识列*/
    ]
    [<column_constraint>[…n]]                  /*指定列的约束*/
```

- NULL|NOT NULL：NULL 表示列可取空值，NOT NULL 表示列不可取空值。
- CONSTRAINT：建立约束，表示 PRIMARY KEY、NOT NULL、UNIQUE、FOREIGN KEY 或 CHECK 约束的开始。
- DEFAULT：为所在列指定默认值，默认值必须是一个常量值、标量函数或 NULL 值。DEFAULT 定义可适用于除定义为 timestamp 或带 identity 属性的列以外的任何列。
- IDENTITY：指出该列为标识符列，为该列提供一个唯一的、递增的值。seed 是标识字段的起始值，默认值为 1，increment 是标识增量，默认值为 1。
- <column_constraint>：列的完整性约束，指定主键、替代键、外键等。如指定该列为主键使用 PRIMARY KEY 关键字。

(3) <列名> AS <表达式> [PERSISTED [NOT NULL]]：用于定义计算字段，计算字段是由同一表中的其他字段通过表达式计算得到。其中，<列名>为计算字段的列名，<表达式>是表其他字段的表达式，表达式可以是非计算字段的字段名、常量、函数、变量，也可以是一个或多个运算符连接的上诉元素的任意组合。系统不将计算列中的数据进行物理存储，该列只是一个虚拟列。如果需要将该列的数据物理化，需要使用 PERSISTED 关键字。

(4) <table_constraint>：表的完整性约束，有关列的约束和表的约束将在第 6 章介绍。

(5) ON 子句：filegroup|"default"指定存储表的文件组。如果指定了 filegroup，则表将存储在指定的文件组中，数据库中必须存在该文件组。如果指定"default"，或者未指定 ON 子句，则表存储在默认文件组中。partition_scheme_name(partition_column_name)指定分区方案来创建分区表，partition_scheme_name 是分区方案的名称，partition_column_name 是表中的分区列，有关分区表的内容见 3.3.4 节。

(6) TEXTIMAGE_ON {filegroup|"default"}：TEXTIMAGE_ON 指定存储 text、ntext、image、xml、varchar(MAX)、nvarchar(MAX) 或 varbinary(MAX) 类型数据的文件组。如果表中没有这些类型的列，则不能使用 TEXTIMAGE_ON。如果没有指定 TEXTIMAGE_ON 或指定了"default"，则这些列将与表存储在同一文件组中。

【例 3.16】 在 xsbook 数据库中创建图书表 book。创建表 book 的 T-SQL 语句如下：

```
USE xsbook
GO
CREATE TABLE book
(
    ISBN       char(18)    NOT NULL PRIMARY KEY,
    书名       char(40)    NOT NULL,
    作者       char(16)    NOT NULL,
    出版社     char(30)    NOT NULL,
    价格       float       NOT NULL,
    复本量     int         NOT NULL,
    库存量     int         NOT NULL
)
```

请参照创建 book 表的方法创建图书管理数据库中的 jy 表(借阅表)和 jyls 表(借阅历史表)。

【例 3.17】 创建一个课程成绩表,包含课程号、课程名、总成绩、人数和平均成绩,其中平均成绩＝总成绩÷人数。

```
CREATE TABLE kccj
(
    课程号      char(3)     PRIMARY KEY,
    课程名      char(10)    NOT NULL,
    总成绩      real        NOT NULL,
    人数        int         NOT NULL,
    平均成绩 AS 总成绩/人数 PERSISTED
)
```

说明:如果没有使用 PERSISTED 关键字,则在计算列上不能添加如 PRIMARY KEY、UNIQUE、DEFAULT 等约束条件。由于计算列上的值是通过服务器计算得到的,所以在插入或修改数据时不能对计算列赋值。

2. 修改表结构

T-SQL 中对表进行修改的语句是 ALTER TABLE,该语句基本语法格式为:

```
ALTER TABLE<表名>
{
    ALTER COLUMN<列名>
    {
        <新数据类型>[(precision,[,scale])] [NULL|NOT NULL]
    }                                              /*修改已有字段的属性*/
    |ADD {[<colume_definition>]}[,…n]              /*增加新字段*/
    |DROP {[CONSTRAINT] constraint_name|COLUMN column}[,…n]  /*删除字段*/
}
```

说明:

(1) ALTER COLUMN 子句:修改表中指定列的属性。如果要修改成数值类型时,可以使用 percision 和 scale 分别指定数值的精度和小数位数。NULL|NOT NULL 表示将列设置为是否可为空,设置成 NOT NULL 时要注意表中该列是否有空数据。

(2) ADD 子句:向表中增加新字段,新字段的定义方法与 CREATE TABLE 语句中定义字段的方法相同。

(3) DROP 子句:从表中删除字段或约束,COLUMN 参数中指定的是被删除的字段名,constraint_name 是被删除的约束名。

下面通过示例说明 ALTER TABLE 语句的使用。

【例 3.18】 假设已创建与表 xs 结构完全相同的表 xs1,对 xs1 进行如下要求的修改。

① 在表 xs 中增加一个新字段"逾期未还书数"。

```
USE xsbook
ALTER TABLE xs1
    ADD 逾期未还书数 tinyint NULL
```

② 在表 xs1 中删除名为"逾期未还书数"的字段。

```
ALTER TABLE xs1
    DROP COLUMN 逾期未还书数
```

注意，在删除一个列以前，必须先删除基于该列的所有索引和约束。

③ 修改表 xs1 中已有字段的属性：将名为"姓名"的字段长度由原来的 8 改为 10；将名为"出生时间"的字段的数据类型由原来的 date 改为 datetime。

```
ALTER TABLE xs1
    ALTER COLUMN 姓名 char(10)
GO
ALTER TABLE xs1
    ALTER COLUMN 出生时间 datetime
```

注意：在 ALTER TABLE 语句中，一次只能包含 ALTER COLUMN、ADD 或 DROP 子句中的一条。而且使用 ALTER COLUMN 子句时一次只能修改一个列的属性，所以这里需要使用两条 ALTER TABLE 语句。

说明：若表中该列所存数据的数据类型与将要修改的列类型冲突，则发生错误。例如，原来 char 类型的列要修改成 int 类型，而原来列值中有字符型数据 a，则无法修改。

3. 删除表

T-SQL 中对表进行删除的语句是 DROP TABLE，该语句的语法格式为：

```
DROP TABLE<表名>
```

例如，要删除表 kccj，使用的 T-SQL 语句为：

```
DROP TABLE kccj
```

3.3.4 创建分区表

当表中存储了大量数据的时候，而且这些数据经常被不同的使用方式访问，处理时势必降低数据库的效率，这时就需要将表建成分区表。分区表是将数据分成多个单元的表，这些单元可以分散到数据库中的多个文件组中，实现对单元中数据的并行访问，从而实现了对数据库的优化，提高了查询效率。

在 SQL Server 2012 中创建分区表的步骤包括：创建分区函数，指定如何分区；创建分区方案，定义分区函数在文件组上的位置；使用分区方案。

1. 创建分区函数

创建分区函数使用 CREATE PARTITION FUNCTION 命令，语法格式如下：

```
CREATE PARTITION FUNCTION<分区函数名>(<数据类型>)
    AS RANGE [LEFT|RIGHT]
    FOR VALUES([boundary_value [,…n]])
[;]
```

说明：

（1）AS RANGE：指定当间隔值由数据库引擎按升序从左到右排序时，boundary_value 属于每个边界值间隔的哪一侧（左侧还是右侧）。如果未指定，则默认值为 LEFT。

（2）FOR VALUES：为使用分区函数的已分区表或索引的每个分区指定边界值。如果为空，则分区函数使用＜分区函数名＞将整个表或索引映射到单个分区。boundary_value 是可以引用变量的常量表达式。boundary_value 必须与分区函数中定义的数据类型相匹配或者可隐式转换为该数据类型。[…n]指定 boundary_value 提供的值的数目，不能超过 999。所创建的分区数等于 n+1。

【例 3.19】　对 int 类型的列创建一个名为 NumberPF 的分区函数，该函数把 int 类型的列中数据分成 5 个区。分为小于或等于 50 的区、大于 50 且小于或等于 500 的区、大于 500 且小于或等于 1000 的区、大于 1000 且小于或等于 2000 的区、大于 2000 的区。

```
CREATE PARTITION FUNCTION NumberPF(int)
    AS RANGE LEFT FOR VALUES(50,500,1000,2000)
```

2. 创建分区方案

分区函数创建完后，可以使用 CREATE PARTITION SCHEME 命令创建分区方案，由于在创建分区方案时需要根据分区函数的参数定义映射分区的文件组，所以需要有文件组来容纳分区数，文件组可以由一个或多个文件构成，而每个分区必须映射到一个文件组。一个文件组可以由多个分区使用。一般情况下，文件组数最好与分区数相同，并且这些文件组通常位于不同的磁盘上。一个分区方案只可以使用一个分区函数，而一个分区函数可以用于多个分区方案中。

CREATE PARTITION SCHEME 命令的语法格式如下：

```
CREATE PARTITION SCHEME<分区方案名>
    AS PARTITION<分区函数名>
    [ALL] TO({file_group_name|[PRIMARY]} [,…n])
[;]
```

说明：

（1）ALL：指定所有分区都映射到在 file_group_name 中提供的文件组，或者映射到主文件组（如果指定了[PRIMARY]）。如果指定了 ALL，则只能指定一个 file_group_name。

（2）file_group_name：指定用来持有由分区函数指定的分区的文件组的名称。分区分配到文件组的顺序是从分区 1 开始，按文件组在[,…n]中列出的顺序进行分配。在[,…n]中，可以多次指定同一个 file_group_name。

【例 3.20】　假设文件组 FGroup1、FGroup2、FGroup3、FGroup4 和 FGroup5 已经在数据库 xsbook 中存在。根据例 3.19 中定义的分区函数 NumberPF 创建一个分区方案，将分区函数中的 5 个分区分别存放在这 5 个文件组中。

```
CREATE PARTITION SCHEME NumberPS
    AS PARTITION NumberPF
    TO(FGroup1, FGroup2, FGroup3, FGroup4, FGroup5)
```

3. 使用分区方案创建分区表

分区函数和分区方案创建以后就可以创建分区表了。创建分区表使用 CREATE TABLE 语句，只要在 ON 关键字后指定分区方案和分区的列即可。

【例 3.21】 在数据库 xsbook 中创建分区表，表中包含编号（值可以是 1～5000）、名称两列，要求使用例 3.20 中的分区方案。

```
USE xsbook
CREATE TABLE sample
(
     编号 int          NOT NULL PRIMARY KEY,
     名称 char(8)      NOT NULL
)
ON NumberPS(编号)
GO
```

说明：已分区表的分区列在数据类型、长度、精度与分区方案索引用的分区函数使用的数据类型、长度、精度要一致。

3.4   操作表数据

创建数据库和表后，就可对表中的数据进行操作。对表中的数据操作分为查询和更新两类，其中数据查询是对数据库最常用的操作，将在第 4 章讨论；数据更新操作包括数据插入、删除和修改。本节将讨论通过界面方式和使用 T-SQL 语句对表数据进行插入、删除和修改操作的方法。在操作之前，假设 xsbook 数据库中已经创建了读者（xs）、图书（book）、借阅（jy）和借阅历史（jyls）4 个表。

3.4.1   界面方式操作表数据

下面以对 xs 表进行记录的插入、修改和删除操作为例说明通过 SQL Server Management Studio 操作表数据的方法。

在"对象资源管理器"中展开"数据库 xsbook"，选择要进行操作的表 xs，右击鼠标，在弹出的快捷菜单上选择"编辑前 200 行"菜单项，打开"表数据窗口"。在此窗口中，表中的记录将按行显示，每个记录占一行。

1. 插入记录

插入记录将新记录添加在表尾，可以向表中插入多条记录。

将光标定位到当前表尾的下一行，然后逐列输入列的值。每输入完一列的值，按回车键，光标将自动跳到下一列，便可编辑该列。若当前列是表的最后一列，则该列编辑完后按下回车键，光标将自动跳到下一行的第一列，此时上一行输入的数据已经保存，可以增加下一行。

若表的某列不允许为空值，则必须为该列输入值。例如，表 xs 的借书证号、姓名。

若列允许为空值，那么不输入该列值，则在表格中将显示 NULL 字样，如 xs 表的照片列。

　　用户可以自己根据需要向表中插入数据,插入的数据要符合列的约束条件。例如,不可以向非空的列插入 NULL 值,图 3.17 所示的是插入数据后的 xs 表。

图 3.17　向表中插入记录

2. 删除记录

　　当表中的某些记录不再需要时,要将其删除。在"对象资源管理器"中删除记录的方法是:在"表数据的窗口"中定位需被删除的记录行,单击该行最前面的黑色箭头处选择全行,右击鼠标,选择"删除(D)"菜单项,如图 3.18 所示。

借书证号	姓名	性别	出生时间	专业	借书量	照片
131104	韦严平	True	1996-08-26	计算机	4	NULL
			1996-11-20	计算机	1	NULL
			1996-05-01	计算机	0	NULL
			1995-08-05	计算机	0	NULL
			1995-08-11	计算机	0	NULL
			1997-07-22	计算机	0	NULL
			1996-03-18	计算机	0	NULL
			1995-08-11	计算机	1	NULL
			1995-06-10	通信工程	1	NULL

执行 SQL(X)　Ctrl+R
剪切(T)　Ctrl+X
复制(Y)　Ctrl+C
粘贴(P)　Ctrl+V
✕ 删除(D)　Del
窗格(N)
清除结果(L)
属性(R)　Alt+Enter

图 3.18　删除记录

　　选择"删除(D)"后,将出现一个确认对话框,单击"是"按钮将删除所选择的记录,单击"否"按钮将不删除该记录。

3. 修改记录

　　在"操作表数据的窗口"中修改记录数据的方法是,先定位被修改的记录字段,然后对该字段值进行修改,修改之后将光标移到下一行即可保存修改的内容。

3.4.2　命令方式操作表数据

　　对表数据的插入、修改和删除还可以通过 T-SQL 语句来进行。与界面操作表数据相比,通过 T-SQL 语句操作表数据更为灵活,功能更为强大。

1. 插入表记录

T-SQL 中向表中插入数据的语句是 INSERT。INSERT 语句最基本的格式为：

```
INSERT table_name
    VALUES(constant1, constant2,…)
```

该语句的功能是向由 table_name 指定的表中加入由 VALUES 指定的各列值的行。

【例 3.22】 向 xsbook 数据库的表 xs1 中插入如下的一行：

```
131246   周涛   1   "1995-9-10"   英语 0
```

使用如下的 T-SQL 语句：

```
USE xsbook
INSERT INTO xs1
    VALUES('20000003','周涛','英语',1,'1995-9-10',0,NULL)
```

右击该表，选择"编辑前 200 行"菜单项，在数据窗口中可以发现表中已经增加了借书证号为"131246"这一行。

下面给出 INSERT 语句的完整语法格式：

```
[WITH<common_table_expression>[,…n]]     /*指定临时结果集,在 SELECT 语句中介绍*/
INSERT[TOP(expression)[PERCENT]]
  [INTO]
{   <表名>
  |<视图名>
}
{
  [(column_list)]                       /*列列表*/
  {   VALUES(({DEFAULT|NULL|expression} [,…n])[,…n])
                                        /*指定列值的 value 子句*/
      |derived_table                    /*结果集*/
      |execute_statement                /*有效的 EXECTUTE 语句*/
      |DEFAULT VALUES                   /*强制新行包含为每个列定义的默认值*/
  }
}
```

从 INSERT 的语法格式可以看出，使用 INSERT 语句可以向表中插入一行数据，也可以插入多行数据；插入的行可以给出每列的值，也可只给出部分列的值；还可以向表中插入其他表的数据。

在 INSERT 的语法格式中：

(1) column_list：包含了新插入数据行的各列的名称。如果只给表的部分列插入数据时，需要用 column_list 指出这些列。例如，当加入表中的记录的某些列为空值或为缺省值时，可以在 INSERT 语句中给出的列表中省略这些列。没有在 column_list 中指出的列，它

们的值根据默认值或列属性来确定,原则是:

- 具有 IDENTITY 属性的列,其值由系统根据 seed 和 increment 值自动计算得到。
- 具有默认值的列,其值为默认值。
- 没有默认值的列,若允许为空值,则其值为空值;若不允许为空值,则出错。
- 类型为 timestamp 的列,系统自动赋值。
- 如果是计算列,则使用计算值。

(2) VALUES 子句:包含各列需要插入的数据清单,数据的顺序要与列的顺序相对应。若省略 colume_list,则 VALUES 子句给出每一列(除 IDENTITY 属性和 timestamp 类型以外的列)的值。VALUES 子句中的值可有三种:

- DEFAULT:指定为该列的默认值。这要求定义表时必须指定该列的默认值。
- NULL:指定该列为空值。
- expression:可以是一个常量、变量或一个表达式,其值的数据类型要与列的数据类型一致。注意,表达式中不能有 SELECT 及 EXECUTE 语句。

(3) derived_table:是一个由 SELECT 语句查询所得到的结果集。利用该参数,可把一个表中的部分数据插入另一个表中。结果集中每行数据的字段数、字段的数据类型要与被操作的表完全一致。使用结果集向表中插入数据时可以使用 TOP(expression) [PERCENT]选项,这个选项可以在结果集中选择指定的行数或将占指定百分比数的行插入表中。expression 可以是行数或行的百分比,使用百分比时要加 PERCENT 关键字。

(4) DEFAULT VALUES:该关键字说明向当前表中的所有列均插入默认值。此时,要求所有列均定义了默认值。

【例 3.23】 设已用如下的语句建立了表 test。

```
CREATE TABLE test
(
    姓名    char(20)        NOT NULL,
    专业    varchar(30)     NOT NULL DEFAULT '计算机',
    年级    tinyint         NOT NULL
)
```

那么,用如下 INSERT 语句向 test 表中插入一条记录:

```
INSERT INTO test(姓名,年级)VALUES('王林',3)
```

此时,插入到 test 表中的这条记录为:

```
王林  计算机   3
```

【例 3.24】 向表 xs1 中插入 xs 表的所有数据。

```
INSERT INTO xs1
    SELECT *
        FROM xs
```

上面这条 INSERT 语句的功能是:将 xs 表中所有记录的值插入 xs1 表的各行中。

可用如下的 SELECT 语句进行查询看插入结果:

```
SELECT *
    FROM xs1
```

在执行 INSERT 语句时,如果插入的数据与约束或规则的要求产生冲突或值的数据类型与列的数据类型不匹配,那么 INSERT 执行失败。

2. 删除表记录

在 T-SQL 语言中,删除数据可以使用 DELETE 或 TRANCATE TABLE 语句来实现。

(1) 用 DELETE 语句删除数据。

DELETE 的功能是从表中删除行,其最基本的语法格式为:

```
DELETE [FROM] {<表名>|<视图名>}
    [WHERE<search_condition>]
```

该语句的功能为从指定的表或视图中删除满足<search_condition>条件的行,若省略该条件,则表示删除所有行。

【例 3.25】 将 xs1 表中借书量为 0 的行删除。使用如下 T-SQL 语句:

```
USE xsbook
DELETE FROM xs1
    WHERE 借书量=0
```

下面给出 DELETE 语句的完整语法格式:

```
[WITH<common_table_expression>[,…n]]     /*指定临时结果集,在 SELECT 语句中介绍 */
DELETE [TOP(expression)[PERCENT]]
    [FROM]
    {   <表名>                          /*从表中删除数据 */
      |<视图名>                          /*从视图中删除数据 */
    }
    [FROM<table_source>[,…n]]           /*从 table_source 删除数据 */
    [WHERE {<search_condition>           /*指定条件 */
          |{[CURRENT OF {{[GLOBAL] cursor_name}|cursor_variable_name}]}]
                                         /*有关游标的说明,见第 4 章 */
          }]
[;]
```

说明:

① [TOP(expression) [PERCENT]]:指定将要删除的任意行数或任意行的百分比。

② FROM 子句:用于说明从何处删除数据。FROM <table_source>的用法将在介绍 SELECT 语句时详细介绍。

③ WHERE 子句：为删除操作指定条件，<search_condition>给出了条件，其格式在介绍 SELECT 语句时详细讨论。若省略 WHERE 子句，则 DELETE 将删除所有数据。

④ 关键字 CURRENT OF：用于说明在指定游标的当前位置完成删除操作；关键字 GLOBAL 用于说明<cursor_name>指定的游标是全局游标。<cursor_variable_name> 是游标变量的名称，游标变量必须引用允许更新的游标。有关游标的内容在第 4 章中介绍。

例如，下面的语句将 xs1 表中"专业"字段值为空的行删除。

```
DELETE FROM xs1
    WHERE 专业 IS NULL
```

下面的语句将 xs1 表中的所有行均删除。

```
DELETE xs
```

（2）使用 TRUNCATE TABLE 语句删除表数据。

使用 TRUNCATE TABLE 语句将删除指定表中的所有数据，因此也称其为清除表数据语句，其语法格式为：

```
TRUNCATE TABLE <表名>
```

由于 TRUNCATE TABLE 语句将删除表中的所有数据，且无法恢复，因此使用时必须十分当心。

使用 TRUNCATE TABLE 删除了指定表中的所有行，但表的结构及其列、约束、索引等保持不变，而新行标识所用的计数值重置为该列的初始值。如果想保留标识计数值，则要使用 DELETE 语句。

TRUNCATE TABLE 在功能上与不带 WHERE 子句的 DELETE 语句相同，二者均删除表中的全部行。但是，TRUNCATE TABLE 语句比 DELETE 语句速度快，且使用的系统和事务日志资源少。DELETE 语句每次删除一行，并在事务日志中为所删除的每行记录一项。而 TRUNCATE TABLE 通过释放存储表数据所用的数据页来删除数据，并且只在事务日志中记录页的释放。

对于由外键（FOREIGN KEY）约束引用的表，不能使用 TRUNCATE TABLE 删除数据，而应使用不带 WHERE 子句的 DELETE 语句。

例如，下面的语句将删除表 xs1 中的所有行：

```
TRUNCATE TABLE xs1
```

3. 修改表记录

T-SQL 中用于修改表数据行的语句是 UPDATE。UPDATE 语句的基本格式为：

```
UPDATE {<表名>|<视图名>}
    SET column_name={expression|DEFAULT|NULL} [,…n]
    [WHERE<search_condition>]
```

该语句的功能是:将指定的表或视图中满足＜search_condition＞条件的记录中由 SET 指定的各列的列值设置为 SET 指定的新值,若不使用 WHERE 子句,则更新所有记录的指定列值。

【例 3.26】 将 xsbook 数据库的 xs1 表中借书证号为"131246"的记录的"专业"字段值改为"计算机",使用如下的 T-SQL 语句:

```
USE xsbook
UPDATE xs1
    SET 专业='计算机'
    WHERE 借书证号='131246'
```

查看表数据以后可以发现,表中借书证号为"131246"的行的专业值已被修改,如图 3.19 所示。

借书证号	姓名	性别	出生时间	专业
131206	李计	True	1995-09-20 0...	通信工程
131210	李红庆	True	1995-05-01 0...	通信工程
131216	孙祥欣	True	1995-03-19 0...	通信工程
131218	孙研	True	1996-10-09 0...	通信工程
131220	吴薇华	False	1996-03-18 0...	通信工程
131221	刘燕敏	False	1995-11-12 0...	通信工程
131241	罗林琳	False	1996-01-30 0...	通信工程
131246	周涛	True	1995-09-10 0...	计算机
NULL	NULL	NULL	NULL	NULL

图 3.19   修改数据以后的表

下面给出 UPDATE 语句的完整语法格式:

```
[WITH<common_table_expression>[…n]]
UPDATE [TOP(expression)[PERCENT]]
{  <表名>                                    /*修改表数据*/
  |<视图名>                                  /*修改视图数据*/
}
SET                                          /*赋予新值*/
{    column_name={expression|DEFAULT|NULL}   /*为列重新指定值*/
  |column_name {.WRITE(expression , @Offset , @Length)}
  |@variable=expression                      /*指定变量的新值*/
  |@variable=column=expression               /*指定列和变量的新值*/
  |column_name {+=|-=|*=|/=|%=|&=|^=||=} expression
  |@variable {+=|-=|*=|/=|%=|&=|^=||=} expression
  |@variable=column {+=|-=|*=|/=|%=|&=|^=||=} expression
} [,…n]
  [FROM{<table_source>} [,…n]]
  [WHERE { <search_condition>                /*指定条件*/
        |{[CURRENT OF                        /*有关游标的说明*/
            {{[GLOBAL] cursor_name}|cursor_variable_name}]}
        }
  ] [;]
```

可以看到,该语句的语法格式与 DELETE 语句很相似。

SET 子句用于指定要修改的列或变量名及其新值。有以下 5 种可能情况。

(1) column_name＝{ expression|DEFAULT|NULL }：将指定的列值改变为所指定的值。expression 为表达式,DEFAULT 为默认值,NULL 为空值,要注意指定的新列值的合法性。

(2) column_name{. WRITE(expression，@Offset，@Length)}：指定修改 column_name 值的一部分。使用 expression 从 column_name 列值的 @Offset 个位置开始替换 @Length 个单位。只有 varchar(MAX)、nvarchar(MAX)或 varbinary(MAX)列才能使用此子句来指定。

(3) @variable＝expression：将变量的值改变为表达式的值。@variable 为已声明的变量,expression 为表达式,有关变量的声明在第 5 章中介绍。

(4) @variable = column = expression：将变量和列的值改变为表达式的值。@variable 为已声明的变量,column 为列名,expression 为表达式。

(5) {+=|-=|*=|/=|%=|&=|^=||=}：是复合赋值运算符。其中,+＝表示相加并赋值;-＝表示相减并赋值;*＝表示相乘并赋值;/＝表示相除并赋值;%＝表示取模并赋值;&＝表示"位与"并赋值;^＝表示"位异或"并赋值;|＝表示"位或"并赋值。

【例 3.27】　将 xs1 表中的所有学生的借书量都增加 2。

```
UPDATE xs1
    SET 借书量=借书量+2
```

说明：若 UPDATE 语句中未使用 WHERE 子句限定范围,UPDATE 语句将更新表中的所有行。

【例 3.28】　将借书证号为 131246 记录的姓名字段值改为"周红",专业改为"英语",性别改为女。

```
UPDATE xs1
    SET 姓名='周红',
        专业='英语',
        性别=0
    WHERE 借书证号='131246'
```

说明：使用 UPDATE 可以一次更新多列的值,这样可以提高效率。

4. 更新表记录

在 SQL Server 2012 中,使用 MERGE 语句可以根据与源表联接的结果,对目标表执行插入、更新或删除操作。例如,根据在一个表中找到的差异在另一个表中插入、更新或删除行,可以对两个表进行信息同步。

语法格式：

```
MERGE
    [INTO] target_table [[AS] table_alias]
    USING<table_source>
```

```
    ON<merge_search_condition>
    [WHEN MATCHED [AND<search_condition>]
        THEN {UPDATE SET<set_clause>|DELETE}]
    [WHEN NOT MATCHED [BY TARGET] [AND<search_condition>]
        THEN INSERT [(column_list)] {VALUES(values_list)|DEFAULT VALUES}]
    [WHEN NOT MATCHED BY SOURCE [AND<search_condition>]
        THEN {UPDATE SET<set_clause>|DELETE}]
    ;
```

说明：

(1) target_table：指定要更新数据的表或视图。AS 子句用于为表定义别名。

(2) USING 子句：指定用于更新的源数据表。

(3) ON 子句：用于指定在<table_source>与 target_table 进行联接时所遵循的条件。

(4) WHEN MATCHED 子句：这个子句表示在应用了 ON 子句的条件后，target_table 表存在与<table_source>表匹配的行时，对这些行在 THEN 子句中指定修改或删除的操作。其中 THEN 子句中，UPDATE SET<set_clause>用于修改满足条件的行，DELETE 关键字用于删除满足条件的行。另外，还可以使用 AND <search_condition>指定任何有效的搜索条件。

(5) WHEN NOT MATCHED[BY TARGET]子句：WHEN NOT MATCH[BY TARGET]子句指定对于<table_source>中满足了 ON 子句中条件的每一行，如果该行与 target_table 表中的行不匹配，则向 target_table 中插入这行数据。要插入的数据在 THEN 关键字后的 INSERT 子句中指定。一个 MERGE 语句只能有一个 WHEN NOT MATCHED 子句。

(6) WHEN NOT MATCHED BY SOURCE 子句：WHEN NOT MATCHED BY SOURCE 子句指定对于 target_table 表中与<table_source>表应用了 ON 子句中条件后返回的行不匹配但满足其他搜索条件的所有行，根据 THEN 关键字后的子句进行修改或删除。

一个 MERGE 语句最多可以有两个 WHEN MATCHED 子句或两个 WHEN NOT MATCHED BY SOURCE 子句。如果指定了两个相同的子句，则第一个子句必须同时带有一个 AND <search_condition>子句。而且其中的一个必须指定 UPDATE 操作，另一个必须指定 DELETE 操作。另外，MERGE 语句必须以分号结尾。

【例 3.29】 创建表 a，要求表中数据与 xs 表同步。

创建学生表的语句如下：

```
USE xsbook
CREATE TABLE a
(
    借书证号   char(8)   NOT NULL PRIMARY KEY,
    姓名       char(8)   NOT NULL,
    性别       bit       NOT NULL DEFAULT 1,
    出生时间   date      NOT NULL,
```

```
专业         char(12)      NOT NULL,
借书量       int           NOT NULL,
照片         varbinary(MAX) NULL
)
GO
```

进行信息同步使用如下语句：

```
MERGE INTO a
    USING xs ON a.借书证号=xs.借书证号
    WHEN MATCHED
        THEN UPDATE SET a.姓名=xs.姓名，a.性别=xs.性别,a.出生时间=xs.出生时间,
                        a.专业=xs.专业,a.借书量=xs.借书量,a.照片=xs.照片
    WHEN NOT MATCHED
        THEN INSERT VALUES(xs.借书证号,xs.姓名，xs.性别,xs.出生时间,
                        xs.专业,xs.借书量,xs.照片)
    WHEN NOT MATCHED BY SOURCE
        THEN DELETE;
```

运行上述语句后查看表 a 中的数据，表 a 中已经添加了表 xs 中的全部数据。读者可以修改表 xs 中的一些数据，然后再执行上述语句，查看表 a 中数据的变化。

说明：在完成表数据操作的练习后，可将表 3.2、表 3.3 和表 3.4 的样本数据与 xs、book 和 jy 表同步，便于后面章节的练习。

习题

一、选择题

1. 下列说法错误的是(　　)。
   A. 用户操作逻辑数据库
   B. DBMS 操作物理数据库
   C. 操作物理数据库最终需要通过操作系统实现
   D. 物理数据库中包含数据库对象

2. 数据存放在(　　)中。
   A. 数据库　　　　　B. 索引　　　　　C. 表　　　　　D. 视图

3. 在 SQL Server 2012 中,(　　)不是必须具备的。
   A. 主数据文件　　　B. 辅助数据文件　　C. 日志文件　　　D. 文件组

4. 下列说法错误的是(　　)。
   A. 数据库文件默认的位置是在安装 SQL Server 时确定的
   B. 数据库文件的位置是在创建数据库时确定的
   C. 数据库成功创建后,数据文件名和日志文件名可以改变
   D. 界面创建的数据库可以通过命令方式修改

5. 下列说法错误的是(　　)。

  A. 数据库逻辑文件名是 SQL Server 2012 管理的

  B. 数据库逻辑文件名是操作系统管理的

  C. 数据库物理文件名是操作系统管理的

  D. 数据库采用多个文件比单一大文件要好

6. 系统数据库(　　)最重要。

  A. master   B. model   C. msdb   D. tempdb

7. 若命令格式记不清,可采用(　　)方法。

  A. 采用百度搜索   B. 查找 SQL Server 模板

  C. 采用界面方式操作   D. 采用 SQL Server 帮助

8. 下列说法错误的是(　　)。

  A. 命令创建的数据库可以通过界面方式修改

  B. 界面创建的数据库可以通过命令方式修改

  C. 界面创建的数据库不能通过命令方式修改

  D. 数据库删除后不能恢复

9. 性别字段不宜选择(　　)。

  A. 字符型   B. 整数型   C. 位型   D. 浮点型

10. 出生时间字段不宜选择(　　)。

  A. date   B. char   C. int   D. datetime

11. (　　)字段可以采用默认值。

  A. 姓名   B. 专业   C. 备注   D. 出生时间

12. 删除表所有记录可采用(　　)。

  A. DELETE   B. DROP TABLE

  C. TRUNCATE TABLE   D. A 和 C

13. 修改记录内容不能采用(　　)。

  A. UPDATE   B. DELETE 和 INSERT

  C. 界面方式   D. ALTER

14. 删除列的内容不能采用(　　)。

  A. 界面先删除然后添加该字段 B. UPDATE

  C. DETETE   D. ALTER

15. 插入记录时(　　)不会出错。

  A. 非空字段为空

  B. 主键内容不唯一

  C. 字符内容超过长度

  D. 采用默认值的字段 INSERT 没有留位置

16. 采用(　　)可以控制字段输入的内容。

  A. 设置字段属性   B. 界面输入人为控制

  C. 先输入然后检查   D. 设置记录属性

二、填空题

1. 文件组用于_____。

2. 系统数据库的作用是_____。

3. 数据库的最大容量受_____限制。

4. 对象资源管理器采用_____结构组织数据库对象。

5. 列举几个数据库属性：_____。

三、操作题

1. 写出创建产品销售数据库 cpxs 的 T-SQL 语句：数据库初始大小为 10MB，最大大小为 100MB，数据库自动增长，增长方式是按 10％比例增长；日志文件初始大小为 2MB，最大可增长到 5MB（默认为不限制），按 1MB 增长（默认是按 10％比例增长）；其余参数自定。

2. 将创建的 cpxs 数据库的增长方式改为按 5MB 增长。

3. 创建 cpxs 数据库的数据库快照。

4. 写出创建产品销售数据库 cpxs 中所有表的 T-SQL 语句。所包含的表如下：

产品表（cpb）：产品编号，产品名称，价格，库存量。

销售商表（xsb）：客户编号，客户名称，地区，负责人，电话。

产品销售表（cpxsb）：销售日期，产品编号，客户编号，数量，销售额。

5. 在创建的 cpxs 数据库的产品表中增加“产品简介”列，之后再删除该列。

6. 写出 T-SQL 语句，对产品销售数据库产品表进行如下操作。

（1）插入如下记录：

0001　空调　　3000　200

0203　冰箱　　2500　100

0301　彩电　　2800　50

0421　微波炉　1500　50

（2）将产品数据库的产品表中每种商品的价格打 8 折。

（3）将产品数据库的产品表中价格打 8 折后低于 50 元的商品删除。

7. 把 testdb 数据库中 tabc 表中记录按照 lx 字段值分成 ta、tb 和 tc 3 个表。没有说明的内容自己定义。

四、简答题

1. 简述 SQL Server 2012 的数据库对象和数据类型。

2. 数据库为什么采用初始大小、增长方式和最大大小？

3. 日志文件有什么作用？在什么情况下可以删除？

4. 数据库快照有什么作用？

5. 命令方式操作数据库有什么好处？

6. 为什么姓名字段不能作为主键？为什么主键字段内容不能为空？学号字段为什么不采用数值型？性别字段采用字符型的优缺点。

7. 简要说明定长字符型和不定长字符型的优缺点。

8. 简要说明空值的概念及其作用。

9. 在 SQL Server 2012 的“对象资源管理器”中对数据进行修改，与使用 T-SQL 语言修改数据相比较，哪一种方法功能更强大？哪一种方法更为灵活？试举例说明。

CHAPTER 第 4 章

数据库的查询和视图

    数据库查询是数据库的核心操作,查询是数据库的其他操作(如统计、插入、删除及修改等)的基础。T-SQL 对数据库的查询使用 SELECT 语句。SELECT 语句具有灵活的使用方式和强大的功能。本章重点讨论利用 SELECT 语句对数据库进行各种查询的方法。

    视图是由一个或多个基本表导出的数据信息,可以根据用户的需要创建视图。本章将讨论视图概念以及视图的创建与使用方法。游标在数据库与应用程序之间提供了数据处理单位的变换机制,本章还将讨论游标的概念和使用方法。

4.1 数据库的查询

    使用数据库的主要目的是对数据进行集中高效的存储和管理,可进行灵活多样的查询、统计和输出等操作。例如,本书中创建的图书管理数据库,就可以查询某个学生在什么时间借阅了哪些书籍,共有哪些学生借阅了哪些书籍,等等。

    SQL Server 2012 通过 T-SQL 的查询语句 SELECT,可从表或视图中迅速方便地检索数据。SELECT 语句是 T-SQL 的核心,它既可以实现对单表的数据查询,也可以完成复杂的多表连接查询和嵌套查询,功能十分强大。

    在学习 SELECT 语句之前,先来回顾在第 3 章例子中多次用到的 USE 语句。当用户登录到 SQL Server 后,即被指定一个默认数据库,通常是 master 数据库。使用 USE 语句可以选择当前要操作的数据库。

    语法格式:

```
USE<数据库名称>
```

例如,要选择 xsbook 为当前数据库,使用语句:

```
USE xsbook
```

    一旦选择了当前数据库后,若对操作的数据库对象加以限定,则其后的命令均是针对当前数据库中的表或视图等进行的。

    下面介绍 SELECT 语句,SELECT 语句很复杂,其基本的语法如下:

```
SELECT select_list                              /*指定要选择的列或行及其限定*/
    [INTO new_table]                            /*INTO 子句,指定结果存入新表*/
    FROM table_source                           /*FROM 子句,指定表或视图*/
    [WHERE   search_condition]                  /*WHERE 子句,指定查询条件*/
    [GROUP BY group_by_expression]              /*GROUP BY 子句,指定分组表达式*/
    [HAVING search_condition]                   /*HAVING 子句,指定分组统计条件*/
    [ORDER BY order_expression [ASC|DESC]]      /*ORDER BY 子句,指定排序表达式和顺序*/
```

下面讨论 SELECT 语句的基本语法和主要功能。

4.1.1　单表查询

单表查询是指仅涉及一个表的查询。

1. 选择列

选择表中的部分或全部列组成结果表,通过 SELECT 语句的 SELECT 子句来表示。SELECT 子句的格式为:

```
SELECT [ALL|DISTINCT] [TOP n [PERCENT] [WITH TIES]]<select_list>
```

其中 select_list 指出了结果的形式,select_list 的格式为:

```
{ *                                         /*选择当前表或视图的所有列*/
  |{<表名>|<视图名>|<表的别名>}.*             /*选择指定表或视图的所有列*/
  |{<列名>|<表达式>|$IDENTITY}
      [[AS]<列的别名>]                        /*选择指定的列*/
  |column_alias=expression                   /*选择指定列并更改列标题*/
} [,…n]
```

本节讨论上述格式中的常用表示方法。

1) 选择一个表中指定的列

使用 SELECT 语句选择一个表中的某些列,各列名之间要以逗号分隔,格式如下:

```
SELECT<列名 1>[,<列名 2>…]
    FROM <表名>
    WHERE search_condition
```

其功能是在 FROM 子句指定的表中检索符合 search_condition 条件的列。

【例 4.1】 查询 xsbook 数据库的 xs 表中各位学生的姓名、专业和借书量。

```
USE xsbook
SELECT 姓名,专业,借书量
    FROM xs
```

执行结果如图 4.1 所示。

【例 4.2】 查询 xs 表中计算机系学生的借书证号、姓名和借书量。

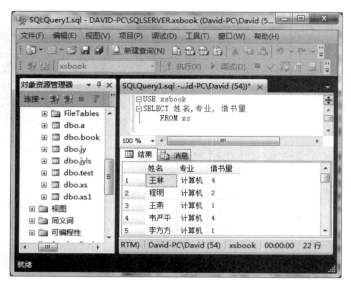

图 4.1　在 xs 表中选择指定列

```
SELECT 借书证号, 姓名, 借书量
    FROM xs
    WHERE 专业 = '计算机'
```

2）查询全部列

当在 SELECT 语句指定列的位置上使用 * 号时，表示查询表的所有列。

【例 4.3】　查询 xs 表中的所有列。

```
SELECT *
    FROM xs
```

该语句等价于语句：

```
SELECT 借书证号, 姓名, 性别, 出生时间, 专业, 借书量, 照片
    FROM xs
```

其执行后将列出 xs 表中的所有数据，如图 4.2 所示。

3）修改查询结果中的列标题

当希望查询结果中的某些列或所有列显示是使用自己选择的列标题时，可以在列名之后使用 AS 子句来更改查询结果的列标题名。AS 子句的格式为：

```
AS column_alias
```

其中，column_alias 是指定的列标题。

【例 4.4】　查询 xs 表中计算机系学生的借书证号、姓名和借书量，结果中各列的标题分别指定为 cardno、name 和 cnt。

```
SELECT 借书证号 AS cardno, 姓名 AS name, 借书量 AS cnt
    FROM xs
    WHERE 专业='计算机'
```

语句的执行结果如图 4.3 所示。

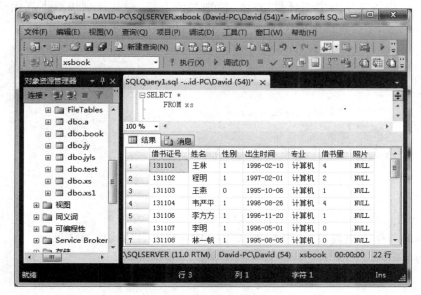

图 4.2 查询 xs 表中的所有列　　　　　　图 4.3 查询结果

更改查询结果中的列标题，也可以使用 column_alias＝expression 的形式。例如：

```
SELECT cardno=借书证号, name=姓名, cnt=借书量
    FROM xs
    WHERE 专业='计算机'
```

该语句的执行结果与上例的结果完全相同。

注意，当自定义的列标题中含有空格时，必须使用引号将标题括起来。例如：

```
SELECT  'Card no'=借书证号, 姓名 AS 'Student name', cnt=借书量
    FROM xs
    WHERE 专业='计算机'
```

4）替换查询结果中的数据

在对表进行查询时，有时对所查询的某些列希望得到的是一种概念而不是具体的数据。例如，查询 xs 表的借书量，所希望知道的是借书量多还是少的情况，这时就可以用等级来替换借书量的具体数字。

要替换查询结果中的数据，则要使用查询中的 CASE 表达式，格式为：

```
CASE
    WHEN 条件 1  THEN 表达式 1
```

```
        WHEN 条件 2   THEN 表达式 2
            ⋮
        ELSE 表达式
END
```

【例 4.5】 查询 xs 表中各学生的借书证号、姓名、性别和借书量,对其性别按以下规则替换:若性别为 0,则替换为"男";若性别为 1,则替换为"女"。所用的 SELECT 语句为:

```
SELECT 借书证号, 姓名, 性别=
    CASE
        WHEN 性别='0'   THEN '男'
        WHEN 性别='1'   THEN '女'
        END, 借书量
    FROM xs
```

执行结果如图 4.4 所示。

5) 查询经过计算的值

使用 SELECT 对列进行查询时,不仅可以直接以列的原始值作为结果,而且还可以将对列值进行计算后所得的值作为查询结果,即 SELECT 子句可使用表达式作为结果。

要查询经过计算的值,在 SELECT 之后的目标列的格式为表达式:

```
SELECT<表达式>[,<表达式>]
```

【例 4.6】 查询图书表中库存图书的价值。

```
SELECT 书名, 库存图书价值=库存量 * 价格
    FROM book
```

语句的执行结果如图 4.5 所示。

	借书证号	姓名	性别	借书量
1	131101	王林	女	4
2	131102	程明	女	2
3	131103	王燕	男	1
4	131104	韦严平	女	4
5	131106	李方方	女	1
6	131107	李明	女	0
7	131108	林一帆	女	0

图 4.4　查询结果

	书名	库存图书价值
1	C程序设计（第三版）	182
2	Java编程思想	108
3	C#实用教程（第2版）	147
4	MySQL实用教程（第2版）	53
5	SQL Server 实用教程（第4版）	295
6	S7-300/400可编程控制器原理与应用	59

图 4.5　查询结果

计算列值可以使用的算术运算符有＋(加)、－(减)、＊(乘)、/(除)和％(取余),其中 4 种算术运算符(＋、－、＊、/)可以用于任何数字类型的列,包括 int、smallint、tinyint、decimal、numeric、float、real、money 和 smallmoney;％ 可 以 用 于 上 述 除 money 和 smallmoney 以外的数字类型。

例如,语句

```
SELECT 书名, 价格 * 0.8 FROM book
```

列出的是每种图书的书名和其打 8 折后的单价。

2. 选择行

选择表中的部分或全部行作为查询的结果。

1）消除结果集中的重复行

对于关系数据库来说，表中的每一行都必须是不相同的。但当只选择表中的某些列时，就可能会出现重复行。例如，若对 xsbook 数据库的 jy 表只选择借书证号和 ISBN 时，就出现多行重复的情况。

在 SELECT 语句中使用 DISTINCT 关键字可以消除结果集中的重复行，其格式是：

```
SELECT DISTINCT<列名>[,<列名>…]
```

其中，关键字 DISTINCT 的含义是对结果集中的重复行只选择一个，保证行的唯一性。

【例 4.7】　对 xsbook 数据库的 jy 表只选择借书证号和 ISBN 列，消除结果集中的重复行。

```
SELECT DISTINCT 借书证号, ISBN
    FROM jy
```

语句的执行结果如图 4.6 所示。

与 DISTINCT 相反，当使用关键字 ALL 时，将保留结果集的所有行。

以下的 SELECT 语句对 xsbook 数据库的 jy 表只选择借书证号和 ISBN 列，不消除结果集中的重复行。

```
SELECT ALL 借书证号, ISBN
    FROM jy
```

语句执行结果如图 4.7 所示。

	借书证号	ISBN
1	131101	7-302-10853-6
2	131101	978-7-121-23270-1
3	131101	978-7-121-23402-6
4	131101	978-7-81124-476-2
5	131102	978-7-121-20907-9
6	131102	978-7-121-23270-1
7	131103	978-7-121-23270-1
8	131104	7-302-10853-6
9	131104	978-7-111-21382-6
10	131104	978-7-121-20907-9
11	131104	978-7-121-23402-6

图 4.6　查询结果

	借书证号	ISBN
1	131101	978-7-121-23270-1
2	131102	978-7-121-23270-1
3	131201	978-7-121-23270-1
4	131103	978-7-121-23270-1
5	131204	978-7-121-23270-1
6	131218	978-7-121-23270-1
7	131221	978-7-121-23270-1
8	131101	978-7-81124-476-2
9	131202	978-7-81124-476-2
10	131216	978-7-81124-476-2
11	131104	978-7-121-23402-6

图 4.7　查询结果

说明：当 SELECT 语句中缺省 ALL 与 DISTINCT 时，默认值为 ALL。

2）限制结果集的返回行数

可以使用 TOP 选项限制查询结果集的返回行数。TOP 选项的基本格式为：

```
TOP n [PERCENT]
```

其中,n 是一个正整数,表示返回查询结果集的前 n 行。若带 PERCENT 关键字,则表示返回结果集的前 n% 行。例如下列语句将返回 jy 表的前 10 行:

```
SELECT TOP 10 *
    FROM jy
```

语句执行结果如图 4.8 所示。

	索书号	借书证号	ISBN	借书时间
1	1200001	131101	978-7-121-23270-1	2014-02-18
2	1200002	131102	978-7-121-23270-1	2014-02-18
3	1200003	131201	978-7-121-23270-1	2014-03-10
4	1200004	131103	978-7-121-23270-1	2014-02-20
5	1200005	131204	978-7-121-23270-1	2014-03-11
6	1200007	131218	978-7-121-23270-1	2014-04-08
7	1200008	131221	978-7-121-23270-1	2014-04-08
8	1300001	131101	978-7-81124-476-2	2014-02-18
9	1300002	131202	978-7-81124-476-2	2014-03-11
10	1300003	131216	978-7-81124-476-2	2014-03-13

图 4.8　查询结果

3) 查询满足条件的行

查询满足条件的行可以通过 WHERE 子句实现。WHERE 子句给出查询条件,该子句必须紧跟 FROM 子句之后,其基本格式为:

```
WHERE<search_condition>
```

其中,search_condition 为查询条件,格式为:

```
{[NOT]<precdicate>|(<search_condition>)}
    [{AND|OR} [NOT] {<predicate>|(<search_condition>)}]
} [,…n]
```

其中,predicate 为判定运算,结果为 TRUE、FALSE 或 UNKNOWN;NOT 表示对判定的结果取反,AND 用于组合两个条件,两个条件都为 TRUE 时值才为 TRUE;OR 也用于组合两个条件,两个条件有一个条件为 TRUE 时值就为 TRUE。

<predicate>格式为:

```
{expression {=|<|<=|>|>=|<>|!=|!<|!>} expression              /* 比较运算 */
    |string_expression [NOT] LIKE string_expression [ESCAPE 'escape_character']
                                                               /* 字符串模式匹配 */
    |expression [NOT] BETWEEN expression AND expression        /* 指定范围 */
    |expression IS [NOT] NULL                                  /* 是否空值判断 */
    |expression [NOT] IN(subquery|expression [,…n])            /* IN 子句 */
    |expression {=|<|<=|>|>=|<>|!=|!<|!>} {ALL|SOME|ANY}(subquery)
                                                               /* 比较子查询 */
    |EXIST(subquery)                                           /* EXIST 子查询 */
}
```

从查询条件的构成可以看出,能够将多个判定运算的结果通过逻辑运算符再组成更为复杂的查询条件。判定运算包括比较运算、模式匹配、范围比较、空值比较和子查询。其中的 IN 关键字既可以指定范围,也可以表示子查询。为使读者更清楚地了解查询条件,下面将 WHERE 子句的查询条件列于表 4.1 中。

表 4.1　常用的查询条件

查询条件	谓　　词
比较	<=,<,=,>=,>,!=,<>,!>,!<
指定范围	BETWEEN AND,NOT BETWEEN AND,IN
确定集合	IN,NOT IN
字符匹配	LIKE,NOT LIKE
空值	IS NULL,IS NOT NULL
多重条件	AND,OR

在 T-SQL 中,返回逻辑值(TRUE 或 FALSE)的运算符或关键字都称为谓词。

(1) 表达式比较

比较运算符用于比较两个表达式值,共有 9 个,分别是=(等于)、<(小于)、<=(小于等于)、>(大于)、>=(大于等于)、<>(不等于)、!=(不等于)、!<(不小于)、!>(不大于)。比较运算的格式为:

```
expression {=|<|<=|>|>=|<>|!=|!<|!>} expression
```

其中,expression 是除 text、ntext 和 image 之外类型的表达式。

当两个表达式值均不为空值(NULL)时,比较运算返回逻辑值 TRUE(真)或 FALSE(假);而当两个表达式值中有一个为空值或都为空值时,比较运算将返回 UNKNOWN。

【例 4.8】　查询 xsbook 数据库 xs 表中借书量不小于 3 本的学生信息。

```
SELECT *
    FROM xs
    WHERE 借书量 !<3
```

执行结果如图 4.9 所示。

	借书证号	姓名	性别	出生时间	专业	借书量	照片
1	131101	王林	1	1996-02-10	计算机	4	NULL
2	131104	韦严平	1	1996-08-26	计算机	4	NULL

图 4.9　查询结果

【例 4.9】　查询 xs 表中计算机专业借书量在三本以上的学生信息。

```
SELECT *
    FROM xs
    WHERE 专业='计算机' and 借书量>=3
```

（2）指定范围

用于范围比较的关键字有两个：BETWEEN 和 NOT BETWEEN，用于查找字段值在（或不在）指定范围的行。BETWEEN（NOT BETWEEN）关键字格式为：

```
expression [NOT] BETWEEN expression1 AND expression2
```

其中，BETWEEN 关键字之后是范围的下限（即低值），AND 关键字之后是范围的上限（即高值）。当不使用 NOT 时，若表达式 expression 的值在表达式 expression1 与 expression2 之间（包括这两个值），则返回 TRUE，否则返回 FALSE；使用 NOT 时，返回值刚好相反。

【例 4.10】 查询 xs 表中出生时间在 1995-1-1 与 1996-12-31 之间的学生信息。

```
SELECT *
    FROM xs
    WHERE 出生时间 BETWEEN '1995-1-1' AND '1996-12-31'
```

【例 4.11】 查询 xs 表中不在 1995 年出生的学生信息。

```
SELECT *
    FROM xs
    WHERE 出生时间 NOT BETWEEN '1995-1-1' and '1995-12-31'
```

（3）确定集合

使用 IN 关键字可以指定一个值表集合，值表中列出所有可能的值，当表达式与值表中的任一个匹配时，即返回 TRUE，否则返回 FALSE。使用 IN 关键字指定值表集合的格式为：

```
expression IN(expression [,…n])
```

【例 4.12】 查询 xs 表中专业为"计算机"、"信息工程"、"英语"或"自动化"的学生的信息。

```
SELECT *
    FROM xs
    WHERE 专业 IN('计算机','信息工程','英语','自动化')
```

与 IN 相对的是 NOT IN，用于查找列值不属于指定集合的行。例如，以下语句查找既不是"计算机"、"信息工程"、"英语"，也不是"自动化"专业的学生的信息：

```
SELECT *
    FROM xs
    WHERE 专业 NOT IN ('计算机','信息工程','英语','自动化')
```

（4）字符匹配

LIKE 谓词用于进行字符串的匹配，其运算对象可以是 char、varchar、text、ntext、datetime 和 smalldatetime 类型的数据，返回逻辑值是 TRUE 或 FALSE。LIKE 谓词表达式的格式为：

```
string_expression [NOT] LIKE string_expression [ESCAPE 'escape_character']
```

其含义是查找指定列值与匹配串相匹配的行。匹配串（即 string_expression）可以是一个完整的字符串，也可以含有通配符％和下划线_。其中，

％：代表任意长度（包括 0）的字符串。例如，a％c 表示以 a 开头、以 c 结尾的任意长度的字符串；abc、abcc、axyc 等都满足此匹配串。

_：代表任意一个字符。例如，a_c 表示以 a 开头、以 c 结尾、长度为 3 的字符串；abc、acc、axc 等都满足此匹配串。

LIKE 匹配中使用通配符的查询也称模糊查询。

【例 4.13】　查询 xs 表中计算机系的学生信息。

```
SELECT *
    FROM xs
    WHERE 专业 LIKE '计算机'
```

如果 LIKE 后面的匹配串不含通配符，那么可以用＝（等号）运算符来替代 LIKE 谓词，用!＝或＜＞运算符来替代 NOT LIKE 谓词。

下面的 SELECT 语句与上面的语句等价：

```
SELECT *
    FROM xs
    WHERE 专业 = '计算机'
```

【例 4.14】　查询 xs 表中姓"王"且单名的学生情况。

```
SELECT *
    FROM xs
    WHERE 姓名 LIKE '王_'
```

执行结果如图 4.10 所示。

	借书证号	姓名	性别	出生时间	专业	借书量	照片
1	131101	王林	1	1996-02-10	计算机	4	NULL
2	131103	王燕	0	1995-10-06	计算机	1	NULL
3	131201	王敏	1	1995-06-10	通信工程	1	NULL
4	131202	王林	1	1995-01-29	通信工程	1	NULL

图 4.10　查询结果

【例 4.15】　查询 xs 表中名字的第二个字为"小"的学生情况。

```
SELECT *
    FROM xs
    WHERE 姓名 LIKE '_小％'
```

若用户要查询的字符串本身就含有%或_,就要使用关键字 ESCAPE。ESCAPE 关键字指出其后的每个字符均作为实际的字符对待,而不再作为通配符。

【例 4.16】 查询图书表中书名里含有 SQL 的图书情况。

```
SELECT *
    FROM book
    WHERE 书名 LIKE '%SQL%'ESCAPE'_'
```

(5) 空值比较

当需要判定一个表达式的值是否为空值时,使用 IS NULL 关键字,格式为:

```
expression IS [NOT] NULL
```

当不使用 NOT 时,若表达式 expression 的值为空值时返回 TRUE,否则返回 FALSE;当使用 NOT 时,结果刚好相反。

【例 4.17】 查询学生借书数据库 xs 表中专业尚不确定的学生信息。

```
SELECT *
    FROM xs
    WHERE 专业 IS NULL
```

(6) 多重条件查询

逻辑运算符 AND 和 OR 可用来联结多个查询条件。AND 的优先级高于 OR,但是使用括号可以改变优先级。

【例 4.18】 查询计算机专业、借书量在三本以下的学生姓名和借书证号。

```
SELECT 借书证号,姓名
    FROM xs
    WHERE 专业='计算机' AND 借书量<3
```

【例 4.19】 查询计算机专业或者英语专业的学生姓名和借书证号。

```
SELECT 借书证号,姓名
    FROM xs
    WHERE 专业='计算机' OR 专业='英语'
```

4) 对查询结果排序

在应用中经常要对查询的结果排序输出。例如,按借书的数量对学生排序、按价格对书进行排序,等等。SELECT 语句的 ORDER BY 子句可用于对查询结果按照一个或多个字段的值进行升序(ASC)或降序(DESC)排列,默认值为升序。ORDER BY 子句的格式为:

```
[ORDER BY {order_by_expression [ASC|DESC]} [,…n]
```

其中,order_by_expression 是排序表达式,可以是列名、表达式或一个正整数,当 expression 是一个正整数时,表示按表中该位置上的列排序。

【例 4.20】　将计算机专业的学生按出生时间先后顺序排序。

```
SELECT *
    FROM xs
    WHERE 专业='计算机'
    ORDER BY 出生时间
```

执行结果如图 4.11 所示。

	借书证号	姓名	性别	出生时间	专业	借书量	照片
1	131108	林一帆	1	1995-08-05	计算机	0	NULL
2	131109	张强民	1	1995-08-11	计算机	0	NULL
3	131113	严红	0	1995-08-11	计算机	0	NULL
4	131103	王燕	0	1995-10-06	计算机	1	NULL
5	131101	王林	1	1996-02-10	计算机	4	NULL
6	131111	赵琳	0	1996-03-18	计算机	0	NULL
7	131107	李明	1	1996-05-01	计算机	0	NULL
8	131104	韦严平	1	1996-08-26	计算机	4	NULL
9	131106	李方方	1	1996-11-20	计算机	1	NULL
10	131102	程明	1	1997-02-01	计算机	2	NULL
11	131110	张蔚	0	1997-07-22	计算机	0	NULL

图 4.11　查询结果

【例 4.21】　将计算机专业的学生按借书量降序排列。

```
SELECT *
    FROM xs
    WHERE 专业='计算机'
    ORDER BY 借书量 DESC
```

5) 使用聚合函数

对表数据进行检索时,经常需要对结果进行计算或统计。例如,在图书管理数据库中,求学生借书的总数、统计各书的价值等。T-SQL 提供了一些聚合函数(又称集函数)用来增强检索功能。聚合函数用于计算表中的数据,返回单个计算结果。SQL Server 2012 提供的常用的聚合函数列于表 4.2 中。

表 4.2　聚合函数表

函　数　名	说　　　明
AVG	求组中值的平均值
BINARY_CHECKSUM	返回对表中的行或表达式列表计算的二进制校验值,可用于检测表中行的更改
CHECKSUM	返回在表的行上或在表达式列表上计算的校验值,用于生成哈希索引
CHECKSUM_AGG	返回组中值的校验值
COUNT	求组中项数,返回 int 类型整数
COUNT_BIG	求组中项数,返回 bigint 类型整数
GROUPING	产生一个附加的列

续表

函 数 名	说　　明
MAX	求最大值
MIN	求最小值
SUM	返回表达式中所有值的和
STDEV	返回给定表达式中所有值的统计标准偏差
STDEVP	返回给定表达式中所有值的填充统计标准偏差
VAR	返回给定表达式中所有值的统计方差
VARP	返回给定表达式中所有值的填充的统计方差

下面介绍常用的几个聚合函数。

(1) SUM 和 AVG

SUM 和 AVG 分别用于求表达式中所有值项的总和与平均值,语法格式为:

```
SUM/AVG([ALL|DISTINCT] expression)
```

其中,expression 是常量、列、函数或表达式,其数据类型只能是以下类型: int、smallint、tinyint、bigint、decimal、numeric、float、real、money 和 smallmoney。 ALL 表示对所有值进行运算,DISTINCT 表示去除重复值,默认为 ALL。 SUM/AVG 忽略 NULL 值。

【例 4.22】 查询计算机专业学生借书的平均数。

```
ELECT AVG(借书量)AS '平均借书量'
    FROM xs
    WHERE 专业='计算机'
```

使用聚合函数作为 SELECT 的选择列时,若不为其指定列标题,则系统将对该列输出标题“(无列名)”。

【例 4.23】 查询图书总册数和库存图书总册数。

```
SELECT SUM(复本量)AS '图书总册数', SUM(库存量)AS '库存图书册数'
    FROM book
```

语句的执行结果如图 4.12 所示。

(2) MAX 和 MIN

MAX 和 MIN 分别用于求表达式中所有值项的最大值与最小值,语法格式为:

	图书总册数	库存图书册数
1	39	18

图 4.12　查询结果

```
MAX/MIN([ALL|DISTINCT] expression)
```

其中,expression 是常量、列、函数或表达式,其数据类型可以是数字、字符和时间日期类型。 ALL、DISTINCT 的含义及默认值与 SUM/AVG 函数相同。 MAX/MIN 忽略 NULL 值。

【例 4.24】 查询计算机专业学生借书最多和最少的册数。

```
SELECT MAX(借书量)AS '借书最多册数', MIN(借书量)AS '借书最少册数'
    FROM xs
    WHERE 专业='计算机'
```

语句的执行结果如图 4.13 所示。

(3) COUNT

COUNT 用于统计组中满足条件的行数或总行数,格式为:

	借书最多册数	借书最少册数
1	4	0

图 4.13 查询结果

```
COUNT({[ALL|DISTINCT] expression}|*)
```

其中,expression 是一个表达式,其数据类型是除 uniqueidentifier、text、image 或 ntext 之外的任何类型。ALL、DISTINCT 的含义及默认值与 SUM/AVG 函数相同。选择 * 时将统计总行数。COUNT 忽略 NULL 值。

【例 4.25】 查询学生总数。

```
SELECT COUNT(*)AS '学生总数'
    FROM xs
```

【例 4.26】 查询借阅了图书的学生数。

```
SELECT COUNT(DISTINCT 借书证号)AS '借阅了图书的学生数'
    FROM jy
```

【例 4.27】 查询图书的种类。

```
SELECT COUNT(*)AS '图书种数'
    FROM book
```

COUNT_BIG 函数的格式、功能与 COUNT 函数都相同,区别仅在于 COUNT_BIG 返回 bigint 类型值。

(4) GROUPING

GROUPING 函数为输出的结果表产生一个附加列,该列的值为 1 或 0,格式为:

```
GROUPING(column_name)
```

当用 CUBE 或 ROLLUP 运算符添加行时,附加的列输出值为 1,当所添加的行不是由 CUBE 或 ROLLUP 产生时,附加列值为 0。该函数只能与带有 CUBE 或 ROLLUP 运算符的 GROUP BY 子句一起使用。

6) 对查询结果分组

SELECT 语句的 GROUP BY 子句用于将查询结果表按照某一列或多列值进行分组,值相等的为一组。对查询结果分组的主要目的是为了细化聚合函数的作用对象。

GROUP BY 子句的格式为:

```
[GROUP BY [ALL] group_by_expression [,…n]
    [WITH {CUBE|ROLLUP}]]
```

其中,group_by_expression 是用于分组的表达式,通常包含字段名。指定 ALL 将显示所有组。WITH 指定 CUBE 或 ROLLUP 操作符,CUBE 或 ROLLUP 与聚合函数一起使用,在查询结果中增加附加记录。

注意:使用 GROUP BY 子句后,SELECT 子句中的列表中只能包含在 GROUP BY 中指出的列或者在聚合函数中指定的列。

【例 4.28】 将 xs 表中的学生按专业分组。

```
SELECT 专业
    FROM xs
    GROUP BY 专业
```

语句的执行结果如图 4.14 所示。

【例 4.29】 查询各专业的学生数。

```
SELECT 专业, COUNT( * )AS '学生数'
    FROM xs
    GROUP BY 专业
```

语句的执行结果如图 4.15 所示。

【例 4.30】 求被借阅图书的 ISBN 号和借阅该种图书的学生数。

```
SELECT ISBN, COUNT(借书证号)AS '借阅人数'
    FROM jy
    GROUP BY ISBN
```

语句的执行结果如图 4.16 所示。

	ISBN	借阅人数
1	7-302-10853-6	3
2	978-7-111-21382-6	2
3	978-7-121-20907-9	3
4	978-7-121-23270-1	7
5	978-7-121-23402-6	3
6	978-7-81124-476-2	3

	专业
1	计算机
2	通信工程

	专业	学生数
1	计算机	11
2	通信工程	11

图 4.14 例 4.28 查询结果　　图 4.15 例 4.29 查询结果　　图 4.16 例 4.30 查询结果

若使用了带 ROLLUP 操作符的 GROUP BY 子句,那么在查询结果表中内不仅包含由 GROUP BY 提供的正常行,还包含汇总行。

【例 4.31】 查询每个专业的男生人数、女生人数、总人数及学生总人数。

```
SELECT 专业,性别, COUNT( * )AS '人数'
    FROM xs
    GROUP BY 专业,性别
    WITH ROLLUP
```

语句的执行结果如图 4.17 所示。

结果中有三个汇总行，分别是：

```
计算机      NULL      11          /* 汇总行，计算机专业总人数 */
通信工程    NULL      11          /* 汇总行，通信工程专业总人数 */
NULL        NULL      22          /* 汇总行，学生总人数 */
```

汇总行之外的行，均为不带 ROLLUP 的 GROUP BY 所产生的行。

从上述含有 ROLLUP 的 GROUP BY 子句的 SELECT 语句的执行结果可以看出，使用了 ROLLUP 操作符后，将对 GROUP BY 子句中所指定的各列产生汇总行，产生的规则是：按列的排列的逆序依次进行汇总。例如，本例根据专业和性别对 xs 表分组，使用 ROLLUP 后，先对性别字段产生了汇总行（针对专业值相同的行），然后对专业与性别均不同值产生了汇总行。所产生的汇总行中对应具有不同列值的字段值将设置为 NULL。

	专业	性别	人数
1	计算机	0	4
2	计算机	1	7
3	计算机	NULL	11
4	通信工程	0	4
5	通信工程	1	7
6	通信工程	NULL	11
7	NULL	NULL	22

图 4.17 查询结果

可以将上述语句与不带 ROLLUP 操作符的 GROUP BY 子句的执行情况进行如下比较：

```
SELECT 专业, 性别 , COUNT(*)AS '人数'
    FROM xs
    GROUP BY 专业,性别
```

语句的执行结果如图 4.18 所示。

可见，若没有 ROLLUP 操作符，将不生成汇总行。

若使用带 CUBE 操作符的 GROUP BY 子句，则 CUBE 操作符对 GROUP BY 子句中各列的所有可能组合均产生汇总行。

【例 4.32】 查询 xs 表中每个专业的男生人数、女生人数、总人数及男生总数、女生总数、学生总人数。

```
SELECT 专业, 性别 , COUNT(*)AS '人数'
    FROM xs
    GROUP BY 专业,性别
    WITH CUBE
```

语句的执行结果如图 4.19 所示。

	专业	性别	人数
1	计算机	0	4
2	通信工程	0	4
3	计算机	1	7
4	通信工程	1	7

图 4.18 例 4.31 查询结果

	专业	性别	人数
1	计算机	0	4
2	通信工程	0	4
3	NULL	0	8
4	计算机	1	7
5	通信工程	1	7
6	NULL	1	14
7	NULL	NULL	22
8	计算机	NULL	11
9	通信工程	NULL	11

图 4.19 例 4.32 查询结果

分析：本例中用于分组的列(即 GROUP BY 子句中的列)为专业和性别,在 xs 表中,专业有两个不同的值(计算机和通信工程),性别也有两个不同的值(0 和 1),再加上 NULL 值,因此它们可能的组合有 5 种,因此生成 5 个汇总行,分别是:

```
NULL       0       8            /*汇总行,女生总人数*/
NULL       1       14           /*汇总行,男生总人数*/
NULL       NULL    22           /*汇总行,学生总人数*/
计算机     NULL     11           /*汇总行,计算机专业总人数*/
通信工程   NULL     11           /*汇总行,通信工程专业总人数*/
```

使用带有 CUBE 或 ROLLUP 的 GROUP BY 子句时,SELECT 子句的列表还可以是聚合函数 GROUPING。若需要标志结果表中哪些行是由 CUBE 或 ROLLUP 添加的而哪些不是,则可以使用 GROUPING 函数作为输出列。

【例 4.33】 统计各专业男生人数、女生人数及学生总人数,标志汇总行。

```
SELECT 专业, 性别 , COUNT(*)AS '人数',
    GROUPING(专业)AS 'spec',GROUPING(性别)AS 'sx'
    FROM xs
    GROUP BY 专业,性别
    WITH CUBE
```

语句的执行结果如图 4.20 所示。

查询结果中 spec 或 sx 两列中任一列值为 1,则该行为汇总行。

7) HAVING 子句

如果分组后还需要按照一定的条件对这些组进行筛选,最终只输出满足指定条件的组,那么可以使用 HAVING 子句来指定筛选条件。例如,查找男生数超过 2 的专业,就是在 xs 表上按照专业、性别分组后筛选出符合条件的专业。

HAVING 子句的格式为:

	专业	性别	人数	spec	sx
1	计算机	0	4	0	0
2	通信工程	0	4	0	0
3	NULL	0	8	1	0
4	计算机	1	7	0	0
5	通信工程	1	7	0	0
6	NULL	1	14	1	0
7	NULL	NULL	22	1	1
8	计算机	NULL	11	0	1
9	通信工程	NULL	11	0	1

图 4.20　查询结果

```
[HAVING<search_condition>]
```

其中,search_condition 为查询条件,与 WHERE 子句的查询条件类似,并且可以使用聚合函数。

【例 4.34】 查找男生数或女生数不少于 2 的专业以及学生人数。

```
SELECT 专业,性别=
    CASE
        WHEN 性别='0' THEN '男'
        WHEN 性别='1' THEN '女'
    END, count(*)AS '人数'
    FROM xs
        GROUP BY 专业,性别
        HAVING count(*)>=2
```

语句的执行结果如图 4.21 所示。

在 SELECT 语句中,当 WHERE、GROUP BY 与 HAVING 子
句都被使用时,要注意它们的作用和执行顺序:WHERE 用于筛选
由 FROM 指定的数据对象;GROUP BY 用于对 WHERE 的结果进
行分组;HAVING 则是对 GROUP BY 以后的分组数据进行过滤。

	专业	性别	人数
1	计算机	男	4
2	通信工程	男	4
3	计算机	女	7
4	通信工程	女	7

图 4.21　查询结果

【例 4.35】　查找男生人数超过 2 的专业。

```
SELECT 专业
    FROM xs
    WHERE 性别=0
    GROUP BY 专业
    HAVING count(*)>=2
```

分析:本查询将 xs 表中性别值为 0 的记录按专业分组,对每组记录计数,选出记录数
大于 2 的各组的专业值形成结果表。

4.1.2　连接查询

前面的查询都是针对一个表进行的。若一个查询同时涉及两个或两个以上的表,则称
为连接查询。连接是两元运算,可以对两个或多个表进行查询,结果通常是含有参加连接运
算的两个表(或多个表)的指定列的表。例如,在 xsbook 数据库中需要查询借阅了"计算机
网络"一书的学生的姓名、专业和借阅时间,就需要将 xs、book 和 jy 三个表进行连接,才能
查找到结果。

连接查询是关系数据库中最主要的查询。在 T-SQL 中,连接查询有两类表示形式,一
类是符合 SQL 标准连接谓词表示形式,另一类是 T-SQL 扩展的使用关键字 JOIN 的表示
形式。

1. 连接谓词

可以在 SELECT 语句的 WHERE 子句中使用比较运算符给出连接条件对表进行连
接,将这种表示形式称为连接谓词表示形式。连接谓词又称连接条件,其一般格式为:

[<表名 1.>]<列名 1><比较运算符>[<表名 2.>]<列名 2>

其中,比较运算符主要有<、<=、=、>、>=、!=、<>、!<和!>。当比较符为=时,就是
等值连接。若在目标列中去除相同的字段名,则为自然连接。

此外,连接谓词还可以采用以下形式:

[<表名 1.>]<列名 1>BETWEEN [<表名 2.>]<列名 2>AND[<表名 2.>]<列名 3>

连接谓词中的列名称为连接字段。连接条件中的各连接字段类型必须是可比的,但不
必是相同的。连接查询的一般执行过程如下:

首先在表 1 中找到第 1 行,然后从头开始扫描表 2,逐一查找满足连接条件的行,找到
后就将表 1 中的第 1 行与该行拼接起来,形成结果表中的一行。表 2 的全部行都扫描完以
后,再找表 1 的第 2 行,然后再从头开始扫描表 2,逐一查找满足连接条件的行,找到后就将

表 1 的第 2 行与该行拼接起来,形成结果表中的一行。重复上述操作,直到表 1 的全部行都处理完为止。

【例 4.36】 查找 xsbook 数据库每个学生的信息以及学生的借书情况。

```
SELECT xs.* , jy.*
    FROM xs , jy
    WHERE xs.借书证号=jy.借书证号
```

结果表将包含 xs 表和 jy 表的所有列,如图 4.22 所示。

	借书证号	姓名	性别	出生时间	专业	借书量	照片	索书号	借书证号	ISBN	借书时间
1	131101	王林	1	1996-02-10	计算机	4	NULL	1200001	131101	978-7-121-23270-1	2014-02-18
2	131102	程明	1	1997-02-01	计算机	2	NULL	1200002	131102	978-7-121-23270-1	2014-02-18
3	131201	王敏	1	1995-06-10	通信工程	1	NULL	1200003	131201	978-7-121-23270-1	2014-03-10
4	131103	王燕	0	1995-10-06	计算机	1	NULL	1200004	131103	978-7-121-23270-1	2014-02-20
5	131204	马琳琳	0	1995-02-10	通信工程	1	NULL	1200005	131204	978-7-121-23270-1	2014-03-11
6	131218	孙研	1	1996-10-09	通信工程	1	NULL	1200007	131218	978-7-121-23270-1	2014-04-08
7	131221	刘燕敏	1	1995-11-12	通信工程	1	NULL	1200008	131221	978-7-121-23270-1	2014-04-08
8	131101	王林	1	1996-02-10	计算机	4	NULL	1300001	131101	978-7-81124-476-2	2014-02-18
9	131202	王林	1	1995-01-29	通信工程	1	NULL	1300002	131202	978-7-81124-476-2	2014-03-11
10	131216	孙祥欣	1	1995-03-19	通信工程	0	NULL	1300003	131216	978-7-81124-476-2	2014-03-13

图 4.22　连接查询

说明:上例中 xs. * 和 jy. * 是限定形式的列名。xs. * 表示选择 xs 表的所有列,jy. * 表示选择 jy 表的所有列。如果要指定某个表的某一列,则使用格式为:表名.列名。例如,xs.借书证号,表示指定 xs 表的"借书证号"列。上述格式中"表名"前缀的作用是为了避免混淆。例如,表 xs 和 jy 都包含"借书证号"列,如果在查询语句中不指定是哪个表中的该列,那么语句执行就会出错。例如,下面的 SELECT 语句是错误的:

```
SELECT *
    FROM xs, jy
    WHERE 借书证号=借书证号
```

上述语句中连接条件"借书证号=借书证号"表示出错,系统将无法执行该判断。

【例 4.37】 查找 xsbook 数据库每个学生的信息以及学生的借书情况,去除重复的列。

```
SELECT xs.* , jy.ISBN, jy.索书号,jy.借书时间
    FROM  xs , jy
    WHERE xs.借书证号=jy.借书证号
```

本例所得的结果表包含以下字段:借书证号、姓名、性别、出生时间、专业、借书量、照片、ISBN、索书号、借书时间。这种在等值连接中把重复的列去除的情况称为自然连接查询。

若选择的列名在各个表中是唯一的,则可以省略表名前缀。例如,本例的 SELECT 子句也可写为:

```
SELECT xs.* , ISBN,索书号,借书时间
    FROM xs , jy
```

```
WHERE xs.借书证号=jy.借书证号
```

【例 4.38】　查找借阅了 ISBN 为 978-7-121-23402-6 的学生姓名及专业。

```
SELECT  DISTINCT 姓名，专业
    FROM xs，jy
    WHERE xs.借书证号=jy.借书证号 AND jy.ISBN='978-7-121-23402-6'
```

语句的执行结果如图 4.23 所示。

由于每个学生可以借阅多本同一 ISBN 号的书籍，所以在 jy 表中可能存在借书证号与 ISBN 值相同的多个记录，因此在 SELECT 中要使用 DISTINCT 消除重复行。

	姓名	专业
1	李计	通信工程
2	王林	计算机
3	韦严平	计算机

图 4.23　查询结果

在表查询时，还可以使用表的别名。例如，上例所要求的查询语句也可以这样书写：

```
SELECT DISTINCT 姓名，专业
    FROM xs a，jy b
    WHERE a.借书证号=b.借书证号 AND b.ISBN='978-7-111-21382-6'
```

上述语句中"FROM xs a，jy b"分别为表 xs 和 jy 指定别名 a 和 b。为表指定别名后，引用表中的列就可以使用别名来作为表名前缀。例如，例子中的 a.借书证号、b.借书证号等。

有时用户所需要的字段来自两个以上的表，那么就要对两个以上的表进行连接，称之为多表连接。

【例 4.39】　查找借阅了"Java 编程思想"一书的学生的借书证号、姓名、专业和借书时间。

```
SELECT DISTINCT  xs.借书证号，姓名，专业，借书时间
    FROM xs，book，jy
    WHERE xs.借书证号=jy.借书证号 AND jy.ISBN=book.ISBN
        AND 书名='Java 编程思想'
```

【例 4.40】　查询所有同学的借阅信息，并且按借书证号排序，输出借书证号、姓名、专业、ISBN、书名、索书号和借书时间。

```
SELECT a.借书证号,b.姓名,b.专业,a.ISBN,c.书名,a.索书号,a.借书时间
    FROM jy a,xs b,book c
    WHERE a.借书证号=b.借书证号 and a.ISBN=c.ISBN
    ORDER BY a.借书证号
```

语句的执行结果如图 4.24 所示。

2. 以 JOIN 关键字指定的连接

T-SQL 扩展了以 JOIN 关键字指定连接的表示方式，使表的连接运算能力有了增强。

	借书证号	姓名	专业	ISBN	书名	索书号	借书时间
1	131101	王林	计算机	978-7-121-23270-1	MySQL实用教程（第2版）	1200001	2014-02-18
2	131101	王林	计算机	978-7-81124-476-2	S7-300/400可编程控制器原理与应用	1300001	2014-02-18
3	131101	王林	计算机	978-7-121-23402-6	SQL Server 实用教程（第4版）	1400032	2014-04-08
4	131101	王林	计算机	7-302-10853-6	C程序设计（第三版）	1600011	2014-02-18
5	131102	程明	计算机	978-7-121-20907-9	C#实用教程（第2版）	1700065	2014-04-08
6	131102	程明	计算机	978-7-121-23270-1	MySQL实用教程（第2版）	1200002	2014-02-18
7	131103	王燕	计算机	978-7-121-23270-1	MySQL实用教程（第2版）	1200004	2014-02-20
8	131104	韦严平	计算机	7-302-10853-6	C程序设计（第三版）	1600014	2014-07-22
9	131104	韦严平	计算机	978-7-121-20907-9	C#实用教程（第2版）	1700062	2014-02-19
10	131104	韦严平	计算机	978-7-121-23402-6	SQL Server 实用教程（第4版）	1400030	2014-02-18

图 4.24　查询结果

JOIN 连接在 FROM 子句的＜joined_table＞中指定，格式如下：

```
<joined_table>::=
{
    <table_source><join_type><table_source>ON<search_condition>
  |<table_source>CROSS JOIN<table_source>
  |<joined_table>
}
```

说明：＜join_type＞表示连接类型，ON 用于指定连接条件。＜join_type＞的格式为：

```
[INNER|{LEFT|RIGHT|FULL} [OUTER] [<join_hint>] JOIN
```

上面的 INNER 表示内连接，OUTER 表示外连接，join_hint 是连接提示。CROSS JOIN 表示交叉连接。因此，以 JOIN 关键字指定的连接有以下三种类型。

1）内连接

内连接按照 ON 所指定的连接条件合并两个表，返回满足条件的行。

【例 4.41】 查找 xsbook 数据库每个学生的信息以及借阅的图书情况。

```
SELECT *
    FROM xs INNER JOIN jy ON xs.借书证号=jy.借书证号
```

结果表将包含 xs 表和 jy 表的所有字段（不去除重复字段—借书证号）。本例与例 4.36 表达的查询是相同的，即以连接谓词表示的连接查询属于内连接。

内连接是系统默认的，可以省略 INNER 关键字。使用内连接后仍可以使用 WHERE 子句指定条件。

【例 4.42】 用 FROM 的 JOIN 关键字表达下列查询：查询借阅了 ISBN 为 978-7-111-21382-6 的学生姓名及专业。

```
SELECT DISTINCT 姓名,专业
    FROM xs JOIN jy ON xs.借书证号=jy.借书证号
    WHERE ISBN='978-7-111-21382-6'
```

内连接还可以用于多个表的连接。

【例 4.43】 用 FROM 的 JOIN 关键字表达下列查询：查找借阅了"Java 编程思想"一书的学生的借书证号、姓名、专业和借书时间。

```
SELECT DISTINCT xs.借书证号, 姓名, 专业, 借书时间
    FROM xs JOIN jy JOIN book ON jy.ISBN=book.ISBN
        ON xs.借书证号=jy.借书证号
    WHERE 书名='Java 编程思想'
```

作为一种特例，可以将一个表与它自身进行连接，称为自连接。若要在一个表中查找具有相同列值的行，则可以使用自连接。使用自连接时，需为表指定两个别名，并且对所有列的引用均要用别名限定。

【例 4.44】 查找在同一天借阅了不同图书的学生的借书证号、ISBN 和借书时间。

```
SELECT DISTINCT a.借书证号,a.ISBN, b.ISBN,a.借书时间
    FROM jy a JOIN jy b
        ON a.借书时间=b.借书时间 AND a.借书证号=b.借书证号 AND a.ISBN!=b.ISBN
```

语句的执行结果如图 4.25 所示。

	借书证号	ISBN	ISBN	借书时间
1	131101	7-302-10853-6	978-7-121-23270-1	2014-02-18
2	131101	7-302-10853-6	978-7-81124-476-2	2014-02-18
3	131101	978-7-121-23270-1	7-302-10853-6	2014-02-18
4	131101	978-7-121-23270-1	978-7-81124-476-2	2014-02-18
5	131101	978-7-81124-476-2	7-302-10853-6	2014-02-18
6	131101	978-7-81124-476-2	978-7-121-23270-1	2014-02-18
7	131104	7-302-10853-6	978-7-111-21382-6	2014-07-22
8	131104	978-7-111-21382-6	7-302-10853-6	2014-07-22

图 4.25 查询结果

2）外连接

在通常的连接操作中，只有满足连接条件的行才能作为结果输出。例如，在查询每个学生的借书情况时，结果表中没有借书证号为 131216 和 131110 学生的信息，原因在于他们没有借书。但是在某些情况下，需要以学生表作为主体列出每个学生的基本信息和借书情况，若某个学生没有借书，那么就只输出其基本信息，其借书信息为空值即可。这时就需要使用外连接（OUTER JOIN）。外连接的结果表不但包含满足连接条件的行，还包括相应表中的所有行。外连接包括下面三种。

（1）左外连接（LEFT OUTER JOIN）：结果表中除了包括满足连接条件的行外，还包括左表的所有行。

（2）右外连接（RIGHT OUTER JOIN）：结果表中除了包括满足连接条件的行外，还包括右表的所有行。

（3）完全外连接（FULL OUTER JOIN）：结果表中除了包括满足连接条件的行外，还包括两个表的所有行。

其中的 OUTER 关键字均可省略。

【例 4.45】 查找所有学生信息以及他们借阅图书的索书号，若学生未借阅任何图书，

也要包括其信息。

```
SELECT xs.* ,索书号
    FROM xs LEFT OUTER JOIN jy ON xs.借书证号=jy.借书证号
```

本例执行时,若有学生未选任何课程,则结果表中相应行的课程号字段值为 NULL。
执行结果如图 4.26 所示。

	借书证号	姓名	性别	出生时间	专业	借书量	照片	索书号
8	131104	韦严平	1	1996-08-26	计算机	4	NULL	1400030
9	131104	韦严平	1	1996-08-26	计算机	4	NULL	1600014
10	131104	韦严平	1	1996-08-26	计算机	4	NULL	1700062
11	131104	韦严平	1	1996-08-26	计算机	4	NULL	1800002
12	131106	李方方	1	1996-11-20	计算机	1	NULL	NULL
13	131107	李明	1	1996-05-01	计算机	0	NULL	NULL
14	131108	林一帆	1	1995-08-05	计算机	0	NULL	NULL
15	131109	张强民	1	1995-08-11	计算机	0	NULL	NULL
16	131110	张蔚	0	1997-07-22	计算机	0	NULL	NULL
17	131111	赵琳	0	1996-03-18	计算机	0	NULL	NULL
18	131113	严红	0	1995-08-11	计算机	0	NULL	NULL
19	131201	王敏	1	1995-06-10	通…	1	NULL	1200003
20	131202	王林	1	1995-01-29	通…	1	NULL	1300002
21	131203	王玉民	1	1996-03-26	通…	1	NULL	1600013
22	131204	马琳琳	0	1995-02-10	通…	1	NULL	1200005
23	131206	李计	1	1995-09-20	通…	1	NULL	1400031

图 4.26   外连接查询

【例 4.46】   查找被借阅了的图书的借阅情况和所有的书名。

```
SELECT jy.* ,书名
    FROM jy RIGHT JOIN book ON jy.ISBN=book.ISBN
```

本例执行时,若某图书未被借阅,则结果表中相应行的借书证号、ISBN、索书号和借书
时间字段值均为 NULL。

注意:外连接只能对两个表进行。

3) 交叉连接

交叉连接实际上是将两个表进行拼接,结果表是由第一个表的每一行与第二个表的每
一行拼接后形成的表,因此结果表的行数等于两个表行数之积。

【例 4.47】   列出学生所有可能的借书情况。

```
SELECT 借书证号,姓名,ISBN,书名
    FROM xs CROSS JOIN book
```

注意:交叉连接不能有条件,而且不能带 WHERE 子句。

与单表查询完全相同,对连接查询的列和行可以进行诸如指定输出标题、使用聚合函
数、消除重复行、分组和排序等处理,同样连接查询的条件中也可以包含确定范围
(BETWEEN…AND…)、确定集合(IN)和字符匹配(LIKE)等。

【例 4.48】   列出借阅了书名中含有 SQL 的图书的学生的借书证号、姓名、专业、所借
图书的 ISBN、书名、索书号和借书时间。

```
SELECT a.借书证号,姓名,专业,b.ISBN,书名,索书号,借书时间
    FROM xs a,book b,jy c
    WHERE 书名 LIKE '%SQL%' AND b.ISBN=c.ISBN AND a.借书证号=c.借书证号
    ORDER BY a.借书证号
```

本例执行结果如图 4.27 所示。

	借书证号	姓名	专业	ISBN	书名	索书号	借书时间
1	131101	王林	计算机	978-7-121-23270-1	MySQL实用教程（第2版）	1200001	2014-02-18
2	131101	王林	计算机	978-7-121-23402-6	SQL Server 实用教程（第4版）	1400032	2014-04-08
3	131102	程明	计算机	978-7-121-23270-1	MySQL实用教程（第2版）	1200002	2014-02-18
4	131103	王燕	计算机	978-7-121-23270-1	MySQL实用教程（第2版）	1200004	2014-02-20
5	131104	韦严平	计算机	978-7-121-23402-6	SQL Server 实用教程（第4版）	1400030	2014-02-18
6	131201	王敏	通信工程	978-7-121-23270-1	MySQL实用教程（第2版）	1200003	2014-03-10
7	131204	马琳琳	通信工程	978-7-121-23270-1	MySQL实用教程（第2版）	1200005	2014-03-11
8	131206	李计	通信工程	978-7-121-23402-6	SQL Server 实用教程（第4版）	1400031	2014-03-13
9	131218	孙研	通信工程	978-7-121-23270-1	MySQL实用教程（第2版）	1200007	2014-04-08
10	131221	刘燕敏	通信工程	978-7-121-23270-1	MySQL实用教程（第2版）	1200008	2014-04-08

图 4.27　查询结果

4.1.3　嵌套查询

在 SQL 语言中,一个 SELECT-FROM-WHERE 语句称为一个查询块。在 WHERE 子句或 HAVING 子句所表示的条件中,可以使用另一个查询的结果(即一个查询块)作为条件的一部分。例如,判定列值是否与某个查询的结果集中的值相等,这种将一个查询块嵌套在另一个查询块的 WHERE 子句或 HAVING 子句的条件中的查询称为嵌套查询。例如:

```
SELECT 姓名
    FROM xs
    WHERE 借书证号 IN
        (SELECT 借书证号
            FROM jy
            WHERE ISBN='978-7-111-21382-6'
    )
```

本例中,下层查询块 SELECT 借书证号 FROM jy WHERE ISBN='978-7-111-21382-6'是嵌套在上层查询块 SELECT 姓名 FROM xs WHERE 借书证号 IN 的条件中的。上层的查询块称为外层查询或父查询,下层的查询块称为内层查询或子查询。

嵌套查询一般的求解方法是由内向外处理,即每个子查询在上一层查询处理之前求解,子查询的结果用于建立其父查询的查找条件。

T-SQL 允许 SELECT 多层嵌套使用,即一个子查询中还可以嵌套其他的子查询,用来表示复杂的查询,从而增强 SQL 的查询能力。以这种层层嵌套的方式来构造查询语句正是 SQL 中"结构化"的含义所在。

需要特别指出的是,子查询的 SELECT 语句中不能包含 ORDER BY 子句,ORDER BY 子句只能对最终查询结果进行排序。

子查询除了可用在 SELECT 语句中,还可用在 INSERT、UPDATE 及 DELETE 语句中。

子查询通常与 IN、EXIST 谓词及比较运算符结合使用。

1. IN 子查询

在嵌套查询中,子查询的结果往往是一个集合,所以 IN 是嵌套查询中最常使用的谓词。IN 子查询用于进行一个给定值是否在子查询结果集中的判断,格式为:

```
expression [NOT] IN (subquery)
```

其中,subquery 是子查询。当表达式 expression 与子查询 subquery 的结果表中的某个值相等时,IN 谓词返回 TRUE,否则返回 FALSE;若使用了 NOT,则返回的值刚好相反。

注意: IN 和 NOT IN 子查询只能返回一列数据。

【例 4.49】 查找与"李明"在同一个专业的学生信息。

先分步来完成查询,然后再构造嵌套查询。

(1) 分步查询。

先查询"李明"的专业:

```
SELECT 专业
    FROM xs
    WHERE 姓名='李明'
```

该查询的结果为"计算机"。再查询"计算机"专业的学生信息:

```
SELECT 借书证号,姓名,性别,出生时间,借书量
    FROM xs
    WHERE 专业='计算机'
```

(2) 嵌套查询。

构造的嵌套查询语句如下:

```
SELECT 借书证号,姓名,性别,出生时间,借书量
    FROM xs
    WHERE 专业 IN
        (SELECT 专业
            FROM xs
            WHERE 姓名='李明'
        )
```

在执行包含子查询的 SELECT 语句时,系统实际上也是分步进行的:先执行子查询,产生一个结果表;再执行父查询。本例中,先执行子查询:

```
SELECT 专业
    FROM xs
    WHERE 姓名='李明'
```

得到一个只含有专业列的表。再执行父查询。若 xs 表中某行的"专业"列值等于子查询结果表中的任一个值,则该行就被选择。执行结果如图 4.28 所示。

	借书证号	姓名	性别	出生时间	借书量
1	131101	王林	1	1996-02-10	4
2	131102	程明	1	1997-02-01	2
3	131103	王燕	0	1995-10-06	1
4	131104	韦严平	1	1996-08-26	4
5	131106	李方方	1	1996-11-20	1
6	131107	李明	1	1996-05-01	0
7	131108	林一帆	1	1995-08-05	0
8	131109	张强民	1	1995-08-11	0

图 4.28　查询结果

本例的查询也可以用自连接来完成:

```
SELECT a.借书证号,a.姓名,a.性别,a.出生时间,a.借书量
    FROM xs a, xs b
    WHERE a.专业=b.专业 AND b.姓名='李明'
```

可见,实现同一个查询可以有多种方法,有的查询既可以使用子查询来表达,也可以使用连接来表达。通常使用子查询表示时可以将一个复杂的查询分解为一系列的逻辑步骤,条理清晰,易于构造;而使用连接表示时有执行速度快的优点。

有些嵌套查询可以用连接查询替代,有些则不能。

【例 4.50】　查找未借阅"SQL Server 实用教程(第 4 版)"一书的学生情况。

```
SELECT 借书证号,姓名,性别,出生时间,专业,借书量
    FROM xs
    WHERE 借书证号 NOT IN
        (    SELECT 借书证号
            FROM jy
            WHERE ISBN IN
            (    SELECT ISBN
                    FROM book
                    WHERE  书名=' SQL Server 实用教程 (第 4 版)'
            )
        )
```

本例的执行过程为:在 book 表中找到书名为"SQL Server 实用教程(第 4 版)"的 ISBN 号,即 978-7-121-23402-6,然后在 jy 表中找到借阅了 ISBN 为 978-7-121-23402-6 书的学生的借书证号(即 131104、131206、131101)。

在 xs 表中取出借书证号不在集合(131104,131206,131101)中的学生信息,作为结果表。该语句的执行结果如图 4.29 所示。

例 4.49 和例 4.50 中的各个子查询都只执行了一次,其结果用于父查询。即子查询的查询条件不依赖于父查询,这类子查询称为不相关子查询。不相关子查询是最简单的一类子查询。

	借书证号	姓名	性别	出生时间	专业	借书量
1	131102	程明	1	1997-02-01	计算机	2
2	131103	王燕	0	1995-10-06	计算机	1
3	131106	李方方	1	1996-11-20	计算机	1
4	131107	李明	1	1996-05-01	计算机	0
5	131108	林一帆	1	1995-08-05	计算机	0
6	131109	张强民	1	1995-08-11	计算机	0
7	131110	张蔚	0	1997-07-22	计算机	0
8	131111	赵琳	0	1996-03-18	计算机	0
9	131113	严红	0	1995-08-11	计算机	0
10	131201	王敏	1	1995-06-10	通信工程	1
11	131202	王林	1	1995-01-29	通信工程	1

图 4.29　查询结果

2. 比较子查询

比较子查询是指父查询与子查询之间用比较运算符进行关联。如果能够确切地知道子查询返回的是单个值时，就可以使用比较子查询。这种子查询可以认为是 IN 子查询的扩展，它使表达式的值与子查询的结果进行比较运算，格式为：

```
expression {<|<=|=|>|>=|!=|<>|!<|!>} {ALL|SOME|ANY}(subquery)
```

其中，expression 为要进行比较的表达式，subquery 是子查询。ALL、SOME 和 ANY 说明对比较运算的限制：

- ALL 指定表达式要与子查询结果集中的每个值都进行比较，当表达式与每个值都满足比较的关系时，才返回 TRUE，否则返回 FALSE。
- SOME 或 ANY 表示表达式只要与子查询结果集中的某个值满足比较的关系时，就返回 TRUE，否则返回 FALSE。

如例 4.49 中，由于一个学生只能在一个专业学习，也就是说，子查询的结果是一个值，因此可以用＝代替 IN，其 SQL 语句如下：

```
SELECT 借书证号,姓名,性别,出生时间,借书量
    FROM xs
    WHERE 专业=
        (SELECT 专业
                FROM xs
                WHERE 姓名='李明'
        )
```

【例 4.51】　查找其他专业比所有通信工程专业的学生年龄都小的学生。

```
SELECT *
    FROM xs
    WHERE  专业<>'通信工程'  AND 出生时间>ALL
        (SELECT 出生时间
            FROM xs
            WHERE 专业='通信工程'
        )
```

语句的执行结果如图 4.30 所示。

借书证号	姓名	性别	出生时间	专业	借书量	照片
单击可选择所有网格单元		1	1997-02-01	计算机	2	NULL
2	131106	李方方	1	1996-11-20	计算机	1	NULL
3	131110	张蔚	0	1997-07-22	计算机	0	NULL

图 4.30 查询结果

【例 4.52】 查找其他专业比所有计算机专业某个学生年龄小的学生。

```
SELECT *
    FROM xs
    WHERE 专业<>'计算机'  AND 出生时间>ANY
            (SELECT 出生时间
                FROM xs
                WHERE 专业='计算机'
            )
```

执行该查询时,首先处理子查询,找出"计算机"专业所有学生的出生时间,构成一个集合;然后处理父查询,找出所有不是"计算机"专业且出生时间比上述集合中任一个值小的学生。

本查询也可以用聚合函数来实现。首先用子查询找出"计算机"专业中"出生时间"最小(即年龄最大)值;然后在父查询中找所有非"计算机"专业且"出生时间"值大于上述最小值的学生。SQL 语句如下:

```
SELECT *
    FROM xs
    WHERE  专业<>'计算机'  AND  出生时间>
            (SELECT MIN(出生时间)
                FROM xs
                WHERE 专业='计算机'
            )
```

通常,使用聚合函数实现子查询比直接用 ANY 或 ALL 查询效率要高。

3. EXISTS 子查询

EXISTS 谓词用于测试子查询的结果是否为空表,若子查询的结果集不为空,则 EXISTS 返回 TRUE,否则返回 FALSE。EXISTS 还可与 NOT 结合使用,即 NOT EXISTS,其返回值与 EXIST 刚好相反。格式为:

```
[NOT] EXISTS(subquery)
```

【例 4.53】 查找借阅了 ISBN 为 978-7-111-21382-6 图书的学生姓名。

分析:本查询涉及 xs 和 jy 表,可以在 xs 表中依次取每一行的"借书证号"值,用此值去检查 jy 表。若 jy 表中存在"借书证号"值等于 xs.借书证号的值,并且其 ISBN 等于 978-7-111-21382-6,那么就取该行的 xs.姓名值送入结果表。将此思路表述为 SQL 语句:

```
SELECT 姓名
    FROM xs
    WHERE EXISTS
    (SELECT *
        FROM jy
        WHERE 借书证号=xs.借书证号 AND ISBN='978-7-111-21382-6'
    )
```

本例与前面的子查询例子的不同点是,在前面的例子中,内层查询只处理一次,得到一个结果集,再依次处理外层查询;而本例的内层查询要处理多次,因为内层查询与 xs.借书证号有关,外层查询中 xs 表的不同行有不同的借书证号值。这类子查询称为相关子查询,因为子查询的条件依赖于外层查询中的某些值。其处理过程是:

首先查找外层查询中 xs 表的第 1 行,根据该行的借书证号列值处理内层查询,若结果不为空,则 WHERE 条件就为真,就把该行的姓名值取出作为结果集的一行;然后再找 xs 表的第 2、3……行,重复上述处理过程,直到 xs 表的所有行都查找完为止。

本例中的查询也可以用连接查询来实现:

```
SELECT DISTINCT 姓名
    FROM xs,jy
    WHERE jy.借书证号=xs.借书证号 AND ISBN='978-7-111-21382-6'
```

【例 4.54】 查找借阅了全部图书的学生的姓名。

本例即查找没有一种图书没有借阅的学生,其 SQL 语句为:

```
SELECT 姓名
    FROM xs
    WHERE NOT EXISTS
        (SELECT *
            FROM book
            WHERE NOT EXISTS
                (SELECT *
                    FROM jy
                    WHERE 借书证号=xs.借书证号 AND ISBN=book.ISBN
                )
        )
```

由此,可以得到相关子查询的一般处理过程:首先取外层查询中表的第 1 个记录,根据它与内层查询相关的字段值处理内层查询,若 WHERE 子句返回值为 TRUE,则取此记录放入结果表;然后再取外层查询表的第 2 个记录;重复这一过程,直到外层表记录全部处理完为止。

连接和子查询可能都要涉及两个或多个表,要注意连接与子查询的区别:连接可以合并两个或多个表中数据,而带子查询的 SELECT 语句的结果只能来自一个表,子查询的结果是用来作为选择结果数据时进行参照的。

【例 4.55】 查询至少借阅了借书证号为 1200001 的学生所借阅的全部图书的学生的借书证号。

分析：本查询的含义是，查询借书证号为 x 的学生，对所有的图书 y，只要 1200001 学生借阅了 y，那么 x 也借阅了 y。也就是说，不存在这样的图书 y，学生 1200001 借阅了 y，而 x 没有借阅。SQL 语句如下：

```
SELECT DISTINCT 借书证号
    FROM jy a
    WHERE NOT EXISTS
        (SELECT *
            FROM jy b
            WHERE b.借书证号='1200001' AND NOT EXISTS
                (SELECT *
                    FROM jy c
                    WHERE c.借书证号=a.借书证号 AND c.ISBN=b.ISBN
                )
        )
```

前面提到，子查询除了可用在 SELECT 语句中，还可用在 INSERT、UPDATE 及 DELETE 语句中。例如，删除通信工程专业的所有学生的借阅记录。

```
DELETE FROM jy
    WHERE    '通信工程'=
        (SELECT 专业
            FROM xs
            WHERE xs.借书证号=jy.借书证号
        )
```

4.1.4 SELECT 查询的其他子句

从前面几节的学习中已经了解 SELECT 语句的主要语法和表达查询的方法，本节对 SELECT 查询语句的一些其他子句作简要介绍。

1. FROM 子句

FROM 子句指定用于 SELECT 的查询对象，其格式为：

```
[FROM {<table_source>} [,…n]]
```

其中，<table_source>指出了要查询的表或视图。

```
<table_source>::=
{
    <表名或视图名>[[AS]<表别名>]                    /*查询表或视图,可指定别名*/
    |derived_table [AS] table_alias [(column_alias [,…n])]        /*子查询*/
    |<joined_table>                        /*连接表*/
    |<pivoted_table>                    /*将行转换为列*/
```

```
|<unpivoted_table>                              /*将列转换为行*/
}
```

说明：

（1）AS：AS 选项为表指定别名，可以省略。表别名主要用于相关子查询及连接查询中。

（2）derived_table：derived_table 是由 SELECT 查询语句的执行而返回的表，必须使用为其指定一个别名，也可以为列指定别名。

【例 4.56】 在 xs 表中查找 1996 年 1 月 1 日以前出生的学生的姓名和专业，分别使用别名 stu_name 和 speciality 表示。

```
SELECT m.stu_name,m.speciality
    FROM(SELECT * FROM xs WHERE 出生时间<'19960101')AS m
    (num,stu_name,speciality,sex, birthday,loan,photo)
```

注意： 若要为列指定别名，则必须为所有列指定别名。

（3）joined_table：joined_table 为连接表，已在 4.1.2 节介绍过。

（4）pivoted_table 和 unpivoted_table：<pivoted_table>的格式如下：

```
<pivoted_table>::=
        table_source PIVOT<pivot_clause> [AS]<表别名>
```

其中：

```
<pivot_clause>::=
        (<聚合函数名>(<列名>)FOR pivot_column IN(<column_list>))
```

pivot 子句将表值表达式的某一列中的唯一值转换为输出中的多个列来转换表值表达式，即实现了将行值转化为列，并在必要时对最终输出中所需的任何其余的列值执行聚合。经常用在生成交叉表格报表以汇总数据时。其中，table_source 是输入表或表值表达式。pivot_column 是要转换的列，column_list 列出了 pivot_column 列的值，这些值将成为输出表的列名，可以使用 AS 子句定义这些值的列别名。

【例 4.57】 查找 xs 表中 1996 年 1 月 1 日以前出生的学生的姓名和借书量，并列出其属于计算机专业还是通信工程专业，1 表示是，0 表示否。

```
SELECT 姓名,借书量,计算机,通信工程
    FROM xs
    PIVOT
    (
        COUNT(借书证号)
        FOR 专业
        IN(计算机, 通信工程)
    )AS pvt
    WHERE 出生时间<'1996-01-01'
```

语句执行结果如图 4.31 所示。

	姓名	借书量	计算机	通信工程
1	李红庆	1	0	1
2	李计	1	0	1
3	林一帆	0	1	0
4	刘燕敏	1	0	1
5	马琳琳	1	0	1
6	孙祥欣	0	0	1
7	王林	1	0	0
8	王敏	1	0	1
9	王燕	1	1	0
10	严红	0	1	0

图 4.31 查询结果

<unpivoted_table>格式如下:

```
<unpivoted_table>::=
        table_source UNPIVOT<unpivot_clause><表别名>
```

其中:

```
<unpivot_clause>::=
        (value_column FOR pivot_column IN(<column_list>))
```

<unpivoted_table>的格式与<pivoted_table>的格式相似,不过前者不使用聚合函数。unpivot 将执行与 pivot 几乎完全相反的操作,将列名转换为行值。

【例 4.58】 将 book 表中机械工业出版社出版的图书的复本量和库存量转换为行输出。

```
SELECT ISBN,书名,选项,内容
    FROM book
    UNPIVOT
    (
        内容
        FOR 选项 IN
        (复本量,库存量)
    )unpvt
    WHERE 出版社='机械工业出版社'
```

执行结果如图 4.32 所示。

	ISBN	书名	选项	内容
1	978-7-111-21382-6	Java编程思想	复本量	3
2	978-7-111-21382-6	Java编程思想	库存量	1

图 4.32 查询结果

2. INTO 子句

使用 INTO 子句可以将 SELECT 查询所得的结果保存到一个新建的表中。INTO 子

句的格式为:

```
[INTO<表名>]
```

包含 INTO 子句的 SELECT 语句执行后所创建的表的结构由 SELECT 所选择的列决定,新创建的表中的记录由 SELECT 的查询结果决定,若 SELECT 的查询结果为空,则创建一个只有结构而没有记录的空表。

【例 4.59】 由 xs 表创建"计算机系学生借书证"表,包括借书证号和姓名。

```
SELECT 借书证号,姓名
    INTO 计算机系学生借书证
    FROM xs
    WHERE 专业='计算机'
```

本例所创建的"计算机系学生借书证"表包括两个字段:借书证号、姓名,其数据类型与 xs 表中的同名字段相同。

3. UNION 子句

使用 UNION 子句可以将两个或多个 SELECT 查询的结果合并成一个结果集,其格式为:

```
{<query specification>|(<query expression>)}
    UNION [A LL]<query specification>|(<query expression>)
    [UNION [A LL]<query specification>|(<query expression>)[…n]]
```

其中,query specification 和 query expression 都是 SELECT 查询语句。

使用 UNION 组合两个查询的结果集的基本规则是:

* 所有查询中的列数和列的顺序必须相同。
* 数据类型必须兼容。

关键字 ALL 表示合并的结果中包括所有行,不去除重复行,不使用 ALL 则在合并的结果去除重复行。含有 UNION 的 SELECT 查询也称为联合查询,若不指定 INTO 子句,结果将合并到第一个表中。

【例 4.60】 查询借阅了 ISBN 为 978-7-121-23270-1 或 978-7-111-21382-6 图书的学生的借书证号。

```
SELECT 借书证号
    FROM jy
    WHERE ISBN='978-7-121-23270-1'
UNION
SELECT 借书证号
    FROM jy
    WHERE ISBN='978-7-111-21382-6'
```

UNION 操作常用于归档数据。例如,归档月报表形成年报表,归档各部门数据等。

注意：UNION 还可以与 GROUP BY 及 ORDER BY 一起使用,用来对合并所得的结果表进行分组或排序。

4. EXCEPT 和 INTERSECT

EXCEPT 和 INTERSECT 用于比较两个查询的结果,返回非重复值。语法格式如下:

```
{<query_specification>|(<query_expression>)}
{EXCEPT|INTERSECT}
{<query_specification>|(<query_expression>)}
```

其中,<query specification> 和 <query expression> 都是 SELECT 查询语句。使用 EXCEPT 和 INTERSECT 比较两个查询的规则和 UNION 语句一样。

EXCEPT 从 EXCEPT 关键字左边的查询中返回右边查询没有找到的所有非重复值。 INTERSECT 返回 INTERSECT 关键字左右两边的两个查询都返回的所有非重复值。

EXCEPT 或 INTERSECT 返回的结果集的列名与关键字左侧的查询返回的列名相同。

如果查询中语句包含 ORDER BY 子句,则 ORDER BY 子句中的列名或别名必须引用左侧查询返回的列名。

【例 4.61】 查找专业为"计算机"但性别不为"男"的学生信息。

```
SELECT * FROM xs WHERE 专业='计算机'
EXCEPT
SELECT * FROM xs WHERE 性别=1
```

执行结果如图 4.33 所示。

	借书证号	姓名	性别	出生时间	专业	借书量	照片
1	131103	王燕	0	1995-10-06	计算机	1	NULL
2	131110	张蔚	0	1997-07-22	计算机	0	NULL
3	131111	赵琳	0	1996-03-18	计算机	0	NULL
4	131113	严红	0	1995-08-11	计算机	0	NULL

图 4.33 查询结果

【例 4.62】 查找借书量大于 2 且性别为男性的学生信息。

```
SELECT * FROM xs WHERE 借书量>2
INTERSECT
SELECT * FROM xs WHERE 性别=1
```

5. CTE

在 SELECT 语句的最前面可以使用一条 WITH 子句来指定临时结果集,语法格式如下:

```
[WITH<common_table_expression>[,…n]]
```

其中:

```
<common_table_expression>::=
```

```
expression_name[(column_name [,…n])]
AS(CTE_query_definition)
```

说明：临时命名的结果集也称为公用表值表达式(Common Table Expression,CTE)，CTE 用于存储一个临时的结果集，在 SELECT、INSERT、DELETE、UPDATE 或 CTEATE VIEW 语句中都可以建立一个 CTE。CTE 相当于一个临时表，只不过它的生命周期在该批处理语句执行完后就结束。

expression_name 是 CTE 的名称，column_name 指定查询语句 CTE_query_definition 返回的数据字段名称，其个数要和 CTE_query_definition 返回的字段个数相同，若不定义则直接命名为查询语法的数据集合字段名称为返回数据的字段名称。CTE 下方的 SELECT 语句可以直接查询 CTE 中的数据。不能在 CTE_query_definition 中使用 ORDER BY 和 INTO 子句。

不允许在一个 CTE 中指定多个 WITH 子句。例如，如果 CTE_query_definition 包含一个子查询，则该子查询不能包括定义另一个 CTE 的嵌套的 WITH 子句。如果将 CTE 用在属于批处理的一部分的语句中，那么在它之前的语句必须以分号结尾。

【例 4.63】 使用 CTE 从 jy 表中查询借阅了 978-7-111-21382-6 书的学生的借书证号和索书号，并定义新的列名为 number、B_number。再使用 SELECT 语句从 CTE 和 xs 表中查询姓名为"韦严平"的借书证号和索书号。

```
WITH cte_stu(number,B_number)
AS(SELECT 借书证号,索书号 FROM jy WHERE ISBN='978-7-111-21382-6')
SELECT number, B_number
    FROM cte_stu, xs
    WHERE   xs.姓名='韦严平'
        AND xs.借书证号=cte_stu.number
```

执行结果如图 4.34 所示。

当在 CTE 中查询语句引用了 CTE 自身的名称时，就形成了递归的 CTE。递归 CTE 定义至少必须包含两个 CTE 查询定义，一个定位点成员和一个递归成员。定位点成员是指不引用 CTE 名称的成员，递

	number	B_number
1	131104	1800002

图 4.34　查询结果

归成员是指在查询中使用了 CTE 自己名称的成员。可以定义多个定位点成员和递归成员，但必须将所有定位点成员查询定义置于第一个递归成员定义之前。

定位点成员必须与 UNION ALL、INTERSECT 或 EXCEPT 结合使用。在最后一个定位点成员和第一个递归成员之间，以及组合多个递归成员时，只能使用 UNION ALL 运算符。递归 CTE 中所有成员的数据字段必须要完全一致。递归成员的 FROM 子句只能引用一次递归 CTE 的名称。在递归成员的 CTE_query_definition 中，不允许出现下列项：

- SELECT DISTINCT。
- GROUP BY。
- HAVING。
- 标量聚合。
- TOP。

- LEFT、RIGHT、OUTER JOIN（允许出现 INNER JOIN）。
- 子查询。
- 应用于对 CTE_query_definition 中 CTE 的递归引用的提示。

【例 4.64】　计算数字 1～10 的阶乘。

```
WITH  MyCTE(n,njc)
    AS  (
            SELECT n=1, njc=1
            UNION ALL
            SELECT n=n+1, njc=njc * (n+1)
                FROM MyCTE
                WHERE n<10
        )
SELECT n, njc FROM MyCTE
```

执行结果如图 4.35 所示。

	n	njc
1	1	1
2	2	2
3	3	6
4	4	24
5	5	120
6	6	720
7	7	5040
8	8	40320
9	9	362880
10	10	3628800

图 4.35　查询结果

注意：在递归 CTE 的成员中使用的字段要与 CTE 定义的字段名称一致。

4.2　视图

前面已经提到过视图（View），本节专门讨论视图的概念、定义和操作。

视图是从一个或多个表（或视图）导出的表。视图是数据库系统提供给用户以多种角度观察数据库中数据的重要机制。例如，对于一个学校，其学生的信息存于数据库的一个或多个表中，而作为学校的不同职能部门，所关心的学生数据的内容是不同的。即使是同样的数据，也可能有不同的操作要求。于是，可以根据他们的不同需求，在数据库上定义他们对数据库所要求的数据结构，这种根据用户观点所定义的数据结构就是视图。

视图与表（有时为与视图相区别，也称表为基本表）不同，它是一个虚表，数据库中只存储视图的定义，而不存放视图对应的数据，这些数据仍然存放在原来的基本表中。对视图的数据进行操作时，系统根据视图的定义去操作与视图相关联的基本表。因此，如果基本表中的数据发生变化，那么从视图查询的数据也随之发生变化。从这个意义上说，视图就像一个窗口，透过它可以看到数据库中自己感兴趣的数据及其变化。

视图一经定义以后，就可以像表一样被查询、修改、删除和更新。使用视图有下列优点：

（1）为用户集中数据,简化用户的数据查询和处理。有时用户所需要的数据分散在多个表中,定义视图可以将它们集中在一起,从而方便用户的数据查询和处理。

（2）屏蔽数据库的复杂性。用户不必了解复杂的数据库中的表结构,并且数据库表的更改也不影响用户对数据库的使用。

（3）简化用户权限的管理。只需授予用户使用视图的权限,而不必指定用户只能使用表的特定列,也增加了安全性。

（4）便于数据共享。各用户不必都定义和存储自己所需的数据,可以共享数据库的数据,这样同样的数据只需存储一次。

可以重新组织数据以便输出到其他应用程序中。

使用视图时,要注意下列事项:

（1）只有在当前数据库中才能创建视图。视图的命名必须遵循标识符命名规则,不能与表同名,而且对每个用户视图命名必须是唯一的,即对不同用户,即使是定义相同的视图,也必须使用不同的名字。

（2）不能把规则、默认值或触发器与视图相关联。

（3）不能在视图上建立任何索引,包括全文索引。

4.2.1　创建视图

视图在数据库中是作为一个对象来存储的。创建视图前,要保证创建视图的用户已被数据库所有者授权可以使用 CREATE VIEW 语句,并且有权操作视图所涉及的表或其他视图。

在 SQL Server 2012 中,创建视图可以使用界面方式创建,也可以使用 T-SQL 的 CREATE VIEW 语句。

1. 在对象资源管理器中创建视图

下面以在 xsbook 数据库中创建 cs_xs(描述计算机专业学生信息)视图说明在创建视图的过程。

（1）启动 SQL Server Management Studio,在"对象资源管理器"中展开"数据库",选择数据库 xsbook 中的"视图"项,右击,在弹出的快捷菜单上选择"新建视图"菜单项。

（2）在随后出现的添加表窗口中,添加所需要关联的基本表、视图、函数和同义词。这里只使用表选项卡,选择表 xs,如图 4.36 所示,单击"添加"按钮。如果还需要添加其他表,则可以继续选择添加基本表,如果不再需要添加,可以单击"关闭"按钮关闭该窗口。

（3）基本表添加完后,在视图窗口的关系图窗口显示了基本表的全部列信息,如图 4.37 所示。根据需要在窗口中选择创建视图所需的字段,可以在子窗口中的"列"一栏指定与视图关联的列,在"排序类型"一栏指定列的排序方式,在"筛选器"一栏指定创建视图的规则(本例在"专业"字段的"筛选器"栏中填写"计算机")。

这一步选择的字段、规则等所对应的 SELECT 语句将会自动显示在窗口底部中。

当视图中需要一个与原字段名不同的字段名,或者视图的源表中有同名的字段,或者视图中包含计算列时,需要为视图中的这样的列重新指定名称,这时可以在"别名"一栏中指定。

（4）上一步完成后,单击面板上的保存按钮,出现保存视图对话框,在其中输入视图名

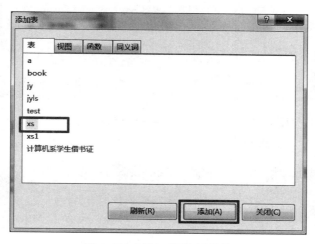

图 4.36 "添加表"快捷菜单

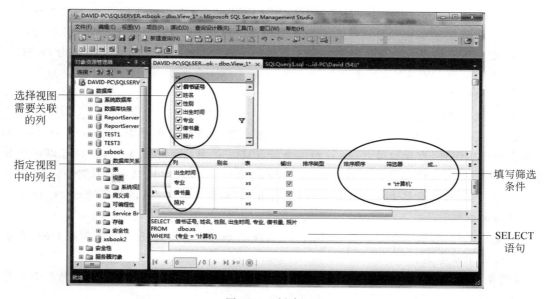

图 4.37 创建视图

cs_xs,并单击"确定"按钮,便完成了视图的创建。

视图创建成功后即包含了所选择的列数据。例如,若创建了 cs_xs 视图,则可查看其结构及内容。

查看的方法是:启动 SQL Server Management Studio,在"对象资源管理器"中展开"数据库",在 xsbook 中选择"视图",选择 dbo.cs_xs 选项,右击,在弹出的快捷菜单中选择"设计"菜单项,可以查看并可修改视图结构,选择"编辑前 200 行"菜单项,将可查看视图数据内容。

2. 使用 CREATE VIEW 语句创建视图

T-SQL 中用于创建视图的语句是 CREATE VIEW 语句。例如,用该语句创建视图 cs_xs,其表示形式为:

```
CREATE VIEW cs_xs
AS
    SELECT *
        FROM xs
        WHERE 专业='计算机'
```

注意：CREATE VIEW 必须是批命令的第一条语句。

CREATE VIEW 的语法格式为：

```
CREATE VIEW [<数据库架构名>.]<视图名>[(<列名>[,…n])]
    AS select_statement
    [WITH CHECK OPTION]
```

说明：

（1）＜列名＞：若使用与源表或视图中相同的列名时，则不必给出 column_name。

（2）select_statement：用来创建视图的 SELECT 语句，可在 SELECT 语句中查询多个表或视图，以表明新创建的视图所参照的表或视图。但对 SELECT 语句有以下的限制：

- 定义视图的用户必须对所参照的表或视图有查询（即可执行 SELECT 语句）权限。
- 不能使用 ORDER BY 子句。
- 不能使用 INTO 子句。
- 不能在临时表或表变量上创建视图。

（3）WITH CHECK OPTION：指出在视图上进行的修改都要符合 select_statement 所指定的限制条件，即保证修改、插入和删除的行满足视图定义中的条件，这样可以确保数据修改后，仍可通过视图看到修改的数据。例如，对于 cs_xs 视图，只能修改除"专业"字段以外的字段值，而不能把专业字段的值改为"计算机"以外的值，以保证仍可通过 cs_xs 查询到修改后的数据。

创建视图时，源表可以是一个基本表，例如视图 cs_xs 是定义在一个基本表上的；源表也可以是多个基本表。

【例 4.65】 创建 cs_jy 视图，包括计算机专业各学生的借书证号、其借阅图书的索书号及借书时间。要保证对该视图的修改都要符合专业为计算机这个条件。

```
CREATE VIEW cs_jy
AS
    SELECT xs.借书证号, 索书号, 借书时间
        FROM xs, jy
        WHERE xs.借书证号=jy.借书证号 AND 专业='计算机'
    WITH CHECK OPTION
```

视图 cs_jy 的属性列包括了 xs 表的借书证号、jy 表的索书号和借书时间。

由于在定义 cs_jy 视图时加上了 WITH CHECK OPTION 子句，所以以后对该视图进行插入、修改和删除操作时，都会自动加上专业"=计算机"的条件。

视图不仅可以建立在一个或多个基本表上，也可以建立在一个或多个以创建的视图上。

【例 4.66】　创建计算机专业学生在 2014 年 4 月 30 日以前的借书情况视图 cs_jy_430。

```
CREATE VIEW cs_jy_430
    AS
    SELECT 借书证号,索书号,借书时间
        FROM cs_jy
        WHERE 借书时间<'20140430'
```

这里的视图 cs_jy_430 就是建立在视图 cs_jy 之上的。

定义基本表时,为了减少数据冗余,表中只存放基本数据,而由基本数据经过各种计算派生出的数据一般是不存储的。由于视图中并不存储数据,所以在定义视图时,可根据应用的需要,设置一些派生的列。

【例 4.67】　定义一个反映图书借出量的视图。

```
CREATE VIEW LENDNUM(ISBN,num)
    AS
    SELECT ISBN,复本量-库存量
        FROM book
```

说明:LENDNUM 视图是一个带表达式的视图,其中的借出量 num 是通过计算得到的。

还可以用带有聚合函数和 GROUP BY 子句的查询来定义视图。

【例 4.68】　定义学生所借图书总价值的视图。

```
CREATE VIEW TOTPRICE(借书证号,PRICE)
    AS
    SELECT jy.借书证号,SUM(价格)
        FROM xs,jy,book
        WHERE xs.借书证号=jy.借书证号 AND jy.ISBN=book.ISBN
        GROUP BY jy.借书证号
```

4.2.2　查询视图

视图定义后,就可以如同查询基本表那样对视图进行查询。

执行对视图的查询时,首先进行有效性检查,检查查询的表、视图是否存在。如果存在,那么从系统表中取出视图的定义,把定义中的子查询和用户的查询结合起来,转换成等价的对基本表的查询,然后再执行转换以后的查询。

【例 4.69】　查找计算机专业在 1996 年 1 月 1 日以后出生的学生情况。

本例对 cs_xs 视图进行查询:

```
SELECT *
    FROM cs_xs
    WHERE 出生时间>'19960101'
```

【例 4.70】 查找在 2014 年 3 月 11 日借了书的学生的借书证号和索书号。

本例对 cs_jy 视图进行查询：

```
SELECT 借书证号, 索书号
    FROM cs_jy
    WHERE 借书时间='20140311'
```

【例 4.71】 查找在 2014 年 4 月 30 日以前借了书的学生的借书证号和索书号。

本例对 cs_jy_430 视图进行查询：

```
SELECT 借书证号, 索书号
    FROM cs_jy_430
```

【例 4.72】 查找被借出数在三本及以上的图书的 ISBN 和借出数。

本例对 LENDNUM 视图进行查询：

```
SELECT *
    FROM LENDNUM
    WHERE num>=3
```

【例 4.73】 查找所借图书价值在 100 元以上的学生的借书证号和所借图书价值。

本例对 TOTPRICE 视图进行查询：

```
SELECT *
    FROM TOTPRICE
    WHERE PRICE>100
```

从以上的例子可以看出，创建视图可以向最终用户隐藏复杂的表连接，简化了用户的 SQL 程序设计。视图还可以通过在创建视图时指定限制条件和指定列，限制用户对基本表的访问。例如，若限定某用户只能查询视图 cs_xs，实际上就是限制了他只能访问 xs 表的专业字段值为"计算机"的行；在创建视图时可以指定列，实际上也就是限制了用户只能访问这些列，从而视图也可看作数据库的安全设施。

使用视图查询时，若其关联的基本表中添加了新字段，则必须重新创建视图才能查询到新字段。例如，若 xs 表新增了"籍贯"字段，那么在其上创建的视图 cs_xs 若不重建视图，那么以下查询：

```
SELECT *  FROM cs_xs
```

结果将不包含"籍贯"字段。只有重建 cs_xs 视图后再对它进行查询，结果才会包含"籍贯"字段。

如果与视图相关联的表或视图被删除，则该视图将不能再使用。

4.2.3　更新视图

更新视图是指通过视图来插入、删除和修改数据。由于视图是不实际存储数据的虚表，因此对视图的更新最终要转换为对基本表的更新。

为了防止用户通过视图对数据进行增加、删除或修改，对不属于视图范围内的基本表数据进行操作，可以在定义视图时加上 WITH CHECK OPTION 子句。这样，在视图上进行增加、删除或修改操作时，系统就会检查视图定义中的条件，若不满足条件，则拒绝执行。

通过更新视图（包括插入、修改和删除）数据可以修改基本表数据。但是，并不是所有的视图都可以更新，只有对满足可更新条件的视图，才能进行更新。

要通过视图更新基本表数据，就必须保证视图是可更新视图。一个可更新视图可以是以下情形之一：

（1）创建视图的 SELECT 语句中没有聚合函数，而且没有 TOP、GROUP BY、UNION 子句及 DISTINCT 关键字。

（2）创建视图的 SELECT 语句中不包含从基本表列通过计算所得的列。

（3）创建视图的 SELECT 语句的 FROM 子句中至少要包含一个基本表。

（4）通过 INSTEAD OF 触发器创建的可更新视图。

例如，前面创建的视图 cs_xs、cs_jy、cs_jy_430 是可更新视图，而 LENDNUM、TOTPRICE 是不可更新的视图。

对视图进行更新操作时，要注意基本表对数据的各种约束和规则要求。

1. 插入数据

使用 INSERT 语句通过视图向基本表插入数据。

【例 4.74】　向计算机专业学生视图 cs_xs 中插入一个新的学生记录，借书证号为 131180，姓名为赵红平，性别为男，出生时间为 1996-04-29。

```
INSERT INTO cs_xs(借书证号,姓名,性别,出生时间, 专业,借书量)
    VALUES('131180','赵红平', 0,'1996-4-29', '计算机',0)
```

使用 SELECT 语句查询 cs_xs 依据的基本表 xs：

```
SELECT * FROM xs
```

将会看到该表已经添加了"'131180','赵红平', 0,'1996-4-29','计算机',0,NULL"行。

当视图所依赖的基本表有多个时，不能向该视图插入数据。

向可更新的分区视图中插入数据时，系统会按照插入记录的键值所属的范围，将数据插入其键值所属的基本表中。

2. 修改数据

使用 UPDATE 语句可以通过视图修改基本表的数据，有关 UPDATE 语句介绍见第 3 章。

【例 4.75】　将计算机专业学生视图 cs_xs 中借书证号为 131180 的学生姓名改为"李军"。

```
UPDATE cs_xs
    SET 姓名='李军'
    WHERE 借书证号='131180'
```

注意：若一个视图依赖于多个基本表，则一次修改该视图只能变动一个基本表的数据。

3. 删除数据

使用 DELETE 语句可以通过视图删除基本表的数据。但要注意，对于依赖于多个基本表的视图(不包括分区视图)，不能使用 DELETE 语句。例如，不能通过对 cs_jy 视图执行 DELETE 语句而删除与之相关的基本表 xs 及 jy 表的数据。

【例 4.76】 删除计算机专业学生视图 cs_xs 中借书证号为 131180 的记录。

```
DELETE FROM cs_xs
    WHERE 借书证号='131180'
```

对视图的更新操作也可以通过企业管理器的界面进行，操作方法与对表数据的插入、修改和删除的界面操作方法基本相同，此处不再赘述。

4.2.4 修改视图的定义

修改视图定义可以通过 SQL Server Management Studio 中的图形向导方式进行，也可以使用 T-SQL 的 ALTER VIEW 命令。

1. 通过对象资源管理器修改视图

启动 SQL Server Management Studio，在"对象资源管理器"中展开"数据库"中的 xsbook，在"视图"中选择 dbo. cs_xs 选项，右击，在弹出的快捷菜单中选择"设计"菜单项，进入视图修改窗口。在该窗口与创建视图的窗口类似，其中可以查看并可修改视图结构，修改完单击保存图标按钮即可。

2. 使用 ALTER VIEW 语句修改视图

ALTER VIEW 语句的语法格式为：

```
ALTER VIEW [<数据库架构名>.]<视图名>[(<列名>[,…n])]
    AS select_statement
    [WITH CHECK OPTION]
```

【例 4.77】 将 cs_xs 视图修改为只包含计算机专业学生的借书证号、姓名和借书量。

```
ALTER VIEW cs_xs
AS
    SELECT 借书证号, 姓名, 借书量
        FROM xs
        WHERE 专业='计算机'
```

注意：和 CREATE VIEW 一样，ALTER VIEW 也必须是批命令中的第一条语句。

【例 4.78】 修改视图 cs_jy 中包含的列名：借书证号、姓名、索书号和借书时间。

```
ALTER VIEW cs_jy
    AS
    SELECT xs.借书证号, xs.姓名, 索书号, 借书时间
        FROM xs,jy
```

```
           WHERE xs.借书证号=jy.借书证号 AND 专业='计算机'
WITH CHECK OPTION
```

4.2.5　删除视图

删除视图同样也可以通过"对象资源管理器"中的图形向导方式和 T-SQL 语句两种方式来实现。

1. 通过对象资源管理器删除视图

在"对象资源管理器"中删除视图的操作方法是：

在"视图"目录下选择需要删除的视图，右击，在弹出的快捷菜单上选择"删除"菜单项，出现删除对话框，单击"确定"按钮，即删除了指定的视图。

2. 使用 DROP VIEW 语句删除视图

语法格式：

```
DROP VIEW [<数据库架构名>.]<视图名>[,…n] [;]
```

使用 DROP VIEW 可删除一个或多个视图。例如：

```
DROP VIEW cs_xs, cs_jy
```

将删除视图 cs_xs 和 cs_jy。

4.3　游标

4.3.1　游标概念

一个对表进行操作的 T-SQL 语句通常都可以产生或处理一组记录，但是许多应用程序，尤其是 T-SQL 嵌入到的主语言（如 C、VB、PowerBuilder 或其他开发工具）通常不能把整个结果集作为一个单元来处理，这些应用程序就需要一种机制来保证每次处理结果集中的一行或几行，游标（cursor）就提供了这种机制。

SQL Server 通过游标提供了对一个结果集进行逐行处理的能力，游标可以看作一种特殊的指针，它与某个查询结果相联系，可以指向结果集的任意位置，以便对指定位置的数据进行处理。使用游标可以在查询数据的同时对数据进行处理。

SQL Server 对游标的使用要遵循"声明游标→打开游标→读取数据→关闭游标→删除游标"的步骤。

4.3.2　声明游标

T-SQL 中声明游标使用 DECLARE CURSOR 语句，该语句有两种格式，分别支持 SQL-92 标准和 T-SQL 扩展的游标声明。

1. SQL 标准语法

在 SQL 标准中，声明游标的语句格式为：

```
DECLARE<游标名>[INSENSITIVE] [SCROLL] CURSOR
    FOR select_statement
    [FOR {READ ONLY|UPDATE [OF<列名>[,…n]]}]
```

说明：

（1）游标名：与某个查询结果集相联系的符号名，要符合 SQL Server 标识符命名规则。

（2）INSENSITIVE：指定系统将创建供所定义的游标使用的数据临时复本，对游标的所有请求都从 tempdb 中的该临时表中得到应答。因此，在对该游标进行提取操作时返回的数据中不反映对基本表所进行的修改，并且该游标不允许修改。如果省略 INSENSITIVE，则任何用户对基本表提交的删除和更新都反映在后面的提取中。

（3）SCROLL：说明所声明的游标可以前滚、后滚，可以使用所有的提取选项（FIRST、LAST、PRIOR、NEXT、RELATIVE 或 ABSOLUTE）。如果省略 SCROLL，则只能使用 NEXT 提取选项。

（4）select_statement：SELECT 语句，由该查询产生与所声明的游标相关联的结果集。

（5）READ ONLY：说明所声明的游标为只读的。UPDATE 指定游标中可以更新的列，若有参数 OF ＜列名＞[,…n]，则只能修改给出的这些列，若在 UPDATE 中未指出列，则可以修改所有列。

以下是一个符合 SQL 标准的游标声明：

```
DECLARE xs_CUR1 CURSOR
FOR
    SELECT 借书证号,姓名,性别,出生时间,借书量
        FROM xs
        WHERE 专业='计算机'
    FOR READ ONLY
```

语句定义的游标与单个表的查询结果集相关联，是只读的，游标只能从头到尾顺序提取数据，相当于下面所讲的只进游标。

2. T-SQL 扩展

T-SQL 扩展的游标声明语句格式为：

```
DECLARE<游标名>CURSOR
[LOCAL|GLOBAL]                               /* 游标作用域 */
[FORWORD_ONLY|SCROLL]                        /* 游标移动方向 */
[STATIC|KEYSET|DYNAMIC|FAST_FORWARD]         /* 游标类型 */
[READ_ONLY|SCROLL_LOCKS|OPTIMISTIC]          /* 访问属性 */
[TYPE_WARNING]                               /* 类型转换警告信息 */
FOR select_statement                         /* SELECT 查询语句 */
[FOR UPDATE [OF<列名>[,…n]]]                  /* 可修改的列 */
```

说明：

（1）LOCAL 与 GLOBAL：说明游标的作用域。LOCAL 说明所声明的游标是局部游

标,其作用域为创建它的批处理、存储过程或触发器,该游标名称仅在这个作用域内有效。在批处理、存储过程、触发器或存储过程 OUTPUT 参数中,该游标可由局部游标变量引用。当批处理、存储过程、触发器终止时,该游标就自动释放。但是如果 OUTPUT 参数将游标传递回来,则游标仍可引用。GLOBAL 说明所声明的游标是全局游标,它在由连接执行的任何存储过程或批处理中都可以使用,在连接释放时游标自动释放。若两者均未指定,则默认值由 default to local cursor 数据库选项的设置控制。

(2) FORWARD_ONLY 和 SCROLL:说明游标的移动方向。FORWARD_ONLY 表示游标只能从第一行滚动到最后一行,即该游标只能支持 FETCH 的 NEXT 提取选项。SCROLL 含义与 SQL-92 标准中相同。

(3) STATIC|KEYSET|DYNAMIC|FAST_FORWARD:用于定义游标的类型,T-SQL 扩展游标有以下 4 种类型。

① 静态游标。关键字 STATIC 指定游标为静态游标,它与 SQL-92 标准的 INSENSITIVE 关键字功能相同。静态游标的完整结果集在游标打开时建立在 tempdb 中,一旦打开就不再变化。数据库中所做的任何影响结果集成员的更改(包括增加、修改或删除数据)都不会反映到游标中,新的数据值不会显示在静态游标中。静态游标只能是只读的。由于静态游标的结果集存储在 tempdb 的工作表中,所以结果集中的行大小不能超过 SQL Server 表的最大行大小。有时也将这类游标识别为快照游标,它完全不受其他用户行为的影响。

② 动态游标。关键字 DYNAMIC 指定游标为动态游标。与静态游标不同,动态游标能够反映对结果集中所做的更改。结果集中的行数据值、顺序和成员在每次提取时都会改变,所有用户做的全部 UPDATE、INSERT 和 DELETE 语句均通过游标反映出来,并且如果使用 API 函数(如 SQLSetPos)或 Transact-SQL WHERE CURRENT OF 子句通过游标进行更新,则它们也立即在游标中反映出来,而在游标外部所做的更新直到提交时才可见。动态游标不支持 ABSOLUTE 提取选项。

③ 只进游标。关键字 FAST_FORWARD 定义一个快速只进游标,它是优化的只进游标。只进游标只支持游标从头到尾顺序提取数据。对所有由当前用户发出或由其他用户提交并影响结果集中的行的 INSERT、UPDATE 和 DELETE 语句,对数据的修改在从游标中提取时可立即反映出来。但因只进游标不能向后滚动,所以在行提取后对行所做的更改对游标是不可见的。

④ 键集驱动游标。关键字 KEYSET 定义一个键集驱动游标。顾名思义,这种游标是由称为键的列或列的组合控制的。打开键集驱动游标时,其中的成员和行顺序是固定的。键集驱动游标中数据行的键值在游标打开时建立在 tempdb 中。可以通过键集驱动游标修改基本表中的非关键字列的值,但不可插入数据。

游标类型与移动方向之间的关系:

- FAST_FORWARD 不能与 SCROLL 一起使用,且 FAST_FORWARD 与 FORWARD_ONLY 只能选用一个。
- 若指定了移动方向为 FORWARD_ONLY,而没有用 STATIC、KETSET 或 DYNAMIC 关键字指定游标类型,则默认所定义的游标为动态游标。
- 若移动方向 FORWARD_ONLY 和 SCROLL 都没有指定,那么移动方向关键字的默认值由以下条件决定：若指定了游标类型为 STATIC、KEYSET 或 DYNAMIC，则移动方向默认为 SCROLL；若没有用 STATIC、KETSET 或 DYNAMIC 关键字指定游标类型，则移动方向默认值为 FORWARD_ONLY。

(4) READ_ONLY | SCROLL_LOCKS | OPTIMISTIC：说明游标或基本表的访问属性。READ_ONLY 说明所声明的游标为只读的，不能通过该游标更新数据。SCROLL_LOCKS 关键字说明通过游标完成的定位更新或定位删除可以成功。如果声明中已指定了关键字 FAST_FORWARD，则不能指定 SCROLL_LOCKS。OPTIMISTIC 关键字说明如果行自从被读入游标以来已得到更新，则通过游标进行的定位更新或定位删除不成功。如果声明中已指定了关键字 FAST_FORWARD，则不能指定 OPTIMISTIC。

(5) TYPE_WARNING：指定如果游标从所请求的类型隐性转换为另一种类型，则给客户端发送警告消息。

(6) select_statement：SELECT 查询语句，由该查询产生与所声明的游标相关联的结果集。

(7) FOR UPDATE：指出游标中可以更新的列，若有参数 OF ＜列名＞ ［,…n］，则只能修改给出的这些列，若在 UPDATE 中未指出列，则可以修改所有列。

以下是一个 T-SQL 扩展游标声明：

```
DECLARE xs_CUR2 CURSOR
    DYNAMIC
    FOR
    SELECT 借书证号,姓名,借书量
        FROM xs
        WHERE 专业='计算机'
    FOR UPDATE OF 姓名
```

语句声明一个名为 xs_CUR2 的动态游标，可前后滚动，可对姓名列进行修改。

4.3.3　打开游标

声明游标后，要使用游标从中提取数据，就必须首先打开游标。在 T-SQL 中，使用 OPEN 语句打开游标，其格式为：

```
OPEN {{ [GLOBAL]<游标名>}|<游标变量名>}
```

GLOBAL 说明打开的是全局游标，否则打开局部游标。

OPEN 语句打开游标后，再通过执行在 DECLARE CURSOR(或 SET cursor_variable)语句中指定的 T-SQL 语句填充游标(即生成与游标相关联的结果集)。

例如，语句：

```
OPEN xs_CUR1
```

打开游标 xs_CUR1。该游标被打开后，就可以提取其中的数据。

如果所打开的是静态游标(使用 INSENSITIVE 或 STATIC 关键字)，那么 OPEN 将创建一个临时表以保存结果集。如果所打开的是键集驱动游标（使用 KEYSET 关键字），那么 OPEN 将创建一个临时表以保存键集。临时表都存储在 tempdb 中。

打开游标后，可以使用全局变量@@CURSOR_ROWS 查看游标中数据行的数目。全局变量@@CURSOR_ROWS 中保存着最后打开的游标中的数据行数。当其值为 0 时，表示没有游标打开；当其值为−1 时，表示游标为动态的；当其值为−m（m 为正整数）时，游标采用异步方式填充，m 为当前键集中已填充的行数；当其值为 m（m 为正整数）时，游标已被完全填充，m 是游标中的数据行数。

【例 4.79】 定义游标 xs_CUR3，然后打开该游标，输出其行数。

```
DECLARE xs_CUR3 CURSOR
LOCAL SCROLL SCROLL_LOCKS
FOR
SELECT 借书证号,姓名,借书量
        FROM xs
FOR UPDATE OF 姓名
OPEN xs_CUR3
SELECT '游标 xs_CUR3 数据行数'=@@CURSOR_ROWS
```

语句的执行结果如图 4.38 所示。

说明：本例中的语句 SELECT '游标 xs_CUR3 数据行数'=@@ CURSOR_ROWS 用于为变量赋值。

图 4.38 查询结果

4.3.4 读取数据

游标打开后，就可以使用 FETCH 语句从中读取数据。FETCH 语句的格式为：

```
FETCH[[NEXT|PRIOR|FIRST|LAST|ABSOLUTE {n|@nvar}|RELATIVE {n|@nvar}]
    FROM]
{{[GLOBAL] cursor_name}|@cursor_variable_name}
[INTO @variable_name [,…n]]
```

说明：

（1）cursor_name：要从中提取数据的游标名，@cursor_variable_name 游标变量名，引用要进行提取操作的已打开的游标。

（2）NEXT|PRIOR|FIRST|LAST：用于说明读取数据的位置。NEXT 说明读取当前行的下一行，并且使其置为当前行。如果 FETCH NEXT 是对游标的第一次提取操作，则读取的是结果集第一行。NEXT 为默认的游标提取选项。PRIOR 说明读取当前行的前一行，并且使其置为当前行。如果 FETCH PRIOR 是对游标的第一次提取操作，则无值返回且游标置于第一行之前。FIRST 读取游标中的第一行并将其作为当前行。LAST 读取游标中的最后一行并将其作为当前行。FIRST 和 LAST 不能在只进游标中使用。

（3）ABSOLUTE { n|@nvar }和 RALATIVE { n|@nvar }：给出读取数据的位置与游标头或当前位置的关系，其中 n 必须为整型常量，变量@nvar 必须为 smallint、tinyint 或 int 类型。

- ABSOLUTE｛n|@nvar｝：若 n 或@nvar 为正数，则读取从游标头开始的第 n 行并将读取的行变成新的当前行；若 n 或@nvar 为负数，则读取游标尾之前的第 n 行并将读取的行变成新的当前行；若 n 或@nvar 为 0，则没有行返回。
- RALATIVE｛n|@nvar｝：若 n 或@nvar 为正数，则读取当前行之后的第 n 行并将读取的行设置新的当前行；若 n 或@nvar 为负数，则读取当前行之前的第 n 行并将读取的行变成新的当前行；如果 n 或@nvar 为 0，则读取当前行。如果对游标的第一次提取操作时将 FETCH RELATIVE 中的 n 或@nvar 指定为负数或 0，则没有行返回。

（4）INTO：说明将读取的游标数据存放到指定的变量中。

（5）GLOBAL：全局游标。

【例 4.80】 从游标 xs_CUR1 中提取数据。

```
OPEN xs_CUR1
FETCH NEXT FROM xs_CUR1
```

语句的执行结果如图 4.39 所示。

说明：由于 xs_CUR1 是只进游标，所以只能使用 NEXT 提取数据。

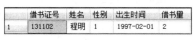

图 4.39　执行结果

【例 4.81】 从游标 xs_CUR2 中提取数据。

```
OPEN xs_CUR2
FETCH FIRST FROM xs_CUR2
```

即读取游标第一行（当前行为第一行），结果如图 4.40 所示。

```
FETCH NEXT FROM xs_CUR2
```

即读取下一行（当前行为第二行），结果如图 4.41 所示。

```
FETCH PRIOR FROM xs_CUR2
```

即读取上一行（当前行为第一行），结果如图 4.42 所示。

```
FETCH LAST FROM xs_CUR2
```

即读取最后一行（当前行为最后一行）。

```
FETCH RELATIVE -2 FROM xs_CUR2
```

即读取当前行的上二行（当前行为倒数第一行）。

图 4.40　执行结果一　　　图 4.41　执行结果二　　　图 4.42　执行结果三

分析: xs_CUR2 是动态游标,可以前滚、后滚,可以使用 FETCH 语句中的除 ABSOLUTE 以外的提取选项。

FETCH 语句的执行状态保存在全局变量@@FETCH_STATUS 中,其值为 0 表示上一个 FETCH 执行成功;为−1 表示所要读取的行不在结果集中;为−2 表示被提取的行已不存在,即已被删除。

例如,继续执行如下语句:

```
FETCH RELATIVE 3 FROM xs_CUR2
SELECT 'FETCH 执行情况'=@@FETCH_STATUS
```

执行结果为−1。

4.3.5 关闭游标

游标使用完以后要及时关闭。关闭游标使用 CLOSE 语句,格式为:

```
CLOSE {{[GLOBAL]<游标名>}|@<游标变量名>}
```

例如:

```
CLOSE xs_CUR2
```

将关闭游标 xs_CUR2。

4.3.6 删除游标

游标关闭后,其定义仍在,需要时可用 OPEN 语句打开它再使用。若确认游标不再需要,就要释放其定义占用的系统空间,即删除游标。删除游标使用 DEALLOCATE 语句,格式为:

```
DEALLOCATE {{[GLOBAL]<游标名>}|@<游标变量名>e}
```

例如:

```
DEALLOCATE xs_CUR2
```

将删除游标 xs_CUR2。

习题

一、选择题

1. SELECT 不能实现( )。

    A. 获得多个关联表中符合条件的记录

    B. 统计汇总表中符合条件的记录

    C. 输出列包含表达式

    D. 将符合条件的记录构建成新表

2. SELECT 不能实现( )。

    A. 排除部分列　　　　　　　　　　　　B. 输出符合条件的部分行

    C. 对查询结果进行分类　　　　　　　　D. 不要出现重复行

3. SELECT 查询结果顺序不可以是( )。

    A. 主键值顺序　　　　　　　　　　　　B. ORDER 控制

    C. 物理记录顺序　　　　　　　　　　　D. 随机顺序

4. SELECT 查询条件可以用( )控制。

    A. WHERE　　　　B. HAVING　　　　C. 无条件　　　　D. A、B 和 C

5. 多表查询可通过( )。

    A. FROM 包含多表　　　　　　　　　　B. 子查询

    C. UNION　　　　　　　　　　　　　　D. A、B 和 C

6. 下列说法错误的是( )。

    A. 界面创建的视图不能通过命令修改

    B. 能够完全像操作表一样操作视图

    C. 视图中是定义而无数据

    D. 删除视图不会影响原表数据

7. 视图不能实现( )的功能。

    A. 控制操作表的列和记录　　　　　　　B. 把常用多表查询变成对简单操作

    C. 更新原表内容　　　　　　　　　　　D. 修改原表结构

8. 关于游标的功能说法错误的是( )

    A. 游标命令不需要组合使用　　　　　　B. 应用程序通过游标可以处理部分结果

    C. 游标内容不通过变量也可使用　　　　D. 可以把查询结果存放其中

二、操作题

产品销售数据库 cpxs 包含的表如下。

产品表(cpb)：产品编号，产品名称，价格，库存量。

销售商表(xsb)：客户编号，客户名称，地区，负责人，电话。

产品销售表(cpxsb)：销售日期，产品编号，客户编号，数量，销售额。

写出 SQL 语句，对产品销售数据库进行如下操作：

(1) 查找价格在 2000～2900 元之间的商品名。

(2) 计算所有商品的总价格。

(3) 在产品销售数据库上创建冰箱产品表的视图 bxcp。

(4) 在 bxcp 视图上查询库存量在 100 台以下的产品编号。

三、简答题

1. 试说明 SELECT 语句的 FROM、WHERE、GROUP 及 ORDER 子句的作用。

2. 能够在 WHERE 中使用的运算符有哪些？各运算符的功能是什么？

3. 使用 EXISTS 关键字引入的子查询与使用 IN 关键字引入的子查询在语法上有哪些不同？

4. 请给出一个使用 FETCH 语句从表中读取数据的实例。

CHAPTER 第 5 章
T-SQL 语言

Transact-SQL（T-SQL）是 Microsoft 公司在 SQL Server 数据库管理系统中 ANSI SQL-99 的实现。在 SQL Server 数据库中，T-SQL 语言由以下几部分组成。

（1）数据定义语言（DDL）：用于执行数据库的任务，对数据库以及数据库中的各种对象进行创建、删除或修改等操作。如前所述，数据库对象主要包括表、默认约束、规则、视图、触发器或存储过程。DDL 包括的主要语句及功能如表 5.1 所示。

表 5.1 DDL 主要语句及功能

语 句	功 能	说 明
CREATE	创建数据库或数据库对象	不同数据库对象，其 CREATE 语句的语法形式不同
ALTER	对数据库或数据库对象进行修改	不同数据库对象，其 ALTER 语句的语法形式不同
DROP	删除数据库或数据库对象	不同数据库对象，其 DROP 语句的语法形式不同

（2）数据操纵语言（DML）：用于操纵数据库中各种对象，检索和修改数据。DML 包括的主要语句及功能如表 5.2 所示。

表 5.2 DML 主要语句及功能

语 句	功 能	说 明
SELECT	从表或视图中检索数据	使用最频繁的 SQL 语句之一
INSERT	将数据插入表或视图中	可以插入一行到多行数据
UPDATE	修改表或视图中的数据	既可修改表或视图的一行数据，也可修改一组或全部数据
DELETE	从表或视图中删除数据	可根据条件删除指定的数据

（3）数据控制语言（DCL）：用于安全管理，确定哪些用户可以查看或修改数据库中的数据，DCL 包括的主要语句及功能如表 5.3 所示。

表 5.3 DCL 主要语句及功能

语 句	功 能	说 明
GRANT	授予权限	可把语句许可或对象许可的权限授予其他用户和角色
REVOKE	收回权限	与 GRANT 的功能相反，但不影响该用户或角色从其他角色中作为成员继承许可权限
DENY	收回权限，并禁止从其他角色继承许可权限	功能与 REVOKE 相似，不同之处：除收回权限外，还禁止从其他角色继承许可权限

（4）T-SQL 增加的语言元素：这部分不是 ANSI SQL-99 所包含的内容，而是 Microsoft 公司为了用户编程的方便增加的语言元素。这些语言元素包括变量、运算符、函数、流程控制语句等。这些 T-SQL 语句都可以在查询分析器中交互执行。本章将介绍这部分增加的语言元素。

5.1 常量、变量与数据类型

5.1.1 常量

常量是指在程序运行过程中值不变的量。常量又称为字面值或标量值。常量的使用格式取决于值的数据类型。

根据常量的不同类型，分为字符串常量、整型常量、实型常量、日期时间常量、货币常量、唯一标识常量。各类常量举例说明如下。

1. 字符串常量

字符串常量分为 ASCII 字符串常量和 Unicode 字符串常量。

（1）ASCII 字符串常量：ASCII 字符串常量是用单引号括起来的、由 ASCII 字符构成的符号串。

ASCII 字符串常量举例：

```
'China'
'How do you!'
'O''Bbaar'
/* 如果单引号中的字符串包含引号,可以使用两个单引号表示嵌入的单引号。*/
```

（2）Unicode 字符串常量：Unicode 字符串常量与 ASCII 字符串常量相似,但它前面有一个 N 标识符（N 代表 SQL-92 标准中的国际语言（National Language）。N 前缀必须大写。

Unicode 字符串常量举例：

```
N'China '
N'How do you!
```

Unicode 数据中的每个字符用两个字节存储,而每个 ASCII 字符用一个字节存储。

2. 整型常量

按照整型常量的不同表示方式,又分为二进制整型常量、十六进制整型常量和十进制整型常量。

（1）十六进制整型常量的表示：前辍 0x 后跟十六进制数字串表示。例如,0xEBF、0x12Ff、0x69048AEFDD010E、0x、/* 0x 空十六进制常量 */。

（2）二进制整型常量的表示：即数字 0 或 1,并且不使用引号。如果使用一个大于 1 的数字,它将被转换为 1。

（3）十进制整型常量：即不带小数点的十进制数,例如,1 894、2、+145 345 234、

－2 147 483 648。

3．实型常量

实型常量有定点表示和浮点表示两种方式。举例如下：

（1）定点表示：

```
1894.1204
2.0
+145345234.2234
-2147483648.10
```

（2）浮点表示：

```
101.5E5
0.5E-2
+123E-3
-12E5
```

4．日期时间常量

日期时间常量是用单引号将表示日期时间的字符串括起来构成的。SQL Server 可以识别如下格式的日期和时间：

（1）字母日期格式：例如'April 20，2000'。

（2）数字日期格式：例如'4/15/1998'、'1998-04-15'。

（3）未分隔的字符串格式：例如'20001207'。

如下是时间常量的例子：

```
'14:30:24'
'04:24:PM'
```

如下是日期时间常量的例子：

```
'April 20, 2000 14:30:24'
```

5．money 常量

money 常量是以＄作为前缀的一个整型或实型常量数据。下面是 money 常量的例子：

```
$12
$542023
-$45.56
+$423456.99
```

6．uniqueidentifier 常量

uniqueidentifier 常量是用于表示全局唯一标识符（GUID）值的字符串，可以使用字符串或十六进制字符串格式指定。例如：

'6F9619FF-8A86-D011-B42D-00004FC964FF'
0xff19966f868b11d0b42d00c04fc964ff

5.1.2　数据类型

在 SQL Server 2012 中，根据每个字段（列）、局部变量、表达式和参数对应数据的特性，都有一个相关的数据类型。在 SQL Server 2012 中支持如下两种数据类型。

1. 系统数据类型

系统数据类型又称为基本数据类型。在第 3 章中已经详细地介绍了系统数据类型，此处不再赘述。

2. 用户自定义数据类型

用户自定义数据类型可以看成是系统数据类型的别名。

在多表操作的情况下，当多个表中的列要存储相同类型的数据时，往往要确保这些列具有完全相同的数据类型、长度和为空性（数据类型是否允许空值）。用户自定义数据类型并不是真正的数据类型，它只是提供了一种提高数据库内部元素和基本数据类型之间一致性的机制。

例如，在图书借阅系统中 xsbook 数据库，创建了 xs、book、jy 三个表，从三个表的表结构可以看出：表 xs 中的借书证号字段值与表 jy 中的借书证号字段值应有相同的类型，都是字符型值、长度可定义为 8，并且不允许为空值。为了使用方便，并使含义明确，可以先定义一数据类型，命名为 library_card_num，用于描述借书证号的类型属性，然后将表 xs 中的借书证号字段和表 jy 中的借书证号字段定义为 library_card_num 数据类型。

自定义数据类型 library_card_num 后，重新设计 xsbook 数据库中 xs、jy 表结构中的借书证号字段，如表 5.4 至表 5.6 所示。

表 5.4　自定义类型 library_card_num

依赖的系统类型	值允许的长度	为 空 性
char	8	NOT NULL

表 5.5　表 xs 中借书证号字段的重新设计

字段名	类　　型
借书证号	library_card_num

表 5.6　表 jy 中借书证号字段的重新设计

字段名	类　　型
借书证号	library_card_num

通过上面的例子可以知道：要使用自定义类型首先要定义该类型，然后再用这种类型定义字段或变量。创建用户自定义数据类型时应考虑如下三个属性。

- 数据类型名称。
- 新数据类型所依据的系统数据类型（又称为基类型）。
- 为空性。

下面介绍创建用户自定义数据类型的方法。

（1）使用"对象资源管理器"定义。步骤如下：

① 启动 SQL Server Management Studio，在"对象资源管理器"中展开"数据库"，在

xsbook 中选择"可编程性"选项,右击"类型",选择"新建"选项,再选择"新建用户定义数据类型",弹出"新建用户定义数据类型"窗口。

② 在"名称"文本框中输入自定义的数据类型名称,如 Library_card_num。在"数据类型"下拉框中选择自定义数据类型所基于的系统数据类型 char。在"长度"栏中填写要定义的数据类型的长度 8。其他选项使用默认值,如图 5.1 所示,单击"确定"按钮即可完成创建。如果允许自定义数据类型为空,则在"允许 NULL 值"复选框中打勾即可。

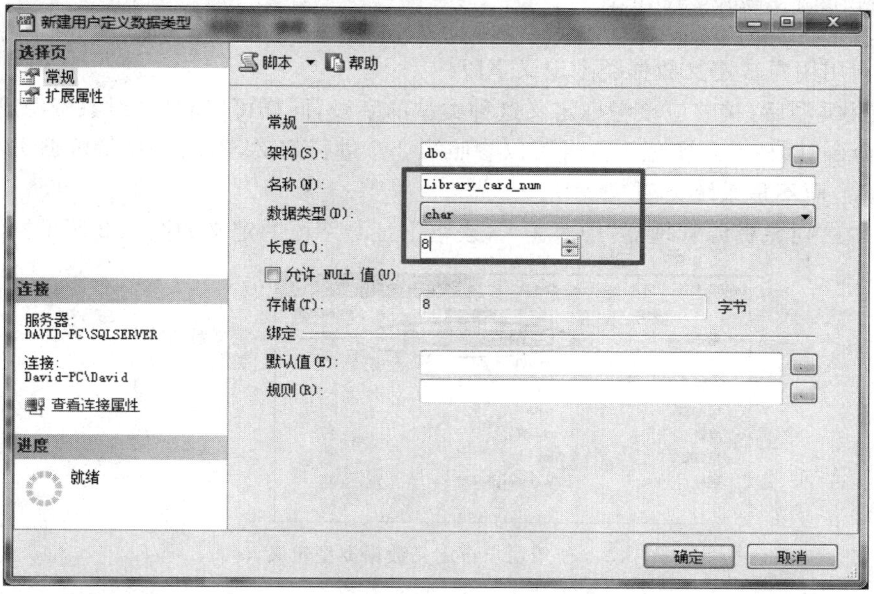

图 5.1　用户数据类型定义属性窗口

(2) 使用 CREATE TYPE 命令定义。在 SQL Server 2012 中,使用 CRETAE TYPE 语句来实现用户数据类型的定义。语法格式:

```
CREATE TYPE [<数据库架构名>.]<自定义类型名>
    FROM<系统数据类型名>[(<精度>[,<小数位数>])]
    [NULL|NOT NULL]
[;]
```

根据上述语法,定义描述借书证号字段的数据类型的语句如下:

```
CREATE TYPE library_card_num
    FROM char(8)NOT NULL
```

(3) 删除用户自定义数据类型。界面方式删除用户自定义数据类型的主要步骤如下:

在"对象资源管理器"中展开数据库 xsbook,选择"可编程性"选项中的"类型",在"用户定义数据类型"中选择类型 dbo.library_card_num,右击,在弹出的快捷菜单中选择"删除"菜单项,打开"删除对象"窗口后单击"确定"按钮即可(实际不进行操作)。

说明:如果用户自定义数据类型在数据库中被引用,删除操作将不被允许。

（4）使用命令删除用户自定义数据类型。使用命令方式删除自定义数据类型可以使用 DROP TYPE 语句。语法格式：

```
DROP TYPE [<数据库架构名>.]<自定义类型名>[;]
```

例如，删除前面定义的 library_card_num 类型的语句为：

```
DROP TYPE library_card_num
```

（5）利用用户自定义数据类型定义字段。

在定义类型后，接着应该考虑定义这种类型的字段，同样可以利用"对象资源管理器"和"T-SQL 命令"两种方式实现。读者可以参照第 2 章进行定义，不同点只是数据类型为用户自定义类型，而不是系统类型。

例如，在"对象资源管理器"中对于 xs 表借书证号字段的定义如图 5.2 所示。

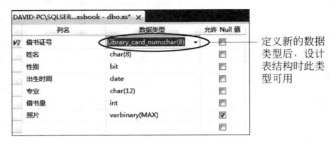

图 5.2　使用用户自定义数据类型定义 xs 表

利用命令方式定义 xs 表结构如下：

```
CREATE TABLE xs
(
    借书证号    library_card_num   NOT NULL PRIMARY KEY,
                                    /*定义为 library_card_num 类型*/
    姓名       char(8)       NOT NULL,
    性别       bit           NOT NULL DEFAULT 1,
    出生时间    date          NOT NULL,
    专业       char(12)      NOT NULL,
    借书量      int           NOT NULL,
    照片       varbinary(MAX) NULL
)
GO
```

3. 用户自定义表数据类型

SQL Server 2012 还提供了一种新的用户自定义数据类型，称为用户自定义表数据类型（User-defined Table Types）。这种数据类型也是由用户自行定义的，可以作为参数提供给语句、存储过程或者函数。创建自定义表数据类型同样使用 CREATE TYPE 语句，语法格式如下：

```
CREATE TYPE [<数据库架构名>.]<自定义类型名>
    AS TABLE(<column_definition>
        [<table_constraint>] [,…n])
[;]
```

说明：＜coloumn_definition＞是对列的描述，包含列名、数据类型、为空性和约束等。＜table_constraint＞是定义对表的约束。

【例 5.1】　创建用户自定义表数据类型，包含 jy 表中的所有列。

```
CREATE TYPE jy_tabletype
    AS TABLE
    (
        借书证号        char(8)     NOT NULL,
        ISBN            char(18)    NOT NULL,
        索书号          char(10)    NOT NULL PRIMARY KEY,
        借书时间        date
    )
```

用户自定义表数据类型的删除与自定义数据类型类似，可以在"对象资源管理器"中使用界面方式删除，也可以使用 DROP TYPE 语句删除。

5.1.3　变量

变量用于临时存放数据，变量中的数据随着程序的运行而变化。定义变量时，必须有名字及数据类型两个属性。变量名用于标识该变量，变量类型确定了该变量存放值的格式、变量的取值范围及允许的运算。

1. 变量

变量名必须是一个合法的标识符。

1）标识符

在 SQL Server 中，标识符分为以下两类。

（1）常规标识符：以 ASCII 字母、Unicode 字母、下划线（_）、@或♯开头，可在后面接续一个或若干个 ASCII 字符、Unicode 字符、下划线（_）、美元符号（$）、@或♯，但不能全为_、@或♯。

注意：常规标识符不能是 T-SQL 的保留字，不允许嵌入空格或其他特殊字符。

（2）分隔标识符：包含在双引号或者方括号内的常规标识符或者不符合常规标识符规则的标识符。

标识符允许的最大长度为 128 个字符。符合常规标识符格式规则的标识符可以分隔，也可以不分隔。对不符合标识符规则的标识符必须进行分隔。

2）变量的分类

SQL Server 中，变量可分为以下两类。

（1）全局变量：全局变量由系统提供且预先声明，通过在名称前加两个@符号区别于局部变量。T-SQL 全局变量作为函数引用。例如，@@ERROR 返回执行的上一个 T-SQL

语句的错误号;@@CONNECTIONS 则返回自上次启动 SQL Server 以来连接或试图连接的次数。

(2) 局部变量:局部变量用于保存数据值。例如,保存运算的中间结果,作为循环变量等。

当首字母为@时,表示该标识符为局部变量。当首字母为♯时,此标识符为一临时数据库对象名,若开头含一个♯,则表示局部临时数据库对象名;若开头含两个♯,则表示全局临时数据库对象名。

2. 局部变量的使用

1) 局部变量的定义与赋值

(1) 局部变量的定义:在批处理或过程中用 DECLARE 语句声明局部变量,所有局部变量在声明后均初始化为 NULL。

语法格式:

```
DECLARE{@<局部变量名><数据类型>[=<变量值>]}[,…n]
```

(2) 局部变量的赋值

定义局部变量后,可用 SET 或 SELECT 语句给其赋值。

① 用 SET 语句赋值,语法格式:

```
SET   @<局部变量名>=<值>
```

使用 SET 语句赋值的局部变量可以是除 cursor、text、ntext、image 和 table 外的任何类型的已定义的局部变量。值可以是任何有效的 SQL Serever 表达式。

【例 5.2】 创建局部变量@var1、@var2,并赋值,然后输出变量的值。

```
DECLARE @var1 char(10), @var2 char(30)
SET   @var1='中国'                        /* 一个 SET 语句只能给一个变量赋值 */
SET   @var2=@var1+'是一个伟大的国家'
SELECT @var1, @var2
```

语句的执行结果如图 5.3 所示。

【例 5.3】 创建一个名为 sex 的局部变量,并在
SELECT 语句中使用该局部变量查找表 xs 中所有男学生的
借书证号、姓名。

图 5.3   执行结果

```
DECLARE @sex bit
SET @sex=1
SELECT 借书证号,姓名
    FROM xs
    WHERE 性别=@sex
```

【例 5.4】 将查询结果赋给变量。

```
DECLARE @student char(8)
SET @student=(SELECT 姓名 FROM xs WHERE 借书证号='131101')
SELECT @student
```

② 用 SELECT 语句赋值,语法格式:

```
SELECT {@<局部变量名>=<值>} [,…n]
```

使用 SELECT 语句赋值时局部变量可以是除 cursor、text、ntext、image 外的任何类型变量。值可以是任何有效的 SQL 表达式,包含标量子查询。

SELECT 通常用于将单个值赋给变量。如果<值>为列名,则返回多个值,此时将返回的最后一个值赋给变量;如果 SELECT 语句没有返回值,变量将保留当前值;如果 expression 是不返回值的标量子查询,则将变量设为 NULL。一个 SELECT 语句可以给多个局部变量赋值。

【例 5.5】　使用 SELECT 给局部变量赋值。

```
DECLARE @var1 nvarchar(30)
SELECT @var1='刘丰'
SELECT  @var1 AS 'NAME'
```

【例 5.6】　给局部变量赋空值。

```
DECLARE @var1 nvarchar(30)
SELECT @var1='刘丰'
SELECT @var1=
(
    SELECT 姓名
        FROM xs
        WHERE 借书证号='131101'
)
SELECT @var1 AS  'NAME'
```

2）局部游标变量的定义与赋值

（1）局部游标变量的定义。语法格式:

```
DECLARE {@<游标变量名>CURSOR} [,…n]
```

CURSOR 表示表示该变量是游标变量。

（2）局部游标变量的赋值。利用 SET 语句给一个游标变量赋值,有以下三种情况:

① 将一个已存在的并且赋值的游标变量的值赋给另一局部游标变量。

② 将一个已申明的游标名赋给指定的局部游标变量。

③ 申明一个游标,同时将其赋给指定的局部游标变量。

上述三种情况的语法描述如下所示。

语法格式:

```
SET
{@<游标变量名>=
    {     @<游标变量名>            /*将一个已赋值的游标变量的值赋给一目标游标变量*/
          |<游标名>               /*将一个已申明的游标名赋给游标变量*/
          |{CURSOR 子句}          /*游标申明*/
    }
}
```

如果目标游标变量先前引用了一个不同的游标,则删除先前的引用。

对于关键字 CURSOR 引导游标申明的语法格式及含义,请参考 4.3 节。

(3) 游标变量的使用步骤:定义游标变量,给游标变量赋值,打开游标,利用游标读取行(记录),使用结束后关闭游标,删除游标的引用。

【例 5.7】 使用游标变量。

```
DECLARE @CursorVar CURSOR                    /*定义游标变量*/
SET @CursorVar=CURSOR SCROLL DYNAMIC         /*给游标变量赋值*/
FOR
    SELECT 借书证号, 姓名
        FROM xs
        WHERE 借书证号 LIKE '20%'
OPEN @CursorVar                              /*打开游标*/
FETCH NEXT FROM @CursorVar
WHILE @@FETCH_STATUS=0
BEGIN
    FETCH NEXT FROM @CursorVar               /*通过游标读行记录*/
END
CLOSE @CursorVar
DEALLOCATE @CursorVar                        /*删除对游标的引用*/
```

3) 表数据类型变量的定义与赋值

语法格式:

```
DECLARE
    {@table_variable_name [AS] TABLE({<column_definition>|<table_constraint>}
[,…])}
```

说明:table_variable_name 表示要声明的 table 数据类型变量的名称。

【例 5.8】 声明一个表数据类型变量,并向变量中插入数据。

```
DECLARE @var_table
    AS TABLE
        (
            num char(8)NOT NULL PRIMARY KEY,
            name char(8)NOT NULL,
```

```
                    sex bit NULL
    )                                      /*声明变量*/
INSERT INTO @var_table
    SELECT 借书证号,姓名,性别 FROM xs       /*插入数据*/
SELECT * FROM @var_table                   /*查看内容*/
```

5.2　运算符与表达式

SQL Server 2012 提供如下几类运算符：算术运算符、赋值运算符、位运算符、比较运算符、逻辑运算符、字符串联接运算符和一元运算符。通过运算符连接运算量构成表达式。

1. 算术运算符

算术运算符在两个表达式上执行数学运算，这两个表达式可以是任何数字数据类型。

算术运算符有＋(加)、－(减)、*(乘)、/(除)和％(求模)5 种运算。＋(加)和－(减)运算符也可用于对 datetime 及 smalldatetime 值进行算术运算。

2. 位运算符

位运算符用于实现两个表达式之间的位操作，这两个表达式的类型可以是整型或与整型兼容的数据类型。如字符型等，但不能为 image 类型，位运算符如表 5.7 所示。

表 5.7　位运算符

运算符	运算规则	运算名称
&	两个位均为 1 时,则结果为 1,否则为 0	按位与
|	只要一个位为 1,则结果为 1,否则为 0	按位或
^	两个位值不同时,则结果为 1,否则为 0	按位异或

【例 5.9】　在 master 数据库中,建立表 bitop,并插入一行,然后将 a 字段和 b 字段上的值进行位运算。

```
USE master
GO
CREATE TABLE bitop
(
    a int NOT NULL,
    b int NOT NULL
)
INSERT bitop VALUES(168, 73)
SELECT a & b, a|b,a ^ b
    FROM bitop
```

语句的执行结果如图 5.4 所示。

说明：a(168)的二进制表示为 0000 0000 1010 1000,b(73)的二进制表示为 0000 0000 0100 1001。在这两个值之间进行的位

	(无列名)	(无列名)	(无列名)
1	8	233	225

图 5.4　执行结果

运算如下：

(a&b)：

$$0000\ 0000\ 1010\ 1000$$
$$0000\ 0000\ 0100\ 1001$$

$$0000\ 0000\ 0000\ 1000 \qquad （十进制值为 8）$$

(a|b)：

$$0000\ 0000\ 1010\ 1000$$
$$0000\ 0000\ 0100\ 1001$$

$$0000\ 0000\ 1110\ 1001 \qquad （十进制值为 233）$$

(a^b)：

$$0000\ 0000\ 1010\ 1000$$
$$0000\ 0000\ 0100\ 1001$$

$$0000\ 0000\ 1110\ 0001 \qquad （十进制值为 225）$$

3. 比较运算符

比较运算符(又称关系运算符)如表 5.8 所示,用于测试两个表达式的值是否相同,其运算结果为逻辑值,可以为 TRUE、FALSE 或 UNKNOWN 之一。

表 5.8　比较运算符

运算符	运算名称	运算符	运算名称
=	相等	<=	小于等于
>	大于	<>、!=	不等于
<	小于	!<	不小于
>=	大于等于	!>	不大于

除了 text、ntext 或 image 类型的数据外,比较运算符可以用于所有的表达式。如下例子用于查询指定借书证号的学生在 xs 表中的信息。

```
USE xsbook
GO
DECLARE @student library_card_num
SET @student='131101'
IF(@student<>0)
    SELECT *
        FROM xs
        WHERE 借书证号=@student
```

语句执行结果如图 5.5 所示。

	借书证号	姓名	性别	出生时间	专业	借书量	照片
1	131101	王林	1	1996-02-10	计算机	4	NULL

图 5.5　执行结果

4. 逻辑运算符

逻辑运算符用于对某个条件进行测试,运算结果为 TRUE 或 FALSE。SQL Server 提供的逻辑运算符如表 5.9 所示。这里的逻辑运算符在 SELECT 语句的 WHERE 子句中使用过,此处再做一些补充。

表 5.9　逻辑运算符

运 算 符	运 算 规 则
AND	如果两个操作数值都为 TRUE,则运算结果为 TRUE
OR	如果两个操作数中有一个为 TRUE,则运算结果为 TRUE
NOT	若一个操作数值为 TRUE,则运算结果为 FALSE,否则为 TRUE
ALL	如果每个操作数值都为 TRUE,则运算结果为 TRUE
ANY	在一系列操作数中只要有一个为 TRUE,则运算结果为 TRUE
BETWEEN	如果操作数在指定的范围内,则运算结果为 TRUE
EXISTS	如果子查询包含一些行,则运算结果为 TRUE
IN	如果操作数值等于表达式列表中的一个,则运算结果为 TRUE
LIKE	如果操作数与一种模式相匹配,则运算结果为 TRUE
SOME	如果在一系列操作数中,有些值为 TRUE,则运算结果为 TRUE

1) ANY、SOME、ALL、IN 的使用

可以将 ALL 或 ANY 关键字与比较运算符组合进行子查询。SOME 的用法与 ANY 相同。下面以＞比较运算符为例:

＞ALL 表示大于每一个值,即大于最大值。例如,＞ALL(5,2,3)表示大于 5,因此使用＞ALL 的子查询也可用 MAX 集函数来实现。

＞ANY 表示至少大于一个值,即大于最小值。例如,＞ANY(7,2,3)表示大于 2,因此使用＞ANY 的子查询也可用 MIX 集函数来实现。

＝ANY 运算符与 IN 等效。

＜＞ALL 与 NOT IN 等效。

【例 5.10】　查询借书数量最多的读者借书证号、姓名及借书数量。

(1) 为了统计每个读者当前的借书量,在 xsbook 数据库中创建视图 view_select。

```
IF EXISTS(SELECT name
        FROM sysobjects        /* sysobjects 为系统表,系统表的介绍见 5.5.1 节 */
        WHERE name='view_select' AND type='V')
DROP VIEW view_select
GO
```

```
/*上述语句首先在 sysobjects 系统表中查询视图 view_select 是否已存在,若已存在则删除之*/
/*下面语句创建视图 view_select*/
CREATE VIEW view_select
    AS
    SELECT 借书证号,COUNT(索书号)AS 借书数量
        FROM jy
        GROUP BY 借书证号
```

（2）查询借书数量最多的读者借书证号、姓名及借书数量。

```
SELECT xs.借书证号,姓名,借书数量
    FROM xs, view_select
    WHERE xs.借书证号=view_select.借书证号
        AND 借书数量>=ALL
            (SELECT 借书数量
                FROM view_select)
```

2）BETWEEN 的使用
语法格式：

```
test_expression [NOT] BETWEEN begin_expression AND end_expression
```

如果 test_expression 的值大于或等于 begin_expression 的值并且小于或等于 end_expression 的值,则运算结果为 TRUE,否则为 FALSE。

test_expression 为测试表达式,begin_expression 和 end_expression 指定测试范围,三个表达式的类型必须相同。

NOT 关键字表示对谓词 BETWEEN 的运算结果取反。

【例 5.11】 查询借书数量在 3～10 本之间的借书证号、姓名及借书量。

```
SELECT X.借书证号,姓名,借书数量
    FROM xs X,view_select Y
    WHERE X.借书证号=Y.借书证号
        AND 借书数量 BETWEEN 3 AND 10
```

使用 >＝和<＝代替 BETWEEN 实现与上例相同的功能。

```
SELECT X.借书证号,姓名,借书数量
    FROM xs X, view_select Y
    WHERE X.借书证号=Y.借书证号 AND 借书数量>3 AND 借书数量<10
```

【例 5.12】 查询借书数量不在 3～10 本之间的借书证号、姓名及借书量。

```
SELECT X.借书证号,姓名,借书数量
    FROM xs X, view_select Y
    WHERE X.借书证号=Y.借书证号
        AND 借书数量 NOT BETWEEN 3 and 10
```

3）LIKE 的使用

语法格式：

```
match_expression [NOT] LIKE pattern [ESCAPE escape_character]
```

确定给定的串是否与指定的模式匹配，若匹配则运算结果为 TRUE，否则为 FALSE。模式可由普通字符和通配字符构成的串组成。

参数含义：

（1）match_expression 匹配表达式，一般为字符串表达式，pattern 为在 match_expression 中的搜索模式串。

（2）pattern 可以包含如表 5.10 所示的通配符。

（3）escape_character 为转义字符，必须是有效的单个 SQL Server 字符，escape_character 没有默认值。当模式串中含有与通配符相同的字符时，应该通过该字符前的转义字符指明其为模式串中的一个匹配字符。

表 5.10　通配符列表

通配符	说　　明	示　　例
%	代表 0 个或多个字符	SELECT…WHERE 姓名 LIKE '刘%' 查询姓刘的学生
_（下划线）	代表单个字符	SELECT…WHERE 姓名 LIKE '张__' 查询姓张的名为一个汉字的所有人名
[ ]	指定范围（如[a—f]、[0—9]）或集合（如[abcdef]）中的任何单个字符	SELECT … WHERE substring（借书证号，1，1）LIKE '[12]%' 查询首字符为 1、2 的借书证号
[^]	指定不属于范围（如[^a—f]、[^0—9]）或集合（如[^abcdef]）的任何单个字符	SELECT … WHERE substring（借书证号，1，1）LIKE '[^1—9]%'。查询首字符不是字符 1~9 的借书证号

【例 5.13】　查询书名以"计算机"开头的书籍的有关信息。

```
SELECT *
    FROM book
    WHERE 书名 LIKE '[计][算][机]%'
```

4）EXISTS 与 NOT EXISTS 的使用

语法格式：

```
EXISTS subquery
```

用于检测一个子查询的结果是否不为空，若是不为空则运算结果为真，否则为假。subquery 代表一个受限的 SELECT 语句（不允许有 COMPUTE 子句或者 INTO 关键字）。EXISTS 子句的功能有时可用 IN 或＝ANY 谓词实现。NOT EXISTS 的作用与 EXISTS 相反。

【例 5.14】　查询所有当前借了书的读者借书证号、姓名。

```
SELECT DISTINCT xs.借书证号,姓名
    FROM xs
    WHERE EXISTS(SELECT *
                        FROM jy
                        WHERE xs.借书证号=jy.借书证号
                )
```

使用 IN 子句实现上述子查询。

```
SELECT DISTINCT xs.借书证号,姓名
    FROM xs
    WHERE xs.借书证号 IN
            ( SELECT jy.借书证号
              FROM jy
              WHERE xs.借书证号=jy.借书证号
            )
```

5. 字符串联接运算符

通过运算符＋实现两个字符串的联接运算。

【例 5.15】 多个字符串的联接。

```
SELECT (借书证号+','+姓名)AS 借书证号及姓名
    FROM xs
    WHERE 借书证号='131101'
```

语句执行结果如图 5.6 所示。

	借书证号及姓名
1	131101 ,王林

图 5.6　执行结果

6. 一元运算符

一元运算符有＋(正)、－(负)和～(按位取反)三个。前两个运算符是大家熟悉的。对于按位取反运算符举例如下：

设 a 的值为 12(0000 0000 0000 1100)，计算：～a 的值为 1111 1111 1111 0011。

7. 赋值运算符

赋值运算符指给局部变量赋值的 SET 和 SELECT 语句中使用＝运算符。

8. 运算符的优先顺序

当一个复杂的表达式有多个运算符时，运算符优先级决定执行运算的先后次序。执行的顺序会影响所得到的运算结果。

运算符优先级如表 5.11 所示。在一个表达式中按优先级先高(优先级数字小)后低(优先级数字大)的顺序进行运算。

当一个表达式中的两个运算符有相同的优先等级时，根据它们在表达式中的位置，一般一元运算符按从右向左的顺序运算，二元运算符按从左到右进行运算。

在表达式中，可用括号改变运算符的优先性，先对括号内的表达式求值，然后对括号外的运算符进行运算时使用该值。

若表达式中有嵌套的括号，则首先对嵌套最深的表达式求值。

表 5.11　运算符优先级表

运 算 符	优先级	运 算 符	优先级
＋(正)、－(负)、～(按位 NOT)	1	NOT	6
＊(乘)、/(除)、%(模)	2	AND	7
＋(加)、＋(串联)、－(减)	3	ALL、ANY、BETWEEN、IN、LIKE、OR、SOME	8
＝，＞，＜，＞＝，＜＝，＜＞，!＝，!＞，!＜ 比较运算符	4	＝(赋值)	9
^(位异或)、&(位与)、|(位或)	5		

5.3　流程控制语句

设计程序时,常常需要利用各种流程控制语句,改变计算机的执行流程以满足程序设计的需要。在 SQL Server 中提供了如表 5.12 所示的流程控制语句。

表 5.12　SQL Server 流程控制语句

控 制 语 句	说　明	控 制 语 句	说　明
IF…ELSE	条件语句	BREAK	用于退出最内层的循环
GOTO	无条件转移语句	RETURN	无条件返回
WHILE	循环语句	WAITFOR	为语句的执行设置延迟
CONTINUE	用于重新开始下一次循环		

【例 5.16】　查询借书数量大于 2 的读者人数。

上节在 xsbook 中创建了视图 view_select,下面的程序用于查询借书数量大于 2 的读者人数。

```
USE xsbook
GO
DECLARE @ num int
SELECT @ num= (SELECT COUNT(借书证号)FROM view_select WHERE　借书数量>2)
IF @ num<>0
    SELECT @ num AS　'借书数量>2 的人数'
```

5.3.1　BEGIN…END 语句块

在 T-SQL 中可以定义 BEGIN…END 语句块。当要执行多条 T-SQL 语句时,就需要使用 BEGIN…END 将这些语句定义成一个语句块,作为一组语句来执行。语法格式如下:

```
BEGIN
    {sql_statement|statement_block}
END
```

关键字 BEGIN 是 T-SQL 语句块的起始位置,END 标识同一个 T-SQL 语句块的结尾。sql_statement 是语句块中的 T-SQL 语句。BEGIN…END 可以嵌套使用,statement_block 表示使用 BEGIN…END 定义的另一个语句块。例如:

```
BEGIN
    SELECT * FROM xs
    SELECT * FROM jy
END
```

5.3.2　IF…ELSE 语句

在程序中,如果要对给定条件进行判定,当条件为真或假时分别执行不同的 T-SQL 语句或语句序列,可以用 IF…ELSE 语句实现。

IF…ELSE 语句分带 ELSE 部分和不带 ELSE 部分两种使用形式。

1) 带 ELSE 部分的 IF…ELSE 语句

当条件表达式的值为真时执行 A,然后执行 IF 语句的下一条语句;当条件表达式的值为假时执行 B,然后执行 IF 语句的下一条语句。

2) 不带 ELSE 部分的 IF…ELSE 语句

当条件表达式的值为真时执行 A,然后执行 IF 语句的下一条语句;当条件表达式的值为假时直接执行 IF 语句的下一条语句。

IF 语句的执行流程如图 5.7 所示。

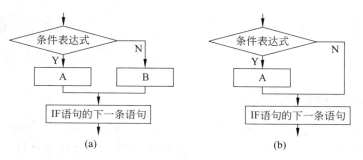

图 5.7　IF 语句的执行流程

如果在 IF…ELSE 语句的 IF 区和 ELSE 区都使用了 CREATE TABLE 语句或 SELECT INTO 语句,那么 CREATE TABLE 语句或 SELECT INTO 语句必须使用相同

的表名。

IF…ELSE 语句可以用在批处理、存储过程（经常使用这种结构测试是否存在着某个参数）以及特殊查询中。

可以在 IF 区或在 ELSE 区嵌套另一个 IF 语句，对于嵌套层数没有限制。

【例 5.17】　如果《Java 编程思想》这一书籍的价格高于平均价格，则显示"Java 编程思想的价格高于平均价格"；否则显示"Java 编程思想的价格低于平均价格"。

```
DECLARE @text1 char(100),@price float
SET @price=(select 价格 from book where 书名='Java 编程思想')
IF  @price>(SELECT AVG(价格) FROM book)
    BEGIN
        SET @text1='Java 编程思想的价格'+cast(@price as char(5))
        SET @text1=@text1+'高于平均价格'
    END
ELSE
    BEGIN
        SET  @text1='Java 编程思想的价格'+cast(@price as char(5))
        SET @text1=@text1+'低于平均价格。'
    END
SELECT @text1
```

注意：若子查询跟随在＝、!＝、＜、＜＝、＞、＞＝之后，或者子查询用作表达式，则子查询返回的值不允许多于一个。

5.3.3　GOTO 语句

GOTO 语句可以将执行流程转移到标号指定的位置。

语法格式：

```
GOTO label
```

说明：Label 是指向的语句标号，标号必须符合标识符规则。

标号的定义形式：

```
label : 语句
```

5.3.4　WHILE、BREAK 和 CONTINUE 语句

1. WHILE 循环语句

如果需要重复执行程序中的一部分语句，可以使用 WHILE 循环语句来实现。

WHILE 循环语句的执行流程如图 5.8 所示。

从 WHILE 循环的执行流程可以看出，其使用形式如下：

```
WHILE 条件表达式
    循环体                                    /＊T-SQL 语句或语句块＊/
```

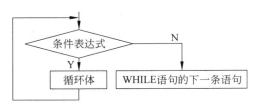

图 5.8　WHILE 语句的执行流程

当条件表达式值为真时,执行构成循环体的 T-SQL 语句或语句块,然后再进行条件判断,重复上述操作,直至条件表达式的值为假,则退出循环体的执行。

【例 5.18】　显示字符串"China"中每个字符的 ASCII 值和字符。

```
DECLARE @position int, @string char(8)
SET @position=1
SET @string='China'
WHILE @position<=DATALENGTH(@string)
BEGIN
    SELECT ASCII(SUBSTRING(@string, @position, 1)),
    CHAR(ASCII(SUBSTRING(@string, @position, 1)))
    SET @position=@position+1
END
```

2. BREAK 语句

语法格式:

```
BREAK
```

一般用在循环语句中,用于退出本层循环。当程序中有多层循环嵌套时,使用 BREAK 语句只能退出其所在的当前层循环。

3. CONTINUE 语句

```
CONTINUE
```

一般用在循环语句中,结束本次循环,重新转到下一次循环条件的判断。

5.3.5　RETURN 语句

用于从过程、批处理或语句块中无条件退出,不执行位于 RETURN 之后的语句。
语法格式:

```
RETURN [integer_expression]
```

integer_expression 为整型表达式。存储过程可以给调用过程的应用程序返回整型值。

说明：

（1）除非特别指明，所有系统存储过程返回 0 值表示成功，返回非零值则表示失败。

（2）在存储过程中，RETURN 不能返回空值。

【例 5.19】　判断是否存在借书证号为 131118 的读者，如果存在则返回，如果不存在则插入 131118 的读者信息。

```
IF EXISTS(SELECT * FROM xs WHERE 借书证号='131118')
    RETURN
ELSE
    INSERT INTO xs VALUES('131118', '王娟', 0, '1993-10-20', '计算机', 4, NULL)
```

5.3.6　WAITFOR 语句

WAITFOR 语句指定触发语句块、存储过程或事务执行的时刻或需等待的时间间隔。

语法格式：

```
WAITFOR {DELAY 'time'|TIME 'time'}
```

说明：

（1）DELAY 'time'：用于指定 SQL Server 必须等待的时间，最长可达 24 小时，time 可以用 datetime 数据格式指定，用单引号括起来，但在值中不允许有日期部分，也可以用局部变量指定参数。

（2）TIME 'time'：指定 SQL Server 等待到某一时刻，time 表示 WAITFOR 语句完成的时间，值的指定同上。

【例 5.20】　下面语句设定在早上八点执行查询语句。

```
BEGIN
    WAITFOR TIME '8:00'
    SELECT * FROM xs
END
```

5.3.7　TRY…CATCH 语句

在 SQL Server 2012 中，可以使用 TRY…CATCH 语句进行 T-SQL 语言中的错误处理。

语法格式：

```
BEGIN TRY
    {sql_statement|statement_block}
END TRY
BEGIN CATCH
    [{sql_statement|statement_block}]
```

```
END CATCH
[;]
```

说明：要进行错误处理，T-SQL 语句组可以包含在 TRY 块中。如果 TRY 块内部发生错误，则会将控制传递给 CATCH 块中包含的另一个语句组。TRY…CATCH 构造可对严重程度高于 10，但不关闭数据库连接的所有执行错误进行缓存。

5.4   系统内置函数

在程序设计过程中，常常调用系统提供的函数，T-SQL 编程语言提供三种系统内置函数：行集函数、聚合函数和标量函数，所有的函数都是确定性或非确定性的。确定性函数就是每次使用特定的输入值集调用该函数时，总是返回相同的结果。非确定性函数就是每次使用特定的输入值集调用该函数时，它们可能返回不同的结果。

例如，DATEADD 内置函数是确定性函数，因为对于其任何给定参数总是返回相同的结果。GETDATE 是非确定性函数，因其每次执行后，返回结果都不同。

本节将主要介绍标量函数。标量函数的特点是，输入参数的类型为基本类型，返回值也为基本类型。SQL Server 包含如下几类标量函数：

- 配置函数。
- 系统函数。
- 系统统计函数。
- 数学函数。
- 字符串函数。
- 日期和时间函数。
- 游标函数。
- 文本和图像函数。
- 元数据函数。
- 安全函数。

在此主要介绍一些常用的标量函数。

1. 数学函数

数学函数可以对 SQL Server 提供的数字数据进行数学运算，并返回运算结果。在默认情况下，对 float 数据类型数据的内置运算的精度为 6 个小数位；传递到数学函数的数字将被解释为 decimal 数据类型，可用 CAST 或 CONVERT 函数将数据类型更改为其他数据类型。

在此给出两个例子说明数学函数的使用。

1）ABS 函数

语法格式：

```
ABS(numeric_expression)
```

功能：返回给定数字表达式的绝对值。参数 numeric_expression 为数字型表达式(bit

数据类型除外），返回值类型与 numeric_expression 相同。

【例 5.21】　显示 ABS 函数对三个不同数字的效果。

```
SELECT ABS(-5.0), ABS(0.0), ABS(8.0)
```

2）RAND 函数

语法格式：

```
RAND([seed])
```

功能：返回 0～1 之间的一个随机值。参数 seed 是指定种子值的整型表达式，返回值类型为 float。如果未指定 seed，则随机分配种子值。对于指定的种子值，返回的结果始终相同。

【例 5.22】　下面的程序通过 RAND 函数产生随机数。

```
DECLARE @count int
SET @count=5
SELECT RAND(@count)AS Rand_Num
```

2. 字符串处理函数

字符串函数用于对字符串进行处理。在此介绍一些常用的字符串处理函数。

1）ASCII 函数

语法格式：

```
ASCII(character_expression)
```

功能：返回字符表达式最左端字符的 ASCII 值。参数 character_expression 的类型为字符型的表达式，返回值为整型。

2）CHAR 函数

语法格式：

```
CHAR(integer_expression)
```

功能：将 ASCII 码转换为字符。参数 integer_expression 为介于 0～255 之间的整数表达式，返回值为字符型。

3）LEFT 函数

语法格式：

```
LEFT(character_expression , integer_expression)
```

功能：返回从字符串 character_expression 左边开始，由 integer_expression 指定个数的字符。参数 character_expression 为字符型表达式，integer_expression 为整型表达式，返回值为 varchar 型。

【例 5.23】　返回书名最左边的 10 个字符。

```
SELECT LEFT(书名, 10)
    FROM book
    ORDER BY ISBN
GO
```

4) LTRIM 函数

语法格式:

```
LTRIM(character_expression)
```

功能：删除 character_expression 字符串中的前导空格，并返回字符串。参数 character_expression 为字符型表达式，返回值类型为 varchar。

【**例 5.24**】 使用 LTRIM 字符删除字符变量中的起始空格。

```
DECLARE @string varchar(40)
SET @string='    中国,一个古老而伟大的国家'
SELECT  LTRIM(@string)
```

5) REPLACE 函数

语法格式:

```
REPLACE(string_expression1,string_expression2,string_expression3)
```

功能：用第三个字符串表达式替换第一个字符串表达式中包含的第二个字符串表达式，并返回替换后的表达式。

【**例 5.25**】 用 REPLACE 实现字符串的替换。

```
DECLARE @str1 char(20),@str2 char(4),@str3 char(20)
SET @str1='数据库原理'
SET @str2='原理'
SET @str3='概论'
SET @str3=REPLACE(@str1, @str2, @str3)
SELECT @str3
```

6) SUBSTRING 函数

语法格式:

```
SUBSTRING(expression , start , length)
```

功能：返回 expression 中指定的部分数据。参数 expression 可为字符串、二进制串、text、image 字段或表达式；start、length 均为整型，前者指定子串的开始位置，后者指定子串的长度(要返回的字节数)。如果 expression 是字符类型和二进制类型，则返回值类型与 expression 的类型相同，在其他情况下可参考表 5.13。

表 5.13　SUBSTRING 函数返回值不同于给定表达式的情况

给定的表达式	返回值类型	给定的表达式	返回值类型
text	varchar	ntext	nvarchar
image	varbinary		

【例 5.26】　下面的程序在一列中返回 xs 表中的姓氏,在另一列中返回表中学生的名。

```
SELECT SUBSTRING(姓名, 1,1), SUBSTRING(姓名, 2, LEN(姓名)-1)
    FROM xs
    ORDER BY 姓名
```

7) STR 函数

语法格式:

```
STR(float_expression [, length [, decimal]])
```

功能:将数字数据转换为字符数据。参数 float_expression 为 float 类型的表达式,length 用于指定总长度,包括小数点,decimal 指定小数点右边的位数,length、decimal 必须均为正整型。返回值类型为 char。

【例 5.27】　下面的程序用于查询 ISBN 书号为 978-7-111-21382-6 书籍的书名和库存量。

```
DECLARE @str char(80)
SET @str=(SELECT 书名 FROM book WHERE ISBN='978-7-111-21382-6')+'库存量'+STR
((SELECT 库存量 FROM book WHERE ISBN='978-7-111-21382-6'))
SELECT @str
```

3. 系统函数

系统函数用于对 SQL Server 中的值、对象和设置进行操作,并返回有关信息。

1) CASE 函数

CASE 有两种使用形式:一种是简单的 CASE 函数,另一种是搜索型的 CASE 函数。

(1) 简单的 CASE 函数。语法格式:

```
CASE input_expression
    WHEN when_expression THEN result_expression [,…n]
[ELSE else_result_expression ]
END
```

功能:计算 input_expression 表达式之值,并与每一个 when_expression 表达式的值进行比较,若相等,则返回对应的 result_expression 表达式之值;否则,返回 else_result_expression 表达式的值。参数 input_expression 和 when_expression 的数据类型必须相同,或者可隐性转换。n 表示可以使用多个 WHEN when_expression THEN result_expression 子句。

(2) 搜索型的 CASE 函数。语法格式:

```
CASE
    WHEN Boolean_expression THEN result_expression [,…n]
    [ELSE else_result_expression]
END
```

功能:按指定顺序为每个 WHEN 子句的 Boolean_expression 表达式求值,返回第一个取值为 TRUE 的 Boolean_expression 表达式对应的 result_expression 表达式之值;如果没有取值为 TRUE 的 Boolean_expression 表达式,则当指定 ELSE 子句时,返回 else_result_expression 之值;若没有指定 ELSE 子句,则返回 NULL。

参数 Boolean_expression 为布尔表达式,result_expression、else_result_expression 可为任意有效的 SQL Server 表达式,n 表明可以使用多个 WHEN Boolean_expression THEN result_expression 子句。

【**例 5.28**】 使用 CASE 函数对读者按性别分类。

```
/ *使用带有简单 CASE 函数的 SELECT 语句 * /
SELECT 借书证号,sex=
       CASE 性别
           WHEN 0 THEN '男生'
           WHEN 1 THEN '女生'
       END
   FROM xs
```

使用第二种格式的 CASE 语句则可以使用以下 T-SQL 语句:

```
SELECT 借书证号, 姓名,专业, SEX=
       CASE
           WHEN 性别=1 THEN '男'
           WHEN 性别=0 THEN '女'
           ELSE '无'
       END
   FROM xs
```

2) CAST 和 CONVERT 函数

CAST 和 CONVERT 两个函数都可以实现数据类型转换,但是 CONVERT 的功能更强。

常用的类型转换有如下几种。

(1) 日期型→字符型。如将 datetime 或 smalldatetime 数据转换为字符数据(nchar、nvarchar、char、varchar、nchar 或 nvarchar 数据类型)。

(2) 字符型→日期型。如将字符数据(nchar、nvarchar、char、varchar、nchar 或 nvarchar 数据类型)转换为 datetime 或 smalldatetime 数据。

(3) 数值型→字符型。如将 float、real、money 或 smallmoney 数据转换为字符数据

（nchar、nvarchar、char、varchar、nchar 或 nvarchar 数据类型）。

语法格式：

```
CAST(expression AS data_type)
CONVERT(data_type[(length)], expression)
```

功能：将 expression 表达式的类型转换为 data_type 所指定的类型。参数 expression 可为任何有效的表达式；data_type 只为系统提供的基本类型，不能为用户自定义类型，当 data_type 为 nchar、nvarchar、char、varchar、binary 或 varbinary 等数据类型时，通过 length 参数指定长度。

【例 5.29】　下面的程序将检索库存量为 3～10 的 ISBN、书名，并将库存量转换为 char(20)。

```
/* 如下例子同时使用 CAST 和 CONVERT */
--使用 CAST 实现.
SELECT ISBN,书名,库存量
    FROM book
    WHERE CAST(库存量 AS char(20))LIKE '__' and 库存量>=3 and 库存量<10
GO
--使用 CONVERT 实现.
SELECT ISBN,书名,库存量
    FROM book
    WHERE CONVERT(char(20),库存量)LIKE '__'  and 库存量>=3 and 库存量<10
GO
```

3）COALESCE 函数

语法格式：

```
COALESCE(expression [,…n])
```

功能：返回参数表中第一个非空表达式的值，如果所有表达式均为 NULL，则 COALESCE 返回 NULL 值。参数 expression 可以是任何类型的表达式。所有表达式必须是相同类型，或者可以隐性转换为相同类型。

COALESCE(expression1,…n)与如下形式的 CASE 函数等价：

```
CASE
    WHEN(expression1 IS NOT NULL)THEN expression1
    …
    WHEN(expressionN IS NOT NULL)THEN expressionN
    ELSE NULL
```

4）ISNUMBRIC 函数

ISNUMBRIC 函数用于判断一个表达式是否为数值类型。

语法格式：

```
ISNUMBRIC(expression)
```

如果输入表达式的计算值为有效的整数、浮点数、money 或 decimal 类型时,则 ISNUMERIC 返回 1;否则,返回 0。

4. 日期时间函数

日期函数可以用在 SELECT 语句的选择列表或用在查询的 WHERE 子句中。

1) GETDATE 函数

语法格式:

```
GETDATE()
```

功能:按 SQL Server 标准内部格式返回当前系统日期和时间。返回值类型为 datetime。

2) DATEPAR 函数

语法格式:

```
DATEPART(datepart,date)
```

功能:按 datepart 指定格式返回日期,返回值类型为 int。datepart 的取值可以是非缩写形式或缩写形式。参数 date 的类型应为 datetime 或 smalldatetime。

3) DATEDIFF 函数

语法格式:

```
DATEDIFF(datepart,startdate,enddate)
```

功能:按 datepart 指定的内容,返回 startdate,enddate 两个指定的日期时间之间的间隔,间隔可以年、季度、月、周、天数或小时等为单位,这取决于 datepart 的取值。

参数类型与取值:datepart 的取值范围如表 5.14 所示。startdate,enddate 为 datetime 或 smalldatetime 类型的值或变量,也可以是日期格式的字符串表达式。

表 5.14　datepart 的取值

datepart 取值	缩写形式	函数返回的值
year	yy, yyyy	年份
quarter	qq, q	季度
month	mm, m	月
dayofyear	dy, y	一年的第几天
day	dd, d	日
week	wk, ww	第几周
hour	hh	小时
minute	mi, n	分钟
second	ss, s	秒
millisecond	ms	毫秒

【例 5.30】 编写程序,根据读者的出生时间计算其年龄。

```
USE xsbook
SET NOCOUNT ON
DECLARE @startdate datetime
SET @startdate=getdate()
SELECT DATEDIFF(yy,出生时间,@startdate) AS 年龄
    FROM xs
```

4) YEAR、MONTH、DAY 函数

这三个函数分别返回指定日期的年、月、天部分,返回值都为整数。

语法格式:

```
YEAR(date)
MONTH(date)
DAY(date)
```

5. 游标函数

游标函数用于返回游标的有关信息。主要有如下游标函数。

1) @@CURSOR_ROWS

语法格式:

```
@@CURSOR_ROWS
```

功能:返回最后打开的游标中当前存在的满足条件的行数。返回值为 0,则表示游标未打开;返回值为 −1,则表示游标为动态游标;返回值为 −m,则表示游标被异步填充,返回值(−m)是键集中当前的行数;返回值为 n,则表示游标已完全填充,返回值(n)是游标中的总行数。

2) CURSOR_STATUS

语法格式:

```
CURSOR_STATUS
(    {'local' , 'cursor_name'}            /*指明数据源为本地游标*/
    |{'global' , 'cursor_name'}           /*指明数据源为全局游标*/
    |{'variable' , cursor_variable}       /*指明数据源为游标变量*/
)
```

功能:返回游标状态是打开还是关闭。常量字符串 local、global 用于指定游标类型,local 表示为本地游标,global 表示为全局游标。参数 cursor_name 用于指定游标名。常量字符串 variable 用于说明其后的游标变量为一个本地变量,参数 cursor_variable 为本地游标变量名。返回值类型为 smallint。CURSOR_STATUS 函数返回值如表 5.15 所示。

表 5.15　CURSOR_STATUS 返回值列表

返回值	游标名或游标变量	返回值	游标名或游标变量
1	游标的结果集至少有一行	−2	游标不可用
0	游标的结果集为空 *	−3	指定的游标不存在
−1	游标被关闭		

* ：动态游标不返回这个结果。

3）@@FETCH_STATUS

语法格式：

```
@@FETCH_STATUS
```

功能：返回 FETCH 语句执行后游标的状态。返回值类型为 integer。@@FETCH_STATUS 返回值如表 5.16 所示。

表 5.16　@@FETCH_STATUS 返回值列表

返回值	说　明	返回值	说　明
0	FETCH 语句执行成功	−2	被读取的记录不存在
−1	FETCH 语句执行失败		

【例 5.31】　用 @@FETCH_STATUS 控制在一个 WHILE 循环中的游标活动。

```
USE xsbook
DECLARE @name char(20),@st_id char(2)
DECLARE readers_Cursor CURSOR FOR
    SELECT 借书证号,姓名 FROM xs
OPEN readers_Cursor
FETCH NEXT FROM readers_Cursor   INTO @name,@st_id
SELECT @name,@st_id
WHILE @@FETCH_STATUS=0
    BEGIN
        FETCH NEXT FROM readers_Cursor
        SELECT @name,@st_id
    END
CLOSE readers_Cursor
DEALLOCATE readers_Cursor
```

5.5　用户定义函数

系统提供的常用内置函数大大方便了用户进行程序设计,但是用户在编程时常常需要将一个或多个 T-SQL 语句组成子程序,以便反复调用。SQL Server 2012 允许用户根据需要自己定义函数。根据用户定义函数返回值的类型,可将用户定义函数分为如下两个类别。

　　(1) 标量函数:用户定义函数返回值为标量值,这样的函数称为标量函数。

　　(2) 表值函数:返回值为整个表的用户定义函数为表值函数。根据函数主体的定义方式,表值函数又可分为内嵌表值函数或多语句表值函数。若用户定义函数包含单个 SELECT 语句且该语句可更新,则该函数返回的表也可更新,这样的函数称为内嵌表值函数;若用户定义函数包含多个 SELECT 语句,则该函数返回的表不可更新,这样的函数称为多语句表值函数。

　　用户定义函数不支持输出参数。用户定义函数不能修改全局数据库状态。

　　创建用户定义函数可以使用 CREATE FUNCTION 命令,利用 ALTER FUNCTION 命令可以对用户定义函数进行修改,用 DROP FUNCTION 命令可以删除用户定义函数。

5.5.1　系统表 sysobjects

　　在 SQL Server 中,用于描述数据库对象的信息均记录在系统表中,通常把这样的表称为元数据表。例如,在数据库中创建的表、视图、用户函数、存储过程和触发器等对象,都要在系统表 sysobjects 中登记,如果该数据库对象已经存在,再对其进行定义则会报错。因此,在定义一个数据库对象前,最好先在系统表 sysobjects 中检测该对象是否已经存在,若存在可先删除之,然后定义新的对象。当然也可以根据具体情况,采取其他的措施,如检测到该数据库对象存在,则不创建新的数据库对象。为了后面学习的方便,在此介绍系统表 sysobjects 的主要字段,如表 5.17 所示。

表 5.17　系统表 sysobjects 的主要字段

字段名	类　型	含　　义
name	sysname	对象名
id	int	对象标示符
type	char(2)	对象类型可以是下列值之一: C:CHECK 约束;D:默认值或 DEFAULT 约束; F:FOREIGN KEY 约束;FN:标量函数; IF:内嵌表函数;K:PRIMARY KEY 或 UNIQUE 约束; L:日志;P:存储过程;R:规则;RF:复制筛选存储过程; S:系统表;TF:表值函数;TR:触发器;U:用户表; V:视图;X:扩展存储过程

　　后面许多例子总是先在系统表 sysobjects 中查询一个数据库对象是否存在,若存在则删除之,然后再创建该对象的示例。

5.5.2　用户函数的定义与调用

1. 标量函数

1) 标量函数的定义

语法格式:

```
CREATE FUNCTION [<数据库架构名>.]<函数名>           /*函数名部分*/
([{@<形参名>[AS][type_schema_name.]<数据类型>      /*形参定义部分*/
  [=default] [READONLY]}] [,…n]])
```

```
RETURNS<返回类型>                                    /*返回参数的类型*/
    [WITH<function_option>[,…n]]                     /*函数选项定义*/
    [AS]
    BEGIN
            function_body                            /*函数体部分*/
        RETURN scalar_expression                     /*返回语句*/
    END
[;]
```

其中：

```
<function_option>::=
{
    [ENCRYPTION]
    |[SCHEMABINDING]
    |[RETURNS NULL ON NULL INPUT|CALLED ON NULL INPUT]
}
```

说明：

（1）<函数名>：函数名必须符合标识符的规则，对其架构来说，该名在数据库中必须是唯一的。

（2）<形参名>：CREATE FUNCTION 语句中可以声明一个或多个参数，用@符号作为第一个字符来指定形参名，每个函数的参数作用于该函数的局部。

（3）<数据类型>：参数的数据类型可为系统支持的基本标量类型，不能为 timestamp 类型、用户定义数据类型、非标量类型（如 cursor 和 table）。type_schema_name 为参数所属的架构名。[＝default]可以设置参数的默认值。如果定义了 default 值，则无须指定此参数的值即可执行函数。READONLY 选项用于指定不能在函数定义中更新或修改参数。

（4）<返回类型>：函数使用 RETURNS 语句指定用户定义函数的返回值类型。返回值类型可以是 SQL Server 支持的基本标量类型，但 text、ntext、image 和 timestamp 除外。使用 RETURN 语句函数将返回 scalar_expression 表达式的值。

（5）function_body：由 T-SQL 语句序列构成的函数体。

（6）<function_option>：标量函数的选项，有以下几种。

① ENCRYPTION：用于指定 SQL Server 在系统表中存储 CREATE FUNCTION 语句文本时进行加密。

② SCHEMABINDING：用于指定将函数绑定到它所引用的数据库对象。如果函数是用 SCHEMABINDING 选项创建的，则不能更改或删除该函数引用的数据库对象。函数与其引用对象（如数据库表）的绑定关系只有在发生以下两种情况之一时才被解除：一是删除了函数；二是在未指定 SCHEMABINDING 选项的情况下更改了函数（使用 ALTER 语句）。

③ RETURNS NULL ON NULL INPUT|CALLED ON NULL INPUT：如果指定前者则当传递的参数为 NULL 时，函数将不执行函数体，返回 NULL；如果指定后者则表示即

使参数为 NULL,也将执行函数体。默认值为 CALLED ON NULL INPUT。

从上述语法形式,归纳出标量函数的一般定义形式如下:

```
CREATE FUNCTION [所有者名.] 函数名
(参数 1 [AS] 类型 1 [=默认值])[,…参数 n [AS] 类型 n [=默认值]]])
RETURNS 返回值类型
[WITH 选项]
[AS]
BEGIN
    函数体
    RETURN 标量表达式
END
```

【例 5.32】 定义一个函数,按性别计算当前所有读者的平均年龄。

① 为了计算平均年龄,创建如下视图:

```
USE xsbook
GO
IF EXISTS(SELECT name FROM sysobjects WHERE name= 'VIEW_AGE' AND type='v')
    DROP VIEW VIEW_AGE
GO
CREATE VIEW VIEW_AGE
    AS SELECT 借书证号,性别,datepart(yyyy,GETDATE())-datepart(yyyy,出生时间)as
    年龄
        FROM xs
GO
```

② 创建函数 aver_age,用于按性别计算当前读者的平均年龄。

```
/*检查该函数 aver_age 是否已定义,若已定义则删除之 */
IF EXISTS(SELECT name FROM sysobjects WHERE name='aver_age' AND type='FN')
    DROP FUNCTION aver_age
GO
CREATE FUNCTION aver_age(@sex bit)RETURNS int
    AS
    BEGIN
        DECLARE @aver int
        SELECT @aver=
            (SELECT avg(年龄)
                FROM VIEW_AGE
                WHERE 性别=@SEX
            )
        RETURN @aver
    END
GO
```

　　用户在使用命令方式创建用户定义函数后,打开"对象资源管理器",选择"数据库",在 xsbook 中选择"可编程性",在"函数"中选择"标量值函数",即可看到已经被创建好的用户定义的函数对象的图标。如果没有看到,请选择"刷新"选项。

　　2) 标量函数的调用

　　当调用用户定义的标量函数时,必须提供至少由两部分组成的名称(所有者名. 函数名)。可按以下方式调用标量函数。

　　(1) 在 SELECT 语句中调用。调用形式:

```
架构名.函数名(实参 1,实参 2,…,实参 n)
```

　　实参可以是已赋值的局部变量或表达式。

　　【例 5.33】　下面的程序对上例定义的 aver_age 函数进行调用。

```
/ * 定义局部变量 * /
DECLARE @ sex bit
DECLARE @ aver1 int
/ * 给局部变量赋值 * /
SELECT @ sex=1
SELECT @ aver1=dbo.aver_age(@ sex)          / * 调用用户函数,并将返回值赋给局部变量 * /
/ * 显示局部变量的值 * /
SELECT @ aver1 AS '男性读者的平均年龄'
```

　　(2) 利用 EXEC 语句执行

　　用 T-SQL 的 EXECUTE(EXEC)语句调用用户函数时,参数的标识次序与函数定义中的参数标识次序可以不同。有关 EXEC 语句的具体格式将在第 7 章中介绍。

　　调用形式:

```
EXEC 变量名=架构名.函数名 实参 1,实参 2,…,实参 n
```

或

```
EXEC 变量名=架构名.函数名 形参名 1=实参 1,形参名 2=实参 2,…, 形参名 n=实参 n
```

　　注意:前者实参顺序应与函数定义的形参顺序一致,后者参数顺序可以与函数定义的形参顺序不一致。

　　如果函数的参数有默认值,在调用该函数时必须指定 default 关键字才能获得默认值。这不同于存储过程中有默认值的参数,在存储过程中省略参数也意味着使用默认值。

　　【例 5.34】　利用 EXEC 调用用户定义函数 aver_age。

```
DECLARE @ aver1 int                              / * 显示局部变量的值 * /
EXEC @ aver1=dbo.aver_age   @ sex=0
/ * 通过 EXEC 调用用户函数,并将返回值赋给局部变量 * /
SELECT @ aver1 AS '女性读者的平均年龄'
```

2. 内嵌表值函数

内嵌表值函数是返回记录集的用户自定义函数,可以用于实现参数化视图的功能。例如,有如下视图:

```
CREATE VIEW View1
    AS
    SELECT 借书证号, 姓名
        FROM xsbook.dbo.xs
        WHERE 专业='计算机'
```

若希望设计更通用的程序,让用户能指定感兴趣的查询内容,可将"WHERE 专业='计算机'"替换为"WHERE 专业=@para",@para 用于传递参数,但视图不支持在 WHERE 子句中指定搜索条件参数,为解决这一问题,可以定义内嵌表值函数,如下例所示:

```
/*内嵌表值函数的定义*/
IF EXISTS(SELECT name FROM sysobjects WHERE name='fn_View1' AND TYPE='IF')
    DROP FUNCTION fn_View1
GO
CREATE FUNCTION fn_View1(@Para char(12))
    RETURNS TABLE
    AS RETURN
        (SELECT 借书证号,姓名
            FROM dbo.xs
            WHERE 专业=@para
        )
GO
/*内嵌函数的调用*/
SELECT * FROM fn_View1(N'计算机')
GO
```

下面介绍内嵌表值函数的定义及调用。

1) 内嵌表值函数的定义

语法格式:

```
CREATE FUNCTION [<数据库架构名>.]<函数名>      /*定义函数名部分*/
([{@<形参名>[AS] [type_schema_name.]<数据类型>
    [=default]} [,…n]])                      /*定义参数部分*/
RETURNS TABLE                                 /*返回值为表类型*/
    [WITH<function_option>[,…n]]              /*定义函数的可选项*/
    [AS]
    RETURN [()] select_stmt [()]              /*通过 SELECT 语句返回内嵌表*/
[;]
```

说明:RETURNS 子句仅包含关键字 TABLE,表示此函数返回一个表。内嵌表值函数的函数体仅有一个 RETURN 语句,并通过参数 select-stmt 指定的 SELECT 语句返回内嵌表值。语法格式中的其他参数项同标量函数的定义类似。

【例 5.35】 对于 xsbook 数据库,定义查询读者借阅历史的内嵌表值函数。

① 创建借阅历史表 jyls。

```
USE xsbook
GO
CREATE TABLE jyls
(
    借书证号    char(8)      NOT NULL,
    ISBN        char(18)     NOT NULL,
    索书号      char(10)     NOT NULL,
    借书时间    date         NOT NULL,
    还书时间    date         NOT NULL,
    PRIMARY KEY(索书号,借书证号,借书时间)      /*定义主键*/
)
```

表创建完后读者可以向表中添加一些相关的数据记录。

② 定义如下内嵌表值函数。

```
IF EXISTS(SELECT name FROM sysobjects WHERE name='fn_query' AND TYPE='IF')
    DROP FUNCTION fn_query
GO
CREATE FUNCTION fn_query(@READER_ID char(8))
RETURNS TABLE
AS RETURN
(
    SELECT *
        FROM   dbo.jyls
        WHERE dbo.jyls.借书证号=@READER_ID
)
```

2) 内嵌表值函数的调用

内嵌表值函数只能通过 SELECT 语句调用,调用时可以仅使用函数名。

在此,以前面定义的 fn_query()内嵌表值函数的调用作为应用举例,读者通过输入借书证号调用内嵌表值函数查询其借阅历史。

【例 5.36】 调用 fn_query()函数,查询借书证号为 131101 读者的借阅历史。

```
SELECT *
    FROM dbo.fn_query('131101')
```

3. 多语句表值函数

内嵌表值函数和多语句表值函数都返回表(记录集),二者不同之处在于:内嵌表值函数没有函数主体,返回的表是单个 SELECT 语句的结果集;而多语句表值函数在 BEGIN…END 块中定义的函数主体由 T-SQL 语句序列构成,这些语句可生成记录行并将行插入至表中,最后返回表(记录集)。

1) 多语句表值函数的定义

语法格式:

```
CREATE FUNCTION [<数据库架构名>.]<函数名>              /＊定义函数名部分＊/
([{@<形参名>[AS] [type_schema_name.]<数据类型>
   [=default]} [,…n]])                                /＊定义参数部分＊/
RETURNS @return_variable TABLE<table_type_definition>  /＊定义作为返回值的表＊/
   [WITH<function_option>[,…n]]                        /＊定义函数的可选项＊/
   [AS]
   BEGIN
       function_body                                  /＊定义函数体＊/
     RETURN
   END
[;]
```

其中:

```
<table_type_definition>::=                            /＊定义表,参考第 3 章＊/
({<column_definition><column_constraint>}
   [<table_constraint>] [,…n]
)
```

说明: @return_variable 为表变量,用于存储作为函数值返回的记录集;function_body 为 T-SQL 语句序列,function_body 只用于标量函数和多语句表值函数。在标量函数中, function_body 是一系列合起来求得标量值的 T-SQL 语句;在多语句表值函数中,function_body 是一系列在表变量@return_variable 中插入记录行的 T-SQL 语句。<table_type_definition>指定定义表结构的语句,可参考第 3 章。语法格式中的其他项与标量函数的定义相同。

【例 5.37】 在 xsbook 数据库中创建返回 table 的函数 book_readers,通过以 ISBN 书号为实参,调用该函数,查询该书的名称以及当前借阅该书的所有读者的借书证号、姓名及索书号。

```
IF EXISTS(SELECT name FROM sysobjects WHERE name='book_readers' AND TYPE='TF')
   DROP FUNCTION book_readers
GO
CREATE FUNCTION book_readers(@ISBN_ID char(18))
   RETURNS @readers_list TABLE
(
   ISBN_id         char(18),
   book_name       char(26),
   Search_num      char(10),
   readernum       char(8),
   reader_name     char(8)
```

```
)
AS
BEGIN
INSERT @ readers_list
    SELECT jy.ISBN, book.书名, jy.索书号, xs.借书证号, xs.姓名
        FROM dbo.xs, dbo.book, dbo.jy
        WHERE jy.ISBN=book.ISBN AND jy.ISBN=@ ISBN_ID AND
            xs.借书证号=jy.借书证号
 RETURN
END
GO
```

2）多语句表值函数的调用

多语句表值函数的调用与内嵌表值函数的调用方法相同。如下例子是上述多语句表值函数 book_readers() 的调用。

【例 5.38】　查询 ISBN 书号为 978-7-111-21382-6 的书名及当前的所有读者。

```
SELECT *
    FROM xsbook.dbo.book_readers('978-7-111-21382-6')
```

语句执行结果如图 5.9 所示。

	ISBN_id	book_name	Search_num	readernum	reader_name
1	978-7-111-21382-6	Java编程思想	1800001	131220	吴薇华
2	978-7-111-21382-6	Java编程思想	1800002	131104	韦严平

图 5.9　执行结果

5.5.3　用户函数的删除

对于一个已经创建的用户定义函数，可以有两种方法删除：

（1）通过对象资源管理器删除，此方法非常简单，请读者自己练习。

（2）利用 T-SQL 语句 DROP FUNCTION 删除。

语法格式：

```
DROP FUNCTION {[<数据库架构名>.]<函数名>} [,…n]
```

可以一次删除一个或多个用户定义函数。

注意：要删除用户定义函数，先要删除与之相关的对象。

习题

一、选择题

1．下列（　　）不是常量。

A. N'a student'　　B. 0xABC　　C. 1998-04-15　　D. 2.0

2. 关于用户自定义数据类型说法错误的是(　　)。

A. 只能是系统提供的数据类型　　B. 可以是系统数据类型的表达式

C. 是具体化系统数据类型　　D. 是为了规范用户和方便阅读

3. 关于变量说法错误的是(　　)。

A. 变量用于临时存放数据　　B. 用户只能定义局部变量

C. 变量可用于操作数据库命令　　D. 全局变量可以读写

4. 关于查询条件不可以是(　　)形式表达式。

A. a|b＞＝c　　B. a＞b AND b!＝c

C. EXISTS select　　D. UNKNOWN

5. 下列说法错误的是(　　)。

A. SELECT 可以运算字符表达式

B. SELECT 中的输出列可以是字段组成的表达式

C. TRY…CATCH 是对命令执行错误的控制

D. T-SQL 程序用于触发器和存储过程中

6. 下列说法错误的是(　　)。

A. 语句体包含一个以上语句需要采用 BEGIN…END

B. 多重分支只能用 CASE 语句

C. WHILE 中循环体可以一次不执行

D. 注释内容不会产生任何动作

7. 关于循环说法错误的是(　　)。

A. GOTO 语句可以跳出多重循环

B. CONTINUE 语句跳过循环体没有执行其他语句

C. BREAK 语句跳出当前最内层循环

D. RETURN 跳到最外面循环

8. 对数据库表操作采用(　　),返回若干条记录。

A. 行集函数　　B. 聚合函数

C. 标量函数　　D. 包含用户定义的函数的表达式

二、操作题

1. 定义用户变量 today,并使用一条 SET 语句和一条 SELECT 语句把当前的日期赋值给它。

2. 创建一个用户自定义数据类型 faxno,基本数据类型为 varchar,长度为 24,不允许为空。

3. 在 SQL Server 中,标识符@、@@、♯、♯♯的意义是什么？

4. 找出下列语句的语法错误：

```
USE cpxs
GO
DECLARE @ss INT
GO
SELECT @ss=89
GO
```

5. 使用循环计算一个数的阶乘。

三、简答题

1. 简要说明变量的分类及用法。

2. T-SQL 流程控制语句的关键字包括哪些？

3. T-SQL 共包括哪些运算符？运算符的优先级如何？

4. 举例说明用户自定义函数的使用方法。

5. 简要说明系统内置函数的分类及各类函数的特点。

CHAPTER 第 **6** 章

索引与数据完整性

当查阅图书内容时,为了提高查阅速度,并不是从第一页开始顺序查找,而是首先查看图书的目录索引,找到需要的内容在目录中所列的页码,然后根据这一页码直接找到需要的章节。在数据库中,为了从大量的数据中迅速找到所需要的内容,也采用了类似于图书目录这样的索引技术,使得数据查询时不必扫描整个数据库,就能迅速查找到所需要的内容。下面介绍 SQL Server 2012 的索引技术。

6.1 索引

索引是按照一定顺序对表中一列或若干列建立的列值与记录行之间的对应关系表。在数据库系统中建立索引主要有以下作用:

- 快速存取数据。
- 保证数据记录的唯一性。
- 实现表与表之间的参照完整性。
- 在使用 ORDER BY、GROUP BY 子句进行数据检索时,利用索引可以减少排序和分组的时间。

6.1.1 索引的分类

如果一个表没有创建索引,则数据行按输入顺序存储,这种存储结构称为堆集。

SQL Server 2012 支持在表中任何列(包括计算列)上定义索引,按索引的组织方式,可将 SQL Server 索引分为聚集索引和非聚集索引两种类型。

索引可以是唯一的,这意味着不会有两行记录相同的索引键值,这样的索引称为唯一索引。当唯一性是数据本身应该考虑的特点时,可以创建唯一索引。索引也可以不是唯一的,即多个行可以共享同一键值。如果索引是根据多列组合创建的,这样的索引称为复合索引。

1. 聚集索引

聚集索引将数据行的键值在表内排序并存储对应的数据记录,使得数据表物理顺序与索引顺序一致。SQL Server 2012 是按 B 树(BTREE)方式组织聚集索引的,B 树方式构建为包含了多个节点的一棵树。顶部的节点构成了索引的开始点,称为根。每个节点中含有索引列的几个值,一个节点中的每个值又都指向另一个节点或者指向表中的一行,一个节点中的值必须是有序排列的。指向一行的一个节点称为叶子页。叶子页本身也是相互连接的，一个叶子页有一个指针指向下一组。这样，表中的每一行都会在索引中有一个对应值，查询时就可以根据索引值直接找到所在的行。

聚集索引中 B 树的叶节点存放数据页信息。聚集索引在索引的叶级保存数据。这意味着不论聚集索引里有表的哪个（或哪些）字段，这些字段都会按顺序被保存在表中。由于存在这种排序，所以每个表只会有一个聚集索引。

由于数据记录按聚集索引键的次序存储，因此聚集索引对查找记录很有效。

2. 非聚集索引

非聚集索引完全独立于数据行的结构。SQL Server 2012 也是按 B 树组织非聚集索引的，与聚集索引不同之处在于：非聚集索引 B 树的叶节点不存放数据页信息，而是存放非聚集索引的键值，并且每个键值项都有指针指向包含该键值的数据行。

对于非聚集索引，表中的数据行不按非聚集键的次序存储。

在非聚集索引内，从索引行指向数据行的指针称为行定位器。行定位器的结构取决于数据页的存储方式是堆集还是聚集。对于堆集，行定位器是指向行的指针。对于有聚集索引的表，行定位器是聚集索引键，只有在表上创建聚集索引时，表内的行才按特定顺序存储。这些行按聚集索引键顺序存储。如果一个表只有非聚集索引，它的数据行将按无序的堆集方式存储。

一个表中最多只能有一个聚集索引，但可以有一个或多个非聚集索引。当在 SQL Server 2012 上创建索引时，可以指定是按升序还是降序存储键。

如果在一个表中既要创建聚集索引，又要创建非聚集索引时，应该首先创建聚集索引，然后创建非聚集索引，因为创建聚集索引时将改变数据记录的物理存放顺序。

6.1.2　系统表 sysindexes

在 5.5.1 节中已经介绍了系统表 sysobjects，在此将介绍另一个系统表 sysindexes。当用户创建数据库时，系统将自动创建系统表 sysindexes，用户创建的每个索引均将在系统表 sysindexes 中登记，当创建一个索引时，如果该索引已存在，则系统将报错。因此，创建一个索引前，应先查询 sysindexes 表，若待定义的索引已存在，则先删除之，然后再创建索引；当然，也可采用其他措施，如检测到待定义的索引已存在，则不创建该索引。系统表 sysindexes 的主要字段如表 6.1 所示。

表 6.1　系统表 sysindexes 的主要字段

字段名	字段类型	含　义
id	int	当 ID<>0 或 255 时，ID 为索引所属表的 ID
indid	smallint	索引 ID：1：聚集索引，>1 但<>255：非聚集索引
name	sysname	当 indid<>0 或 255 时，为索引名

后面的示例会使用 sysindexes 表，查询一个索引是否存在。

6.1.3　索引的创建

在 xsbook 数据库中，经常要对 xs、book 和 jy 三个表查询和更新，为了提高查询和更新

速度,可以考虑对三个表建立如下索引:

(1) 对于 xs 表,按借书证号建立主键索引(PRIMARY KEY 约束),索引组织方式为聚集索引;按姓名建立非唯一索引,索引组织方式为非聚集索引。

(2) 对于 book 表,按 ISBN 建立主键索引或者唯一索引,索引组织方式为聚集索引。

(3) 对于 jy 表,按借书证号+ISBN 建立唯一索引,索引组织方式为聚集索引。

在 SQL Server Management Studio 中,既可以利用界面方式创建上述索引,也可以利用 T-SQL 命令通过查询分析器建立索引。

1. 界面方式创建索引

下面以 xs 表中按照姓名建立非唯一索引(索引组织方式为非聚集索引)为例,介绍索引的创建方法。

在“对象资源管理器”中展开“数据库 xsbook”,展开“表”中的 dbo. xs,右击其中的“索引”项,在弹出的快捷菜单上选择“新建索引”菜单项的“非聚集索引”。

这时,用户可以在弹出的“新建索引”窗口中输入索引名称(索引名在表中必须唯一),如 ck_xs(如果是唯一索引,需要勾选“唯一”复选框)。单击新建索引窗口的“添加”按钮,在弹出选择列窗口(如图 6.1 所示)中选择要添加的列,添加完毕后单击“确定”按钮,在主界面中为索引键列设置相关的属性,单击“确定”按钮即完成索引的创建工作。

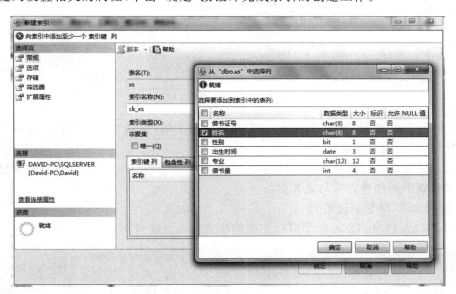

图 6.1　添加索引键列

说明:在创建聚集索引之前,如果已经创建主键,在创建主键时会自动将主键列定义为聚集索引。由于一个表中只能有一个聚集索引,所以主键未删除将无法再创建新的聚集索引。

除了使用上面的方法创建索引之外,还可以直接在表设计器窗口创建索引。在表设计器窗口创建索引的方法如下:

(1) 右击表名,在弹出的快捷菜单中选择“设计”菜单项。

(2) 在“表设计器”窗口中,选择需要创建索引的属性列,右击,在弹出的快捷菜单中选择"索引/键"菜单项。如图 6.2 所示,在打开的"索引/键"窗口中单击"添加"按钮,并在右边的"标识"属性区域的"名称"一栏中确定新索引的名称(用系统默认的名或重新取名)。在右边的常规属性区域中的"列"一栏后面单击 按钮,可以修改要创建索引的列。如果将"是唯一的"一栏设定为"是",则表示索引是唯一索引,此处选择"否"。在"表设计器"栏下的"创建为聚集的"选项中,可以设置是否创建为聚集索引,由于 xs 表中已经存在聚集索引,所以这里的这个选项不可修改。

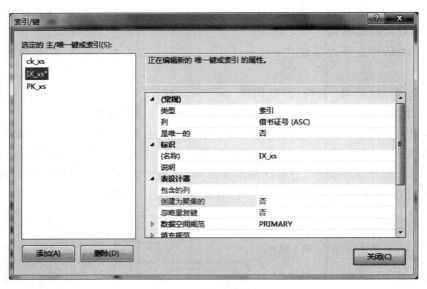

图 6.2 "索引/键"窗口

(3)最后单击"关闭"按钮关闭该窗口,单击面板上的"保存"按钮,在弹出的对话框中单击"是"按钮,索引创建即完成。

索引创建完后,在"对象资源管理器"中展开对应表中的"索引"项,就可以查看已建立的索引。其他索引的创建方法与之类似。

2. 使用 SQL 命令创建索引

使用 CREATE INDEX 语句可以为表创建索引。语法格式:

```
CREATE [UNIQUE]                            /*指定索引是否唯一*/
       [CLUSTERED|NONCLUSTERED]            /*索引的组织方式*/
    INDEX<索引名>                           /*索引名称*/
  ON {[<数据库名>. [<架构名>] .|<架构名>.]<表名或视图名>}
     (<列名>[ASC|DESC] [,…n])               /*索引定义的依据*/
  [WITH(<relational_index_option>[,…n])]    /*索引选项*/
  [ON { <分区方案名>(<列名>)                 /*指定分区方案*/
      |<文件组名>                            /*指定索引文件所在的文件组*/
    }
  ]
[;]
```

其中:

```
<relational_index_option>::=
{
  PAD_INDEX={ON|OFF}
|FILLFACTOR=fillfactor
|SORT_IN_TEMPDB={ON|OFF}
|IGNORE_DUP_KEY={ON|OFF}
|STATISTICS_NORECOMPUTE={ON|OFF}
|DROP_EXISTING={ON|OFF}
|ONLINE={ON|OFF}
|ALLOW_ROW_LOCKS={ON|OFF}
|ALLOW_PAGE_LOCKS={ON|OFF}
|MAXDOP=max_degree_of_parallelism
}
```

说明：

（1）UNIQUE：表示为表或视图创建唯一索引（即不允许存在索引值相同的两行）。例如，对于 xs 表，根据借书证号创建唯一索引，即不允许有两个相同的借书证号出现。此关键字的使用有两点需注意：

① 对于视图创建的聚集索引必须是 UNIQUE 索引。

② 如果对已存在数据的表创建唯一索引，必须保证索引项对应的值无重复值。

（2）CLUSTERED|NONCLUSTERED：用于指定创建聚集索引还是非聚集索引，前者表示创建聚集索引，后者表示创建非聚集索引。一个表或视图只允许有一个聚集索引，并且必须先为表或视图创建唯一聚集索引，然后才能创建非聚集索引。默认为 NONCLUSTERED。

注意：必须使用 SCHEMABINDING 选项定义视图才能在视图上创建索引。

（3）＜列名＞：用于指定建立索引的字段，参数 n 表示可以为索引指定多个字段。指定索引字段时，要注意如下两点：

① 表或视图索引字段的类型不能为 ntext、text 或 image。

② 通过指定多个索引字段可以创建组合索引，但组合索引的所有字段必须取自同一表。

ASC 表示索引文件按升序建立，DESC 表示索引文件按降序建立，默认设置为 ASC。

（4）WITH 子句：用于指定定义的索引选项，主要有以下几个：

① PAD_INDEX：用于指定索引中间级中每个页（节点）保持开放的空间，此关键字必须与 FILLFACTOR 子句同时使用。默认值为 OFF。

② FILLFACTOR 子句：指定一个百分比，表示在索引创建或重新生成过程中数据库引擎应使每个索引页的叶级别达到的填充程度。

③ SORT_IN_TEMPDB：指定是否在 tempdb 数据库中存储临时排序结果。ON 表示在 tempdb 中存储用于生成索引的中间排序结果，OFF 表示中间排序结果与索引存储在同一数据库中。默认值为 OFF。

④ IGNORE_DUP_KEY：指定对唯一聚集索引或唯一非聚集索引执行多行插入操作时出现重复键值的错误响应。ON 发出一条警告信息，且只有违反了唯一索引的行才会失

败。OFF 发出错误消息,并回滚整个 INSERT 事务。默认值为 OFF。

⑤ STATISTICS_NORECOMPUTE：指定是否重新计算分发统计信息。ON 表示不会自动重新计算过时的统计信息。OFF 表示已启用统计信息自动更新功能。默认值为 OFF。

⑥ DROP_EXISTING：指定删除已存在的同名聚集索引或非聚集索引。设置为 ON 表示删除并重新生成现有索引。设置为 OFF 表示如果指定索引已存在则显示一条错误。默认值为 OFF。

⑦ ONLINE：指定在索引操作期间基础表和关联的索引是否可用于查询和数据修改操作。ON 表示索引操作期间不持有长期表锁。OFF 表示索引操作期间应用表锁。默认值为 OFF。

⑧ ALLOW_ROW_LOCKS：指定是否允许行锁。默认值为 ON,表示允许。

⑨ ALLOW_PAGE_LOCKS：指定是否允许页锁。默认值为 ON。

⑩ MAXDOP：在索引操作期间覆盖最大并行度配置选项。max _ degree _ of _ parallelism 可以是：1 为取消生成并行计划；>1 为基于当前系统工作负荷,将并行索引操作中使用的最大处理器数限制为指定数量或更少；0(默认值)为根据当前系统工作负荷使用实际的处理器数量或更少数量的处理器。

【例 6.1】 对于 jy 表,按借书证号+ISBN 创建索引。

```
/*创建简单索引*/
IF EXISTS(SELECT name FROM sysindexes WHERE name='jy_num_ind')
    DROP INDEX jy.jy_num_ind
GO
CREATE INDEX jy_num_ind
    ON jy(借书证号,ISBN)
```

【例 6.2】 根据 book 表的 ISBN 列创建唯一聚集索引,因为指定了 CLUSTERED 子句,所以该索引将对磁盘上的数据进行物理排序。

```
/*创建唯一聚集索引*/
CREATE UNIQUE CLUSTERED INDEX book_id_ind
    ON  book(ISBN)
```

说明：如果创建索引 book_id_ind 唯一聚集之前,已创建了主键索引,则创建索引 book_id_ind 失败。

【例 6.3】 根据 xs 表中借书证号字段创建唯一聚集索引。如果输入了重复键值,将忽略该 INSERT 或 UPDATE 语句。

```
CREATE UNIQUE CLUSTERED INDEX xs_ind
    ON xs(借书证号)
    WITH IGNORE_DUP_KEY
```

创建索引有如下几点要说明：

（1）在计算列上创建索引。对于 UNIQUE 或 PRIMARY KEY 索引，只要满足索引条件，就可以包含计算列，但计算列必须具有确定性，必须精确。若计算列中带有函数时，使用该函数时有相同的参数输入，输出的结果也一定相同时该计算列是确定的。而有些函数如getdate()每次调用时都输出不同的结果，这时就不能在计算列上定义索引。计算列为 text、ntext 或 image 列时也不能在该列上创建索引。

（2）在视图上创建索引。可以在视图上定义索引，索引视图能自动反映出创建索引后对基表数据所做的修改。

【例 6.4】　创建一个视图，并为该视图创建索引。

```
/* 定义视图,如下例子中,由于使用了 WITH  SCHEMABINDING 子句,因此定义视图时,SELECT 子
句中表名必须为:架构名.视图名的形式。*/
CREATE  VIEW  VIEW1  WITH  SCHEMABINDING
AS
    SELECT  索书号,书名,姓名
        FROM dbo.jy, dbo.book, dbo.xs
        WHERE jy.ISBN=book.ISBN AND xs.借书证号=jy.借书证号
/* 在视图 VIEW1 上定义索引 */
CREATE  UNIQUE CLUSTERED INDEX Ind1
    ON dbo.VIEW1(索书号 ASC)
```

6.1.4　索引的删除

索引的删除既可以通过"图形界面方式"删除，也可以通过执行"T-SQL 命令"删除。

1. 通过界面方式删除索引

通过界面方式删除索引的主要步骤如下：启动 SQL Server Management Studio，在"对象资源管理器"中展开数据库 xsbook，在"表"中选择 dbo.xs，选择"索引"选项，选择其中要删除的索引，右击，在弹出的快捷菜单上选择"删除"菜单项，在打开的"删除对象"窗口单击"确定"按钮即可。

2. 通过 SQL 命令删除索引

语法格式：

```
DROP INDEX
{  <索引名>ON <表名或视图名>[,…n]
    |table_or_view_name.index_name [,…n]
}
```

DROP INDEX 语句可以一次删除一个或多个索引。这个语句不适合于删除通过定义PRIMARY KEY 或 UNIQUE 约束创建的索引，若要删除 PRIMARY KEY 或 UNIQUE约束创建的索引，必须通过删除约束实现。另外，在系统表的索引上不能使用 DROPINDEX 操作。

【例 6.5】　删除索引 jy_num_ind。

```
IF EXISTS(SELECT name FROM sysindexes WHERE name='jy_num_ind')
    DROP INDEX jy. jy_num_ind
```

6.2 数据完整性

6.2.1 数据完整性的分类

数据的完整性是指数据库中的数据在逻辑上的一致性和准确性。数据完整性一般包括三种：域完整性、实体完整性和参照完整性。

1. 域完整性

域完整性又称列完整性，指列数据输入的有效性。实现域完整性的方法有：限制类型（通过数据类型）、格式（通过 CHECK 约束和规则）或可能的取值范围（通过 CHECK 约束、DEFALUT 定义、NOT NULL 定义）等。

CHECK 约束通过显示输入列中的值来实现域完整性；DEFAULT 定义后，如果列中没有输入值则填充默认值来实现域完整性；通过定义列为 NOT NULL 限制输入的值不能为空也能实现域完整性。

例如，对于数据库 xsbook 的 xs 表，如果允许读者当前的在借图书量最多为 20 本，为了对读者当前的在借图书量进行限制，可以在定义 xs 表时，规定约束条件"0≤借书量≤20"达到目的。定义表 xs 的同时，定义借书量字段的约束条件：

```
USE xsbook
GO
CREATE TABLE xs
(
    借书证号   char(8)      NOT NULL PRIMARY KEY,
    姓名       char(8)      NOT NULL,
    性别       bit          NOT NULL DEFAULT 1,
    出生时间   date         NOT NULL ,
    /* 如下语句定义字段的同时定义约束条件 */
    专业       char(12)     NOT NULL,
    借书量     int          CHECK(借书量>=0 AND 借书量<=20)NOT NULL,
    照片       varbinary(MAX) NULL
)
```

2. 实体完整性

实体完整性又称行的完整性，要求表中有一个主键，其值不能为空且能唯一地标识对应的记录。通过索引、UNIQUE 约束、PRIMARY KEY 约束或 IDENTITY 属性等可以实现数据的实体完整性。例如，对于 xsbook 数据库中 xs 表，借书证号作为主键，每一个读者的借书证号能唯一地标识该读者对应的行记录信息，那么在输入数据时，则不能有相同借书证号的行记录，通过对借书证号这一字段建立主键约束可以实现表 xs 的实体完整性。

3. 参照完整性

参照完整性又称引用完整性。参照完整性保证主表中的数据与从表中数据的一致性。

SQL Server 2012 中,参照完整性的实现是通过定义外键(外码)与主键(主码)之间或者外键与唯一键之间的对应关系实现的。参照完整性确保键值在所有表中一致。

码:即前面所说的关键字,又称"键",是能唯一标识表中记录的字段或字段组合。如果一个表有多个码,可选其中一个作为主码(主键),其余的称为候选码。

外码:如果一个表中的一个字段或若干个字段的组合是另一个表的码,则称该字段或字段组合为该表的外码。例如,对于 xsbook 数据库 xs 表中每一个读者的借书证号,在 jy 表中有相关的借书记录,将 xs 作为主表,借书证号字段定义为主键,jy 表作为从表,表中的借书证号字段定义为外键,从而建立主表和从表之间的关联实现参照完整性。xs 和 jy 表的对应关系如图 6.3 中的表 6.2 和表 6.3 之间的对应关系所示。

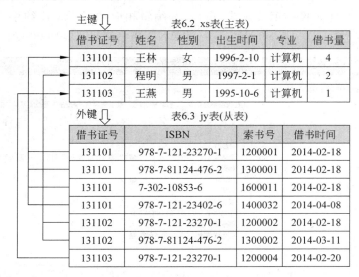

图 6.3　xs 表(主表)与 jy 表(从表)之间的对应关系

如果定义了两个表之间的参照完整性,则要求:

(1) 从表不能引用不存在的键值。例如,对于 jy 表中行记录出现的借书证号必须是 xs 表中已经存在的。

(2) 如果主表中的键值更改了,那么在整个数据库中,对从表中该键值的所有引用要进行一致性的更改。例如,如果对 xs 表中的某一借书证号修改,jy 表中所有对应借书证号也要进行相应修改。

(3) 如果要删除主表中的某一记录,应先删除从表中与该记录匹配的相关记录。

6.2.2　域完整性的实现

SQL Server 2012 通过数据类型、CHECK 约束、DEFALUT 定义和 NOT NULL 可以实现域完整性。其中,数据类型、DEFAULT、NOT NULL 定义在之前已经介绍过,这里不再重复。下面介绍如何使用 CHECK 约束实现域完整性。

CHECK 约束实际上是字段输入内容的验证规则,表示一个字段的输入内容必须满足 CHECK 约束的条件,若不满足,则数据无法正常输入。对于 timestamp 和 identity 两种类型字段不能定义 CHECK 约束。

1) 通过界面方式创建与删除 CHECK 约束

对于 xsbook 数据库的 xs 表,要求读者的借书证号必须由 6 个数字字符构成,并且不能为 000000。

(1) 启动 SQL Server Management Studio,在"对象资源管理器"中展开"数据库",在 xsbook 数据库中打开"表",选择 dbo. xs,右击,选择"设计"菜单项。

(2) 在打开的"表设计器"窗口中选择"借书证号"属性列,右击,选择"CHECK 约束"菜单项。

(3) 在打开的"CHECK 约束"窗口(如图 6.4 所示)中,单击"添加"按钮,添加一个 "CHECK 约束"。在常规属性区域中的"表达式"一栏后面单击 ... 按钮(或直接在文本框中输入内容),打开"CHECK 约束表达式"窗口,并编辑相应的 CHECK 约束表达式为:借书证号 LIKE '[0-9][0-9][0-9][0-9][0-9][0-9]' AND 借书证号<>'000000'.

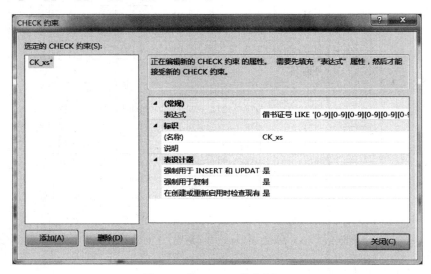

图 6.4　"CHECK 约束"窗口

(4) 单击"确定"按钮,完成 CHECK 约束表达式的编辑,返回到"CHECK 约束"窗口中。在"CHECK 约束"窗口中选择"关闭"按钮,并保存修改,完成"CHECK 约束"的创建。此时若输入数据,如果借书证号不符合要求,系统将报告错误。

如果要删除上述约束,只需进入如图 6.4 所示的"CHECK 约束"窗口,选中要删除的约束,单击"删除"按钮删除约束,然后单击"关闭"按钮即可。

2) 使用 SQL 语句在创建表时创建 CHECK 约束

利用 T-SQL 命令可以使用两种方式定义约束:一种是作为列的约束,另一种是作为表的约束。

语法格式:

```
CREATE TABLE table_name                    /*指定表名*/
(    <列名><数据类型>
    {
        NOT NULL|NULL                      /*指定为空性*/
```

```
        |[DEFAULT<默认值表达式>]                                    /*指定默认值*/
        |[CONSTRAINT<约束名>] CHECK(logical_expression)]    /*CHECK 约束表达式*/
    }[,…n]
    [CONSTRAINT constraint_name] CHECK(logical_expression)][,…n]
)
```

说明：关键字 CHECK 表示定义 CHECK 约束,其后的 logical_expression 逻辑表达式称为 CHECK 约束表达式,其构成与 WHERE 子句中逻辑表达式的构成相同。可以使用 CONSTRAINT 关键字为 CHECK 定义一个约束名,如果没有给出则系统自动创建一个名称。

【例 6.7】 对于数据库 xsbook 中的表 book,要求图书的最高限价为 250 元,请重新定义 book 表。

```
CREATE TABLE book
(
    ISBN      char(18)    NOT NULL PRIMARY KEY,
    书名       char(40)    NOT NULL,
    作者       char(16)    NOT NULL,
    出版社     char(30)    NOT NULL,
    价格       float       NOT NULL CHECK(价格<=250),
    复本量     int         NOT NULL,
    库存量     int         NOT NULL
)
```

如果指定的一个 CHECK 约束中,涉及表中的多个列时,例如要相互比较一个表的两个或多个列,那么该约束必须定义为表的约束。

【例 6.8】 创建表 student,有学号、最好成绩和平均成绩三列,要求最好成绩必须大于平均成绩。

```
CREATE TABLE student
(
    学号       char(6)     NOT NULL,
    最好成绩   int         NOT NULL,
    平均成绩   int         NOT NULL,
    CHECK(最好成绩>平均成绩)
)
```

也可以同时定义多个 CHECK 约束,中间用逗号隔开。

3) 使用 SQL 语句在修改表时创建 CHECK 约束

语法格式:

```
ALTER TABLE<表名>
    ADD [<列的定义>]
        [CONSTRAINT<约束名>] CHECK(logical_expression)
```

说明：使用 ALTER TABLE 的 ADD 子句为表添加一个 CHECK 约束定义。

【例 6.9】　通过修改 xsbook 数据库的 xs 表，增加借书证号字段的 CHECK 约束：要求借书证号必须全由 6 个数字字符构成，并且不等于'000000'。

```
ALTER TABLE xs
   ADD CONSTRAINT card_constraint
      CHECK(借书证号 LIKE '[0-9][0-9][0-9][0-9][0-9][0-9]' AND 借书证号<>'000000')
```

4) 使用 SQL 语句删除 CHECK 约束

CHECK 约束的删除可以在对象资源管理器中通过界面删除，读者可以自己试一试，在此介绍如何利用 SQL 命令删除。

使用 ALTER TABLE 语句的 DROP 子句可以删除 CHECK 约束。语法格式：

```
ALTER TABLE<表名>
    DROP CONSTRAINT<约束名>
```

【例 6.10】　删除 xsbook 数据库中 xs 表借书证号字段的 CHECK 约束。

```
IF EXISTS(SELECT name FROM sysobjects WHERE name='card_constraint' AND type='C')
BEGIN
    ALTER TABLE xs
        DROP CONSTRAINT card_constraint
END
```

6.2.3　实体完整性的实现

如前所述，表中应有一个列或列的组合，其值能唯一地标识表中的每一行，选择这样的列或列的组合作为主键可以实现表的实体完整性，通过定义 PRIMARY KEY 约束来创建主键。

一个表只能有一个 PRIMARY KEY 约束，而且 PRIMARY KEY 约束中的列不能取空值。当为表定义 PRIMARY KEY 约束时，SQL Server 2012 为主键列创建唯一索引，实现数据的唯一性，在查询中，该索引可以用来对数据进行快速访问。如果 PRIMARY KEY 约束是由多列组合定义的，则某一列的值可以重复，但是 PRIMARY KEY 约束定义中所有列的组合值必须唯一。

如果要确保一个表中的非主键列不输入重复值，则应该在该列上定义唯一约束（UNIQUE 约束）。例如，对于 xsbook 数据库中 xs 表的"借书证号"列是主键，若在 xs 表中增加一列"身份证号码"，可以定义一个唯一约束来要求表中"身份证号码"列的取值是唯一的。

PRIMARY KEY 约束与 UNIQUE 约束的主要区别如下：

- 一个数据表只能创建一个 PRIMARY KEY 约束，但一个表中可以根据需要对不同的列创建若干个 UNIQUE 约束。
- PRIMARY KEY 字段的值不允许为 NULL，而 UNIQUE 字段的值可取 NULL。

- 一般创建 PRIMARY KEY 约束时,系统会自动产生索引,索引的默认类型为簇索引。创建 UNIQUE 约束时,系统会自动地产生一个 UNIQUE 索引,索引的默认类型为非簇索引。

PRIMARY KEY 约束与 UNIQUE 约束的相同点在于:二者均不允许表中对应字段存在重复值。

1. 使用界面方式创建和删除 PRIMARY KEY 约束

1)创建 PRIMARY KEY 约束

如果要对 xs 表按借书证号建立 PRIMARY KEY 约束,可以按第 3 章中创建表设置主键的相关步骤进行。

当创建主键时,系统将自动创建一个名称以 PK_ 为前缀、后跟表名的主键索引,系统自动按聚集索引方式组织主键索引。

2)删除 PRIMARY KEY 约束

如果要删除对表 xs 中对借书证号字段建立的 PRIMARY KEY 约束,可以按照如下步骤进行:在"对象资源管理器"中选择 dbo. xs 表图标并右击,在弹出的快捷菜单中选择"设计"菜单项,进入"表设计器"窗口。选中"xs 表设计器"窗口中主键所对应的行并右击,在弹出的快捷菜单中选择"删除主键"菜单项即可。

2. 使用界面方式创建和删除 UNIQUE 约束

1)创建 UNIQUE 约束

如果要对 xs 表中的"姓名"列创建 UNIQUE 约束,以保证该列取值的唯一性,可以按照以下步骤进行:进入 xs 表的"表设计器"窗口,选择"姓名"属性列并右击,在弹出的快捷菜单中选择"索引/键"菜单项,打开"索引/键"窗口。

在窗口中单击"添加"按钮,并在右边的"标识"属性区域的"名称"一栏中输入唯一键的名称(用系统默认的名或重新取名)。在常规属性区域的"类型"一栏中选择类型为"唯一键"。

在常规属性区域中的"列"一栏后面单击 📖 形状的按钮,选择要创建索引的列。在此选择"借书证号"这一列,并设置排序顺序。单击"关闭"按钮,然后保存修改即可。

2)删除 UNIQUE 约束

打开"姓名"属性列的"索引/键"窗口,选择要删除的 UNIQUE 约束,单击左下方的"删除"按钮,单击"关闭"按钮,保存表的修改即可。

3. 使用 SQL 命令创建及删除 PRIMARY KEY 约束或 UNIQUE 约束

1)创建表的同时创建 PRIMARY KEY 约束或 UNIQUE 约束

语法格式:

```
CREATE TABLE<表名>                        /*指定表名*/
(    <列名><数据类型>                      /*定义字段*/
        [CONSTRAINT<约束名>]              /*约束名*/
        {PRIMARY KEY|UNIQUE}             /*定义约束类型*/
        [CLUSTERED|NONCLUSTERED]         /*定义约束的索引类型*/
        [,…n]

)
```

说明：

（1）PRIMARY KEY | UNIQUE：定义约束的关键字，PRIMARY KEY 为主键，UNIQUE 为唯一键。

（2）CLUSTERED | NONCLUSTERED：定义约束的索引类型，CLUSTERED 表示聚集索引，NONCLUSTERED 表示非聚集索引，与 CREATE INDEX 语句中的选项相同。

【例 6.11】 创建 xs4 表，并对借书证号字段创建 PRIMARY KEY 约束，对姓名字段定义 UNIQUE 约束。

```
USE xsbook
GO
CREATE TABLE xs4
(
    借书证号    char(8)      NOT NULL   CONSTRAINT xs_pk PRIMARY KEY,
    姓名        char(8)      NOT NULL   CONSTRAINT XM_UK UNIQUE,
    性别        bit          NOT NULL,
    出生时间    date         NOT NULL,
    专业        char(12)     NOT NULL,
    借书量      int          CHECK(借书量>=0 AND 借书量<=20)NULL,
    照片        varbinary(MAX)NULL
)
```

【例 6.12】 创建借阅历史表 jyls1，由借书证号、索书号、借书时间作为联合主键。

```
CREATE TABLE jyls1
(
    借书证号    char(8)      NOT NULL,
    ISBN        char(18)     NOT NULL,
    索书号      char(10)     NOT NULL,
    借书时间    date         NOT NULL,
    还书时间    date         NOT NULL,
    PRIMARY KEY(索书号,借书证号,借书时间)          /*定义主键*/
)
```

2）修改表时创建 PRIMARY KEY 约束或 UNIQUE 约束

下面创建 PRIMARY KEY 约束。

```
ALTER TABLE<表名>
    ADD[CONSTRAINT<约束名>]{PRIMARY KEY|UNIQUE}
        [CLUSTERED|NONCLUSTERED]
        (column [,…n])
```

【例 6.13】 修改 xs4 表，向其中添加一个"身份证号码"字段，对该字段定义 UNIQUE 约束。对"出生时间"字段定义 UNIQUE 约束。

```
ALTER TABLE  xs4
    ADD  身份证号码 char(18)
        CONSTRAINT SF_UK  UNIQUE NONCLUSTERED(身份证号码)
GO
ALTER TABLE  xs4
    ADD  CONSTRAINT CJSJ_UK  UNIQUE NONCLUSTERED(出生时间)
```

3）删除 PRIMARY KEY 约束或 UNIQUE 约束

删除 PRIMARY KEY 约束或 UNIQUE 约束需要使用 ALTER TABLE 的 DROP 子句。

语法格式：

```
ALTER TABLE<表名>
    DROP CONSTRAINT<约束名>[,…n]
```

【例 6.14】　删除前面例中在表 xs4 上创建的 PRIMARY KEY 约束和 UNIQUE 约束。

```
ALTER TABLE  xs4
    DROP  CONSTRAINT xs_pk, XM_UK
```

6.2.4　参照完整性的实现

对两个相关联的表（主表与从表）进行数据插入和删除时，通过参照完整性保证它们之间数据的一致性。

利用 FOREIGN KEY 定义从表的外键，PRIMARY KEY 或 UNIQUE 约束定义主表中的主键或唯一键（不允许为空），可以实现主表与从表之间的参照完整性。

定义表间参照关系：先定义主表主键（或唯一键），再对从表定义外键约束（根据查询的需要可先对从表的该列创建索引）。

下面首先介绍利用界面方式定义表间参照关系，然后介绍利用 SQL 命令定义表间参照关系。

1. 使用界面方式定义表间的参照关系

例如，在数据库 xsbook 中要建立 xs 表与 jy 表之间的参照完整性，操作步骤如下：

（1）按照前面所介绍的方法定义主表的主键。由于之前在创建表的时候已经定义 xs 表中的借书证号字段为主键，所以这里就不需要再定义主表的主键了。

（2）在"对象资源管理器"中展开"数据库"，在 xsbook 数据库中选择"数据库关系图"，右击，在出现的快捷菜单中选择"新建数据库关系图"菜单项，打开"添加表"窗口。

（3）在出现的"添加表"窗口中选择要添加的表，这里选择表 xs 和表 jy。单击"添加"按钮完成表的添加，之后单击"关闭"按钮退出窗口。

（4）在"数据库关系图设计"窗口将鼠标指向主表的主键，并拖动到从表，即将 xs 表中的"借书证号"字段拖动到从表 jy 中的"借书证号"字段。

（5）在弹出的"表和列"窗口中输入关系名、设置主键表和列名，如图 6.5 所示，单击"表和列"窗口中的"确定"按钮,再单击"外键关系"窗口中的"确认"按钮,进入如图 6.6 所示的界面。

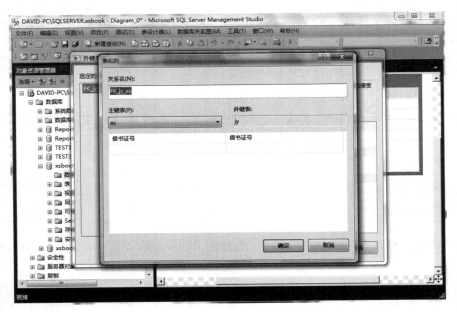

图 6.5 设置参照完整性

图 6.6 主表和从表的参照关系图

（6）单击"保存"按钮,在弹出的"选择名称"对话框中输入关系图的名称。单击"确定"按钮,在弹出的"保存"对话框中单击"是"按钮,保存设置。

到此,关系图的创建过程全部完成。之后可以在 xsbook 数据库的"数据库关系图"目录下看到所创建的参照关系。读者可以在主表和从表中插入或删除数据来验证它们之间的参照关系。

为了提高查询效率,在定义主表与从表的参照关系前,可以考虑首先对从表的外键定义索引,然后定义主表与从表间的参照关系。

如果要在图 6.6 的基础上再添加 book 表并建立相应的参照完整性关系,可以右击图 6.6 的空白区域,选择"添加表"菜单项,在随后弹出的"添加表"窗口中添加 book 表,之后定义 book 表和 jy 表之间的参照关系。

2. 使用界面方式删除表间的参照关系

如果要删除前面建立的 xs 表与 jy 表之间的参照关系,可以按照以下步骤进行:

(1) 在 xsbook 数据库的"数据库关系图"目录下选择要修改的"关系图",如 Diagram_0,右击,在弹出的快捷菜单中选择"修改"菜单项,打开"数据库关系图设计"窗口。

(2) 在"数据库关系图设计"窗口中,选择已经建立的"关系",右击,选择"从数据库中删除关系",如图 6.7 所示。在随后弹出的对话框中,单击"是"按钮,删除表之间的关系。

图 6.7 删除关系

3. 使用 SQL 命令定义表间的参照关系

前面已经介绍了创建主键(PRMARY KEY 约束)及唯一键(UNIQUE 约束)的方法,在此将介绍通过 SQL 命令创建外键的方法。

1) 创建表的同时定义外码约束

语法格式:

```
CREATE TABLE<表名>
(
    <列名><数据类型>
        [CONSTRAINT<约束名>]
    [FOREIGN KEY][(column [,…n])]
    REFERENCES referenced_table_name [(ref_column [,…n])]
    [ON DELETE {NO ACTION|CASCADE|SET NULL|SET DEFAULT}]
    [ON UPDATE {NO ACTION|CASCADE|SET NULL|SET DEFAULT}]
)
```

说明:和主键一样,外键也可以定义为列的约束或表的约束。如果定义为列的约束,则直接在列定义后面使用 FOREIGN KEY 关键字定义该字段为外键。如果定义为表的约束,需要在 FOREIGN KEY 关键字后面指定由哪些字段名组成外键,column 为字段名,可以是一个字段或多个字段的组合。

(1) FOREIGN KEY 定义的外键应该与参数 referenced_table_name 指定的主表中的

主键或唯一键对应,主表中主键或唯一键字段由参数 ref_column 指定。主键的数据类型和外键的数据类型必须相同。

(2) 定义外键时还可以指定参照动作:ON DELETE|ON UPDATE 可以为每个外键定义参照动作。一个参照动作包含两部分:

① 在第一部分中,指定这个参照动作应用哪一条语句。这里有两条相关的语句,DELETE 和 UPDATE 语句,即对表进行删除和更新操作。

② 在第二部分,指定采取哪个动作。可能采取的动作是 CASCADE、NO ACTION、SET NULL 和 SET DERAULT。接下来说明这些不同动作的含义:

- CASCADE:从父表删除或更新行时自动删除或更新子表中匹配的行。
- NO ACTION:NO ACTION 意味着不采取动作,就是如果有一个相关的外键值在子表中,删除或更新父表中主要键值的企图不被允许。
- SET NULL:当从父表删除或更新行时,设置子表中与之对应的外键列为 NULL。如果外键列没有指定 NOT NULL 限定词,就是合法的。
- SET DEFAULT:作用和 SET NULL 一样,只不过 SET DEFAULT 是指定子表中的外键列为默认值。

如果没有指定动作,两个参照动作就会默认使用 NO ACTION。

【例 6.15】 在 xsbook 数据库中创建主表 xs1 和 book1,借书证号为 xs1 表的主键,ISBN 为 book1 的主键,然后定义从表 jy1,jy1.借书证号为外键,与 xs1 的主键对应,当对主表进行更新和删除操作时,对从表采用级联操作,jy1.ISBN 为外键,与 book1 的主键对应,当对主表进行更新和删除时,对从表采用 NO ACTION 方式。

```
USE xsbook
GO
IF EXISTS(SELECT name FROM sysobjects WHERE name='xs1' AND type='U')
    DROP TABLE xs1
IF EXISTS(SELECT name FROM sysobjects WHERE name='book1' AND type='U')
    DROP TABLE book1
IF EXISTS(SELECT name FROM sysobjects WHERE name='jy1' AND type='U')
    DROP TABLE jy1
CREATE TABLE xs1
(
    借书证号    char(8)      NOT NULL CONSTRAINT xh_pk PRIMARY KEY,
    姓名       char(8)      NOT NULL,
    性别       bit          NOT NULL,
    出生时间    date         NOT NULL,
    专业       char(12)     NOT NULL,
    借书量      int          CHECK(借书量>=0 AND 借书量<=20)NULL,
    照片       varbinary(MAX)NULL
)
GO
CREATE TABLE book1
(
```

```
    ISBN       char(18)   NOT NULL CONSTRAINT B_UK UNIQUE,
    书名       char(40)   NOT NULL,
    作者       char(16)   NOT NULL,
    出版社     char(30)   NOT NULL ,
    价格       float      NOT NULL CHECK(价格<=250),
    复本量     int        NOT NULL,
    库存量     int        NOT NULL
)
GO
CREATE TABLE jy1
(
    借书证号 char(8)NOT NULL FOREIGN KEY
        REFERENCES xs1(借书证号)ON DELETE CASCADE
        ON UPDATE CASCADE,
    ISBN char(18)NOT NULL REFERENCES book1(ISBN)
        ON DELETE NO ACTION ON UPDATE NO ACTION ,
    索书号    char(10)   NOT NULL PRIMARY KEY,
    借书时间 date        NOT NULL
)
```

【例 6.16】　创建 point 表,要求表中所有的索书号、借书证号和借书时间组合都必须出现在 jyls1 表中。

```
CREATE TABLE point
(
    借书证号 char(8) NOT NULL,
    ISBN char(18)NOT NULL,
    索书号 char(10)NOT NULL,
    借书时间 date NOT NULL,
    还书时间 date NOT NULL,
    CONSTRAINT FK_point FOREIGN KEY(索书号,借书证号,借书时间)
                  REFERENCES jyls1(索书号,借书证号,借书时间)
        ON DELETE NO ACTION
)
```

2) 通过修改表定义外键约束

使用 ALTER TABLE 语句的 ADD 子句也可以定义外键约束,语法格式:

```
ALTER TABLE<表名>
    ADD[CONSTRAINT<约束名>]
    [FOREIGN KEY][(column [,…n])]
    REFERENCES referenced_table_name [(ref_column [,…n])]
    [ON DELETE {NO ACTION|CASCADE|SET NULL|SET DEFAULT}]
    [ON UPDATE {NO ACTION|CASCADE|SET NULL|SET DEFAULT}]
```

【例 6.17】 假设 xsbook 数据库中 xs 表为主表，xs. 借书证号字段已定义为主键。jy 表为从表，下面示例用于将 jy. 借书证号字段定义为外键。

```
ALTER TABLE jy
    ADD CONSTRAINT jy_foreign
        FOREIGN KEY(借书证号)
            REFERENCES xs(借书证号)
```

4. 使用 SQL 命令删除表间的参照关系

删除表间的参照关系，实际上删除从表的外键约束即可。

语法格式与前面其他约束删除的格式同。

【例 6.18】 删除上例对 jy. 借书证号字段定义的外码约束。

```
ALTER TABLE jy
    DROP   CONSTRAINT jy_foreign
```

习题

一、选择题

1. 关于索引说法错误的是（　　）。
   - A. 一个表可以不创建索引，但需要创建主键
   - B. 一个表可以创建一个聚集索引
   - C. 一个表可以创建多个聚集索引
   - D. B 和 C

2. 关于索引说法错误的是（　　）。
   - A. 一个表可以创建多个唯一索引
   - B. 一个表可以创建多个不唯一索引
   - C. 创建非聚集索引并不改变表记录的排列顺序
   - D. 如果索引已经存在则不能创建

3. 不能采用（　　）创建索引。
   - A. CREATE TABLE
   - B. CREATE INDEX
   - C. ALTER TABLE
   - D. ALTER INDEX

4. 两表没有创建任何索引，不能创建（　　）。
   - A. 实体完整性
   - B. 域完整性
   - C. 参照完整性
   - D. A 和 C

5. 实现列值的唯一性不能通过（　　）。
   - A. 主键
   - B. UNIQUE
   - C. identity 属性
   - D. CHECK 约束

6. 实现列值的非空不能通过（　　）。
   - A. NOT NULL
   - B. DEFAULT
   - C. CHECK 约束
   - D. 数据类型

7. 成绩表、学生表、课程表和教师表之间（　　）。
   - A. 成绩表与教师表具有参照完整性

  B. 课程表与教师表具有参照完整性

  C. 学生表和教师表具有参照完整性

  D. 成绩表与学生表和课程表具有参照完整性

8. 完整性与索引的关系说法错误的是(　　　)。

  A. 没有索引不能实现完整性

  B. 没有实现完整性的表必须人为操作来达到完整性

  C. 已经实现完整性可以解除完整性

  D. 索引就是为了实现完整性

二、简答题

1. 简要回答索引的概念与作用。

2. 索引是否越多越好? 为什么?

3. 规则与 CHECK 约束的不同之处在哪里?

4. 简要回答数据完整性的含义及分类。

5. 在 SQL Server 2012 中,可采用哪些方法实现数据完整性? 各举一例,并分别编程实现。

CHAPTER 第 **7** 章

存储过程和触发器

存储过程是数据库对象之一,存储过程可以理解成数据库的子程序,在客户端和服务器端可以直接调用它。触发器是与表直接关联的特殊的存储过程,是在对表记录进行操作时触发的。

7.1 存储过程

在 SQL Server 2012 中,使用 T-SQL 语句编写存储过程。存储过程可以接受输入参数、返回表格或标量结果,调用"数据定义语言(DDL)"和"数据操作语言(DML)"语句,然后返回输出参数。使用存储过程有以下优点:

(1) 存储过程在服务器端运行,执行速度快。

(2) 存储过程执行一次后,其执行规划就驻留在高速缓冲存储器,在以后的操作中,只需从高速缓冲存储器中调用已编译好的二进制代码执行,提高了系统性能。

(3) 确保数据库的安全。使用存储过程可以完成所有数据库操作,并可通过编程方式控制上述操作对数据库信息访问的权限。

(4) 自动完成需要预先执行的任务。存储过程可以在系统启动时自动执行,而不必在系统启动后再进行手工操作,大大方便了用户的使用,可以自动完成一些需要预先执行的任务。

7.1.1 存储过程的分类

SQL Server 的存储过程一般分为系统存储过程和用户存储过程。

(1) 系统存储过程。系统存储过程是由系统提供的存储过程,可以作为命令执行各种操作。系统存储过程定义在系统数据库 master 中,其前缀是 sp_,它们为检索系统表的信息提供了方便快捷的方法。系统存储过程允许系统管理员执行修改系统表的数据库管理任务,可以在任何一个数据库中执行。

(2) 用户存储过程。用户存储过程是指在用户数据库中创建的存储过程,这种存储过程可以接受和返回用户提供的参数,完成用户指定的数据库操作,其名称不能以 sp_ 为前缀。SQL Server 2012 中,用户存储过程可以使用 T-SQL 语言编写,也可以使用 CLR 方式编写。本书主要介绍 T-SQL 存储过程。

7.1.2 用户存储过程的创建与执行

用户存储过程只能定义在当前数据库中,可以使用 SQL 命令语句或对象资源管理器创建。在 SQL Server 中创建存储过程,必须具有 CREATE ROUTINE 权限。

在用户存储过程的定义中不能使用下列对象创建语句:SET PARSEONLY、SET SHOWPLAN_TEXT、SET SHOWPLAN_XML、SET SHOWPLAN_ALL、CREATE SCHEMA、CREATE FUNCTION、ALTER FUNCTION、CREATE PROCEDURE、ALTER PROCEDURE、CREATE TRIGGER、ALTER TRIGGER、CREATE VIEW、ALTER VIEW、USE database_name 等。

1. 通过 T-SQL 命令创建存储过程

如果要通过 SQL 命令定义一个存储过程,查询 xsbook 数据库中每位读者当前的借书情况,然后调用该存储过程,其实现步骤如下。

1) 定义存储过程

通过 T-SQL 命令定义如下存储过程:

```
USE xsbook
GO
CREATE PROCEDURE readers_info
AS
    SELECT DISTINCT xs.借书证号,姓名,book.ISBN,书名,索书号
        FROM xs, jy, book
        WHERE xs.借书证号=jy.借书证号 AND book.ISBN=jy.ISBN
GO
```

2) 调用存储过程

语法格式:

```
EXEC readers_info
```

创建存储过程的语句是 CREATE PROCEDURE 或 CREATE PROC,两者同义。

语法格式:

```
CREATE {PROC|PROCEDURE} [<数据库架构名>.]<存储过程名>    /*定义过程名*/
    [{@parameter [type_schema_name.] data_type}           /*定义参数的类型*/
        [VARYING] [=default] [OUT|OUTPUT] [READONLY]][,…n]  /*定义参数的属性*/
    [WITH {[RECOMPILE] [,] [ENCRYPTION]}]                 /*定义存储过程的处理方式*/
AS <sql_statement>[;]                                     /*执行的操作*/
```

说明:

(1) 存储过程名必须符合标识符规则,且对于数据库及其所有者必须唯一;创建局部临时过程,可以在存储过程名前面加一个#;创建全局临时过程,可以在存储过程名前加##。

(2) @parameter:为存储过程的形参,形参局部作用于该存储过程,参数名必须符合标识符规则,并且首字符必须为@,可定义一个或多个形参,执行存储过程时应提供相应的实

参,除非定义了该参数的默认值。

(3) data_type：用于指定形参数据类型,形参类型可为 SQL Server 支持的任何类型,但 cursor 类型只能用于 OUTPUT 参数,如果指定形参类型为 cursor,必须同时指定 VARYING 和 OUTPUT 关键字,OUT 与 OUTPUT 关键字意义相同。

(4) VARYING：指定作为输出参数支持的结果集。该参数由存储过程动态构造,其内容可能发生改变,仅适用于 cursor 参数。

(5) default：指定存储过程输入参数的默认值,默认值必须是常量或 NULL。如果存储过程使用了带 LIKE 关键字的参数,默认值中可以包含通配符％、_、[]和[^],如果定义了默认值,执行存储过程时根据情况可不提供实参。

(6) READONLY：指定不能在存储过程的主体中更新或修改参数。如果参数类型为用户定义的表类型,则必须指定 READONLY。

(7) RECOMPILE：表明 SQL Server 每次运行该过程时,将对其重新编译；ENCRYPTION 表示 SQL Server 加密 syscomments 表中包含 CREATE PROCEDURE 语句文本的条目。

(8) 参数 sql_statements：代表过程体包含的 T-SQL 语句,存储过程体中可以包含一条或多条 T-SQL 语句,除了 DCL、DML 与 DDL 命令外,还能包含过程式语句,如变量的定义与赋值、流程控制语句等。

对于存储过程要注意如下几点：

(1) 用户定义的存储过程只能在当前数据库中创建(临时存储过程除外,临时存储过程总是在系统数据库 tempdb 中创建)。

(2) 成功执行 CREATE PROCEDURE 语句后,过程名存储在 sysobjects 系统表中,而 CREATE PROCEDURE 语句的文本存储在 syscomments 表中。

(3) 自动执行存储过程。SQL Server 启动时可以自动执行一个或多个存储过程。这些存储过程必须由系统管理员在 master 数据库中创建,并在 sysadmin 固定服务器角色下作为后台过程执行。这些过程不能有任何输入参数。

(4) sql_statements 的限制。如下语句必须使用对象的架构名对数据库对象进行限定：CREATE TABLE、ALTER TABLE、DROP TABLE、TRUNCATE TABLE、CREATE INDEX、DROP INDEX、UPDATE STATISTICS 及 DBCC 语句。

注意：存储过程的定义只能在单个批处理中。

2. 执行存储过程

通过 EXECUTE 或 EXEC 命令可以执行一个已经定义的存储过程,EXEC 是 EXECUTE 的简写。语法格式：

```
[{EXEC|EXECUTE}]
  { [@return_status=]
    {module_name|@module_name_var}
    [[@parameter=] {value|@variable [OUTPUT]|[DEFAULT]}]
    [,…n]
  }
[;]
```

说明：

（1）参数@return_status：为可选的整型变量，保存存储过程的返回状态，EXECUTE
语句使用该变量前，必须对其定义。

（2）参数 module_name：是要调用的存储过程或用户定义标量函数的完全限定或者不
完全限定名称。@module_name_var 表示局部定义的变量名，保存存储过程或用户定义函
数的名称。

（3）@parameter：表示 CREATE PROCEDURE 或 CREATE FUNCTION 语句中定
义的参数名，value 为实参。如果省略@parameter，则后面的实参顺序要与定义时参数的顺
序一致。在使用@parameter_name＝value 格式时，参数名称和实参不必按在存储过程或函
数中定义的顺序提供。但是，如果任何参数使用了@parameter_name＝value 格式，则对后
续的所有参数均必须使用该格式。@variable 表示局部变量，用于保存 OUTPUT 参数返回
的值。DEFAULT 关键字表示不提供实参，而是使用对应的默认值。

存储过程的执行要注意下列几点：

（1）如果存储过程名的前缀为 sp_，SQL Server 会首先在 master 数据库中寻找符合该
名称的系统存储过程。如果没能找到合法的过程名，SQL Server 才会寻找架构名称为 dbo
的存储过程。

（2）执行存储过程时，若语句是批处理中的第一个语句，则不一定要指定 EXECUTE
关键字。

3. 举例

1）设计简单的存储过程

【例 7.1】　利用 xsbook 数据库中的 xs、book 和 jyls 表，编写一个无参存储过程用于查
询每个读者的借阅历史，然后调用该存储过程。

```
CREATE PROCEDURE history_info
AS
    SELECT   a.借书证号,姓名, b.ISBN,书名,索书号, 借书时间,还书时间
      FROM xs a INNER JOIN jyls b
          ON a.借书证号=b.借书证号 INNER  JOIN  book c
          ON b.ISBN=c.ISBN
```

history_info 存储过程可以通过以下方法执行：

```
EXECUTE history_info
```

或

```
EXEC history_info
```

如果该过程是批处理中的第一条语句，则可使用

```
history_info
```

2）使用带参数的存储过程

【例 7.2】　创建存储过程，根据 xsbook 数据库的三个表查询指定读者当前的借书情况。

```
CREATE PROCEDURE reader_info @lib_num char(8)
AS
    SELECT a.借书证号,姓名,b.ISBN,书名,索书号
        FROM xs a, jy b, book c
        WHERE a.借书证号=b.借书证号 AND b.ISBN=c.ISBN
            AND a.借书证号=@lib_num
```

reader_info 存储过程有多种执行方式，如下所示：

```
EXECUTE reader_info '131101'
```

执行结果如图 7.1 所示。

	借书证号	姓名	ISBN	书名	索书号
1	131101	王林	7-302-10853-6	C程序设计（第三版）	1600011
2	131101	王林	978-7-121-23270-1	MySQL实用教程（第2版）	1200001
3	131101	王林	978-7-121-23402-6	SQL Server 实用教程（第4版）	1400032
4	131101	王林	978-7-81124-476-2	S7-300/400可编程控制器原理与应用	1300001

图 7.1　执行结果

以下命令的执行结果与上面相同：

```
EXECUTE reader_info @lib_num='131101'
```

3）使用带有通配符参数的存储过程

【例 7.3】　利用 xsbook 数据库中 xs、book、jyls 表创建存储过程 book_inf，查询指定图书的借阅历史。该存储过程在参数中使用了模糊查询，如果没有提供参数，则使用预设的默认值。

```
CREATE PROCEDURE book_inf   @bname varchar(30)='%计算机%'
AS
    SELECT b.ISBN,书名,姓名,借书时间,还书时间
        FROM xs a ,jyls b,book c
        WHERE   a.借书证号=b.借书证号 AND b.ISBN=c.ISBN
            AND  书名 LIKE @bname
```

执行存储过程为：

```
EXECUTE book_inf                          /*参数使用默认值*/
```

或

```
EXECUTE book_inf 'WEB%'                    /*传递给@bname的实参为'WEB%'*/
```

4）使用带 OUTPUT 参数的存储过程

【例 7.4】 编写存储过程，统计指定图书在给定时间段内的借阅次数，存储过程中使用了输入和输出参数。

```
CREATE PROCEDURE bstatistics  @bname varchar(26),@startdate date,
                       @enddate date, @total int OUTPUT
AS
    SELECT @total=count(索书号)
        FROM  jy a,book b
        WHERE 书名 like @bname AND a.ISBN=b.ISBN AND
             借书时间>=@startdate AND 借书时间<=@enddate
```

注意：在创建表和使用 OUTPUT 变量时，都必须对 OUTPUT 变量进行定义。

在调用存储过程 bstatistics 时，存储过程定义时的形参名和调用时的变量名不一定要匹配，不过数据类型和参数位置必须匹配。例如，执行语句如下：

```
DECLARE @book_name char(30),@total int
SET @book_name='Java 编程思想'
EXECUTE bstatistics @book_name, '2014-01-01','2014-10-08',@total OUTPUT
SELECT @book_name, @total
```

5）使用 OUTPUT 游标参数的存储过程

OUTPUT 游标参数用于返回存储过程的局部游标。

【例 7.5】 在 xsbook 数据库的 xs 表上声明并打开一个游标。

```
CREATE PROCEDURE reader_cursor @reader_cur CURSOR VARYING OUTPUT
AS
    SET @reader_cur=CURSOR  FORWARD_ONLY STATIC FOR
    SELECT 借书证号,姓名,专业,性别,出生时间,借书量
        FROM xs
    OPEN @reader_cur
```

在下面的批处理中，声明一个局部游标变量，执行上述存储过程并将游标赋值给局部游标变量，然后通过该游标变量读取记录。

```
DECLARE @MyCursor CURSOR
EXEC reader_cursor @reader_cur=@MyCursor OUTPUT
FETCH NEXT FROM @MyCursor
WHILE(@@FETCH_STATUS=0)
    FETCH NEXT  FROM @MyCursor
CLOSE @MyCursor
DEALLOCATE @MyCursor
```

6）使用 WITH ENCRYPTION 选项

WITH ENCRYPTION 子句对用户隐藏存储过程的文本。

【例 7.6】 创建加密过程，使用 sp_helptext 系统存储过程获取关于加密过程的信息，然后尝试直接从 syscomments 表中获取关于该过程的信息。

```
CREATE PROCEDURE encrypt_this  WITH ENCRYPTION
AS
    SELECT *
        FROM xs
```

通过系统存储过程 sp_helptext 可显示规则、默认值、未加密的存储过程、用户定义函数、触发器或视图的文本。

执行如下语句：

```
EXEC sp_helptext encrypt_this
```

结果集为提示信息："对象'encrypt_this'的文本已加密"。

7）创建用户定义的系统存储过程

【例 7.7】 创建存储过程 sp_showtable，显示以 xs 开头的所有表名及其对应的索引名。如果没有指定参数，该存储过程将返回以 book 开头的所有表名及对应的索引名。

```
CREATE PROCEDURE sp_showtable  @TABLE varchar(30)='book%'
AS
    SELECT tab.name AS TABLE_NAME,
           inx.name AS INDEX_NAME,
           indid AS INDEX_ID
        FROM sysindexes inx INNER JOIN sysobjects tab ON tab.id=inx.id
        WHERE tab.name LIKE @TABLE AND indid<>0 AND indid<>255
```

如下语句调用存储过程 sp_showtable：

```
EXEC sp_showtable 'xs%'
```

7.1.3 用户存储过程的编辑修改

使用 ALTER PROCEDURE 命令可修改已存在的存储过程。
语法格式：

```
ALTER {PROC|PROCEDURE} [<数据库架构名>.]<存储过程名>
  [{@parameter data_type}
    [VARYING] [=default] [OUT[PUT]]
  ][,…n]
[WITH {[RECOMPILE] [,] [ENCRYPTION]}]
AS  <sql_statement>
[;]
```

说明：各参数含义与 CREATE PROCEDURE 相同。

如果原来的过程定义是用 WITH ENCRYPTION 或 WITH RECOMPILE 创建的,那么只有在 ALTER PROCEDURE 中也包含这些选项时,这些选项才有效。

【例 7.8】 对存储过程 readers_info 进行修改。

```
ALTER   PROCEDURE   readers_info
AS
    SELECT DISTINCT xs.借书证号,姓名,book.ISBN,书名,索书号
        FROM xs,jy,book
        WHERE xs.借书证号=jy.借书证号 AND book.ISBN=jy.ISBN AND 专业='计算机'
```

7.1.4 用户存储过程的删除

如果确认一个数据库的某个存储过程与其他对象没有任何依赖关系,则可用 DROP PROCEDURE 语句永久地删除该存储过程。

语法格式:

```
DROP PROCEDURE {<存储过程名>} [,…n]
```

若要查看过程名列表,可使用 sp_help 系统存储过程。若要显示过程定义(存储在 syscomments 系统表内),可使用 sp_helptext。

【例 7.9】 删除 xsbook 数据库中的 readers_info 存储过程。

```
IF EXISTS(SELECT name FROM sysobjects WHERE name='readers_info ')
DROP PROCEDURE readers_info
```

说明:删除存储过程之前可以先查找系统表 sysobjects 中是否存在这一存储过程再删除。

7.1.5 界面方式操作存储过程

存储过程的创建、修改和删除也可以通过界面方式来实现。

(1)创建存储过程。例如,如果要通过图形向导方式定义一个存储过程来查询 xsbook 数据库中每个学生的借书信息,可以列出其主要步骤如下:

在"对象资源管理器"中展开"数据库",在 xsbook 数据库中选择"可编程性",右击"存储过程",在弹出的快捷菜单中选择"新建存储过程"菜单项,打开"存储过程脚本编辑"窗口。在该窗口中输入要创建的存储过程的代码,输入完成后单击"执行"按钮,若执行成功则创建完成。

(2)执行存储过程。在 xsbook 数据库的"存储过程"目录下,选择要执行的存储过程,如 reader_info,右击,选择"执行存储过程"菜单项。在弹出的"执行过程"窗口中会列出存储过程的参数形式,如果"输出参数"栏为否,则表示该参数为输入参数,用户需要设置输入参数的值,在"值"一栏中输入即可,如图 7.2 所示。单击"确定"按钮,主界面的结果显示窗口将列出存储过程运行的结果。

(3)修改存储过程。在"存储过程"目录下选择要修改的存储过程,右击,在弹出的快捷

菜单中选择"修改"菜单项,打开"存储过程脚本编辑"窗口,在该窗口中修改相关的 T-SQL 语句。修改完成后,执行修改后的脚本,若执行成功则修改了存储过程。

(4)删除存储过程。选择要删除的存储过程,右击,在弹出的快捷菜单中选择"删除"菜单项,根据提示删除该存储过程。

图 7.2   执行存储过程

7.2   触发器

触发器是一个被指定关联到一个表的数据对象,触发器是不需要调用的,当对一个表的特别事件出现时,它就会被激活。触发器的代码也是由 SQL 语句组成的,因此用在存储过程中的语句也可以用在触发器的定义中。触发器是一类特殊的存储过程,与表的关系密切,用于保护表中的数据。当有操作影响到触发器保护的数据时,触发器将自动执行。

在 SQL Server 2012 中,按照触发事件的不同可以将触发器分为两类:DML 触发器和 DDL 触发器。

(1)DML 触发器。当数据库中发生数据操纵语言(DML)事件时将调用 DML 触发器。一般情况下,DML 事件包括对表或视图的 INSERT 语句、UPDATE 语句和 DELETE 语句,因而 DML 触发器也可分为 INSERT、UPDATE 和 DELETE 三种类型。

利用 DML 触发器可以方便地保持数据库中数据的完整性。例如,对于 xsbook 数据库有 xs 表、book 表和 jy 表,当插入某一学生的某一借书记录时,该借书证号应是 xs 表中已存在的,ISBN 应是 book 表中已存在的,此时可通过定义 INSERT 触发器实现上述功能。通过 DML 触发器可以实现多个表间数据的一致性。例如,对于 xsbook 数据库,在 xs 表中删除一个学生时,在 xs 表的 DELETE 触发器中要同时删除 jy 表中所有该学生的借书记录。

(2)DDL 触发器。DDL 触发器也是由相应的事件触发,但 DDL 触发器触发的事件是数据定义语言(DDL)语句。这些语句主要是以 CREATE、ALTER、DROP 等关键字开头的语句。DDL 触发器的主要作用是执行管理操作,例如审核系统、控制数据库的操作等。通常情况下,DDL 触发器主要用于以下一些操作需求:防止对数据库架构进行某些修改;希望数据库中发生某些变化以利于相应数据库架构中的更改;记录数据库架构中的更改或事件。DDL 触发器只在响应由 T-SQL 语法所指定的 DDL 事件时才会触发。

7.2.1   利用 SQL 命令创建触发器

创建 DML 触发器和 DDL 触发器都使用 CREATE TRIGGER 语句,但是两者语法略有不同。

1. 创建 DML 触发器

语法格式:

```
CREATE TRIGGER [<架构名>.]<触发器名>
    ON<表名或视图名>                              /*指定操作对象*/
        [WITH  ENCRYPTION]                       /*说明是否采用加密方式*/
    {FOR|AFTER|INSTEAD OF}
        {[INSERT] [,] [UPDATE] [,] [DELETE]}     /*指定激活触发器的动作*/
    [NOT FOR REPLICATION]                        /*说明该触发器不用于复制*/
AS  sql_statement [;]
```

说明:

(1) 触发器激活的时机。

① AFTER: 用于说明触发器在指定操作都成功执行后触发,如 AFTER INSERT 表示向表中插入数据时激活触发器。不能在视图上定义 AFTER 触发器。如果指定 FOR 关键字,则也创建 AFTER 触发器。一个表可以创建多个给定类型的 AFTER 触发器。

② INSTEAD OF: 指定用 DML 触发器中的操作代替触发语句的操作。与 AFTER 触发器不同的是,INSTEAD OF 触发器触发时只执行触发器内部的 SQL 语句,而不执行激活该触发器的 SQL 语句。

在表或视图上,每个 INSERT、UPDATE 或 DELETE 语句最多可以定义一个 INSTEAD OF 触发器。另外,INSTEAD OF 触发器不可以用于使用了 WITH CHECK OPTION 选项的可更新视图。如果触发器表存在约束,则在 INSTEAD OF 触发器执行之后和 AFTER 触发器执行之前检查这些约束。如果违反了约束,则回滚 INSTEAD OF 触发器操作,且不执行 AFTER 触发器。

(2) 激活触发器的语句类型。

sql_statement:{[DELETE] [,] [INSERT] [,] [UPDATE]}指定激活触发器的语句的类型,必须至少指定一个选项。在触发器定义中允许使用上述选项的任意顺序组合。INSERT 表示将新行插入表时激活触发器。UPDATE 表示更改某一行时激活触发器。DELETE 表示从表中删除某一行时激活触发器。

(3) 触发器执行的 T-SQL 语句,可以有一条或多条语句,用于指定 DML 触发器触发后将要执行的动作。

(4) 触发器中使用的特殊表。执行触发器时,系统创建了两个特殊的临时表 inserted 表和 deleted 表。当向表中插入数据时,INSERT 触发器触发执行,新的记录插入触发器表和 inserted 表中。deleted 表用于保存已从表中删除的记录,当触发一个 DELETE 触发器时,被删除的记录存放到 deleted 表中。

修改一条记录等于插入一条新记录,同时删除旧记录。当对定义了 UPDATE 触发器的表记录修改时,表中原记录移到 deleted 表中,修改过的记录插入 inserted 表中。由于 inserted 表和 deleted 表都是临时表,它们在触发器执行时被创建,触发器执行完后将消失,所以只可以在触发器的语句中使用 SELECT 语句查询这两个表。

创建 DML 触发器时需要注意以下几点:

(1) CREATE TRIGGER 语句必须是批处理中的第一条语句,并且只能应用到一个表中。

(2) DML 触发器只能在当前的数据库中创建,但可以引用当前数据库的外部对象。

（3）创建 DML 触发器的权限默认分配给表的所有者。

（4）在同一 CREATE TRIGGER 语句中，可以为多种操作（如 INSERT 和 UPDATE）定义相同的触发器操作。

（5）不能对临时表或系统表创建 DML 触发器。

（6）对于含有 DELETE 或 UPDATE 操作定义的外键表，不能使用 INSTEAD OF DELETE 和 INSTEAD OF UPDATE 触发器。

（7）TRUNCATE TABLE 语句虽然能够删除表中记录，但它不会触发 DELETE 触发器。

（8）在触发器内可以指定任意的 SET 语句，所选择的 SET 选项在触发器执行期间有效，并在触发器执行完后恢复到以前的设置。

（9）DML 触发器最大的用途是返回行级数据的完整性，而不是返回结果。所以，应当尽量避免返回任何结果集。

（10）DML 触发器中不能包含以下语句：ALTER DATABASE、CREATE DATABASE、DROP DATABASE、RESTORE DATABASE 等。

【例 7.10】 对于 xsbook 数据库，如果在 xs 表中添加或更改数据，则向客户端显示一条 TRIGGER IS WORKING 的提示消息信息。

```
/ * 使用带有提示消息的触发器 * /
IF EXISTS(SELECT name FROM sysobjects WHERE name='reminder' AND type='TR')
    DROP TRIGGER reminder
GO
CREATE TRIGGER reminder ON xs
    FOR INSERT, UPDATE
    AS
    BEGIN
        DECLARE @str char(50)
        SET @str='TRIGGER IS WORKING'
        PRINT @str
    END
GO
```

向 xs 表中插入一行数据：

```
INSERT INTO xs VALUES('141101','吴越',1,'1996-06-20', ,'英语',0,NULL)
```

执行结果如图 7.3 所示。

说明：PRINT 命令的作用是向客户端返回用户定义的消息。

【例 7.11】 在数据库 xsbook 的 jy 表中创建一个 INSERT 触发器，当向 jy 表插入一行记录时，检查该记录的借书证号在 xs 表是否存在，检查图书的 ISBN 号在 book 表中是否存在，以及图书的库存量是否大于 0，若有一项为否，则不允许插入。

图 7.3　激活触发器

```
CREATE TRIGGER tjy_insert ON jy
    FOR INSERT AS
IF EXISTS(SELECT * FROM inserted a
            WHERE a.借书证号 NOT IN(SELECT b.借书证号 FROM xs b)
                OR a.ISBN NOT IN(SELECT c.ISBN FROM book c))
                OR EXISTS(SELECT * FROM book WHERE 库存量<=0)
    BEGIN
        PRINT '违背数据的一致性'
        ROLLBACK TRANSACTION                        /*回滚之前的操作*/
    END
ELSE
    BEGIN
        UPDATE xs SET 借书量=借书量+1
            WHERE xs.借书证号 IN
                    (SELECT inserted.借书证号
                        FROM inserted)
        UPDATE book SET 库存量=库存量-1
            WHERE book.ISBN IN
                    (SELECT inserted.ISBN
                        FROM inserted)
    END
```

说明：本例结果请读者自行验证。ROLLBACK TRANSACTION 语句用于回滚之前所做的修改，将数据库恢复到原来的状态。

【例 7.12】　在 xsbook 数据库的 jy 表上创建一个 UPDATE 触发器，若对借书证号列和图书的 ISBN 列修改，则给出提示信息，并取消修改操作，用两种方法实现。

```
CREATE TRIGGER update_trigger1
    ON jy
FOR UPDATE
AS
    /*检查借书证号列或 ISBN 列是否被修改，如果有些列被修改了，则取消修改操作*/
    IF UPDATE(借书证号)OR UPDATE(ISBN)
    BEGIN
        PRINT '违背数据的一致性'
        ROLLBACK TRANSACTION
    END
```

说明：UPDATE 函数用于测试在指定的列上进行的 INSERT 或 UPDATE 操作，该列可以是 SQL Server 支持的任何数据类型但不能为计算列；若要测试在多个列上进行的 INSERT 或 UPDATE 操作，则每一列都要对应单独的 UPDATE 函数，并用 AND 或 OR 逻辑运算符连接构成逻辑表达式。如果对应的列上发生了 INSERT 或 UPDATE 操作，则 UPDATE 函数返回 TRUE。

下面介绍 INSTEAD OF 触发器的设计。AFTER 触发器是在触发语句执行后触发的，与 AFTER 触发器不同的是,INSTEAD OF 触发器触发时只执行触发器内部的 SQL 语句,而不执行激活该触发器的 SQL 语句。一个表或视图中只能有一个 INSTEAD OF 触发器。

【例 7.13】 创建表 table1,值包含一列 a,在表中创建 INSTEAD OF INSERT 触发器,当向表中插入记录时显示相应消息。

```
CREATE TABLE table1(a int)
GO
CREATE TRIGGER table1_insert
        ON table1 INSTEAD OF INSERT
    AS
        PRINT 'INSTEAD OF TRIGGER IS WORKING'
```

向表中插入一行数据:

```
INSERT INTO table1 VALUES(10)
```

执行结果如图 7.4 所示。

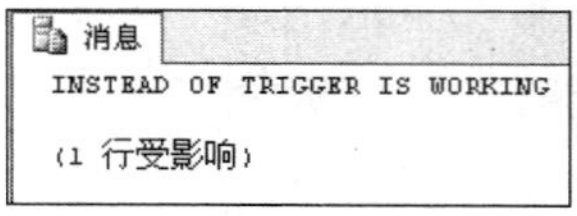

说明:使用 SELECT 语句查询表 table1 可以发现,table1 中并没有插入数据。

INSTEAD OF 触发器的主要作用是用于使不可更新的视图支持更新。如果视图的数据来自于多个基表,则必须使用 INSTEAD OF 触发器支持引用表中数据的插入、更新和删除操作。

图 7.4   激活 INSTEAD OF 触发器

例如,若在一个多表视图上定义了 INSTEAD OF INSERT 触发器,视图各列的值可能允许为空也可能不允许为空。若视图某列的值不允许为空,则 INSERT 语句必须为该列提供相应的值。

如果视图的列为以下情况之一:基表中的计算列、基表中的标识列或具有 timestamp 数据类型的基表列,那么该视图的 INSERT 语句必须为这些列指定值,INSTEAD OF 触发器在构成将值插入基表的 INSERT 语句时会忽略指定的值。

【例 7.14】   在 xsbook 数据库中创建表、视图和触发器,以说明 INSTEAD OF INSERT 触发器的使用。

```
CREATE TABLE books
(
    BookKey   int     IDENTITY(1,1),
    BookName nvarchar(10)NOT NULL,
    Color  nvarchar(10)NOT NULL,
    ComputedCol AS(BookName+Color),
    Pages int NULL
)
GO
/*建立一个视图,包含基表的所有列*/
CREATE VIEW View2
AS
```

```
SELECT BookKey, BookName ,Color, ComputedCol, Pages
    FROM books
GO
/*在 View2 视图上创建一个 INSTEAD OF INSERT 触发器*/
CREATE TRIGGER InsteadTrig on View2
    INSTEAD OF INSERT
    AS
    BEGIN
    /*实际插入时,INSERT 语句中不包含 BookKey 字段和 ComputedCol 字段的值*/
    INSERT INTO books
        SELECT BookName ,Color, Pages FROM inserted
    END
```

如果对引用 View2 视图的 INSERT 语句的每一列都指定值,例如:

```
INSERT INTO View2(BookKey ,BookName ,Color, ComputedCol ,Pages)
    VALUES(4, '计算机辅助设计', '红色', '绿色',100)
```

查看 INSERT 语句的执行结果:

```
SELECT * FROM View2
```

结果如图 7.5 所示。

	BookKey	BookName	Color	ComputedCol	Pages
1	1	计算机辅助设计	红色	计算机辅助设计红色	100

图 7.5 执行结果

在执行视图的插入语句时,虽然将 BookKey 和 ComputedCol 字段的值传递到了 InsteadTrig 触发器,但触发器中的 INSERT 语句没有选择 inserted 表 BookKey 字段和 ComputedCol 字段的值。

2. 创建 DDL 触发器
语法格式:

```
CREATE TRIGGER<触发器名称>
    ON {ALL SERVER|DATABASE}
    [WITH ENCRYPTION]
    {FOR|AFTER} {event_type|event_group} [,…n]
AS  sql_statement  [;] […n]
```

说明:
(1) ALL SERVER|DATABASE:ALL SERVER 关键字是指将当前 DDL 触发器的作用域应用于当前服务器。DATABASE 指将当前 DDL 触发器的作用域应用于当前数据库。
(2) event_type:执行之后将导致触发 DDL 触发器的 T-SQL 语句事件的名称。ON 关键字后面指定 DATABASE 选项时使用该名称。注意,每个事件对应的 T-SQL 语句有一些修改,如果要在使用 CREATE TABLE 语句时激活触发器,AFTER 关键字后面的名称为 CREATE_TABLE,在关键字之间包含下划线(_)。event_type 选项的值可以是 CREATE_TABLE、ALTER_TABLE、DROP_TABLE、CREATE_USER 或 CREATE_VIEW 等。

(3) event_group:预定义的 T-SQL 语句事件分组的名称。ON 关键字后面指定为 ALL SERVER 选项时使用该名称,如 CREATE_DATABASE、ALTER_DATABASE 等。

【例 7.15】 创建 xsbook 数据库作用域的 DDL 触发器,当要删除一个表时,提示禁止该删除操作,然后回滚删除表的操作。

```
CREATE TRIGGER safety
    ON DATABASE
    AFTER DROP_TABLE
    AS
        PRINT '不能删除该表'
        ROLLBACK TRANSACTION
```

尝试删除表 table1:

```
DROP TABLE table1
```

执行结果如图 7.6 所示。

读者可以自行查看 table1 表是否被删除。

【例 7.16】 创建服务器作用域的 DDL 触发器,当要删除一个数据库时,提示禁止该删除操作并回滚删除数据库的操作。

图 7.6 执行结果

```
CREATE TRIGGER safety_server
    ON ALL SERVER
    AFTER DROP_DATABASE
    AS
        PRINT '不能删除该数据库'
        ROLLBACK TRANSACTION
```

7.2.2 触发器的修改

要修改触发器执行的操作,可以使用 ALTER TRIGGER 语句。

1) 修改 DML 触发器

语法格式:

```
ALTER TRIGGER<触发器名>
    ON<表名或视图名>
    [WITH ENCRYPTION]
    (FOR|AFTER|INSTEAD OF)
```

```
        {[DELETE] [,] [INSERT] [,] [UPDATE]}
    [NOT FOR REPLICATION]
    AS sql_statement [;] [,…n]
```

2）修改 DDL 触发器

语法格式：

```
ALTER TRIGGER<触发器名>
    ON {DATABASE|ALL SERVER}
    [WITH ENCRYPTION]
    {FOR|AFTER} {event_type [,…n]|event_group}
    AS   sql_statement [;]
```

【例 7.17】 修改 xsbook 数据库中在 xs 表上定义的触发器 reminder。

```
ALTER TRIGGER reminder ON xs
    FOR UPDATE
    AS PRINT '执行的操作是修改'
```

7.2.3 触发器的删除

触发器本身是存在表中的，因此当表被删除时，表中的触发器也将一起被删除。删除触发器使用 DROP TRIGGER 语句。

语法格式：

```
DROP TRIGGER<触发器名>[,…n] [;]                        /* 删除 DML 触发器 */
DROP TRIGGER<触发器名>[,…n] ON {DATABASE|ALL SERVER}[;]   /* 删除 DDL 触发器 */
```

说明：如果是删除 DDL 触发器，则要使用 ON 关键字指定在数据库作用域还是服务器作用域。

【例 7.18】 删除触发器 reminder。

```
IF EXISTS(SELECT name FROM sysobjects WHERE name='reminder' AND type='TR')
    DROP TRIGGER reminder
```

【例 7.19】 删除 DDL 触发器 safety。

```
DROP TRIGGER safety ON DATABASE
```

7.2.4 界面方式操作触发器

1. 创建触发器

1）通过界面方式只能创建 DML 触发器

以在表 xs 上创建触发器为例，利用"对象资源管理器"创建 DML 触发器步骤如下：在

"对象资源管理器"中展开"数据库",在 xsbook 数据库中选择"表",在 dbo. xs 表中选择其中的"触发器"目录,在该目录下可以看到之前已经创建的 xs 表的触发器。右击"触发器",在弹出的快捷菜单中选择"新建触发器"菜单项。在打开的"触发器脚本编辑"窗口,输入相应的创建触发器的命令。输入完成后单击"执行"按钮,若执行成功,则触发器创建完成。

2) 查看 DDL 触发器

DDL 触发器不可以使用界面方式创建,DDL 触发器分为数据库触发器和服务器触发器,展开"数据库"在 xsbook 数据库中选择"可编程性"选项中的"数据库触发器",就可以查看到有哪些数据库触发器。展开"数据库",在"服务器对象"选择"触发器",就可以查看到有哪些服务器触发器。

2. 修改触发器

DML 触发器能够使用界面方式修改,DDL 触发器则不可以。进入"对象资源管理器",修改触发器的步骤与创建触发器的步骤相同,在"对象资源管理器"中选择要修改的"触发器",右击,在弹出的快捷菜单中选择"修改"菜单项,打开"触发器脚本编辑"窗口,在该窗口中可以进行触发器的修改,修改后单击"执行"按钮重新执行即可。但是,被设置成 WITH ENCRYPTION 的触发器是不能被修改的。

3. 删除触发器

1) 删除 DML 触发器

以 xs 表的 DML 触发器为例,在"对象资源管理器"中展开"数据库",在 xsbook 数据库中选择"表",在 dbo. xs 表中选择"触发器"选项,选择要删除的触发器名称,右击,在弹出的快捷菜单中选择"删除"菜单项,在弹出的"删除对象"窗口中单击"确定"按钮,即可完成触发器的删除操作。

2) 删除 DDL 触发器

删除 DDL 触发器与删除 DML 触发器的方法类似,首先找到要删除的触发器,右击,选择"删除"选项即可。

习题

一、选择题

1. 关于存储过程说法错误的是( )。

　　A. 存储过程方便用户完成某些功能

　　B. 用户存储过程是方便用户批量执行 T-SQL 命令

　　C. 用户存储过程不能调用系统存储过程

　　D. 应用程序可以调用用户存储过程

2. 存储过程与外界的交互通过( )。

　　A. 表　　　　　　B. 输入参数　　　　C. 输出参数　　　　D. 游标

3. 存储过程的修改不能采用( )。

　　A. 界面方式修改命令方式创建的存储过程

　　B. ALTER PROCEDURE

　　C. 先删除再创建

D. CREATE PROCEDURE

4. 触发器正确说法是( )。

A. DML 触发器控制表记录

B. DDL 触发器实现数据库管理

C. DML 触发器不能控制所有数据完整性

D. 触发器中的 T-SQL 代码是事件产生时执行

5. 关于触发器错误说法是( )。

A. INSERT 触发器先插入记录后判断

B. DELETE 触发器先删除记录后判断

C. UPDATE 触发器先判断再修改记录

D. A 和 B

6. 关于触发器错误说法是( )。

A. 游标一般用于存储过程

B. 游标也可用于触发器

C. 应用程序可以调用触发器

D. 触发器一般是针对表

二、简答题

1. 试简要说明存储过程的特点及分类。

2. 举例说明存储过程的定义与执行。

3. 什么是 inserted 表和 deleted 表？

4. DML 触发器和 DDL 触发器的区别是什么？在 pxscj 数据库的 xsb 表上分别创建一个 DML 和 DDL 触发器。

系统安全管理

数据的安全性管理是数据库服务器应该实现的重要功能之一。SQL Server 2012 数据库采用了非常复杂的安全保护措施,其安全管理体现在如下两个方面:

(1) 对用户登录进行身份验证(Authentication)。当用户登录到数据库系统时,系统对该用户的账户和口令进行验证,包括确认用户账户是否有效以及能否访问数据库系统。

(2) 对用户进行的操作进行权限控制。当用户登录到数据库后,只能对数据库中的数据在允许的权限内进行操作。

也就是说,一个用户如果要对某一数据库进行操作,必须满足以下三个条件:

(1) 登录 SQL Server 服务器时必须通过身份验证。

(2) 必须是该数据库的用户,或者是某一数据库角色的成员。

(3) 必须有执行该操作的权限。

下面将介绍 SQL Server 如何进行这三方面的管理。

8.1 SQL Server 2012 的身份验证模式

SQL Server 2012 的身份认证模式是指系统确认用户身份的方式。SQL Server 2012 有两种身份认证模式:Windows 验证模式和 SQL Server 验证模式,图 8.1 给出了两种方式登录 SQL Server 服务器的示意图。

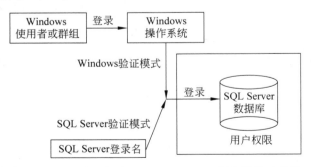

图 8.1 两种验证方式登录 SQL Server 服务器的示意图

1. Windows 验证模式

用户登录 Windows 时进行身份验证,登录 SQL Server 时就不再进行身份验证。以下是对于 Windows 验证模式登录的重要说明：

（1）必须将 Windows 账户加入 SQL Server 中，才能采用 Windows 账户登录 SQL Server。

（2）如果使用 Windows 账户登录另一个网络的 SQL Server，必须在 Windows 中设置彼此的托管权限。

2. SQL Server 认证模式

在 SQL Server 验证模式下，SQL Server 服务器要对登录的用户进行身份验证。当 SQL Server 在 Windows 操作系统上运行时，系统管理员设定登录验证模式的类型可为 Windows 验证模式和混合模式。当采用混合模式时，SQL Server 系统既允许使用 Windows 账号登录，也允许使用 SQL Server 账号登录。

8.2　建立和管理用户账户

不管使用哪种验证方式，用户都必须具备有效的 Windows 用户登录名。SQL Server 有两个常用的默认登录名：sa，即系统管理员，在 SQL Server 中拥有系统和数据库的所有权限；计算机名\Windows 管理员账户名，即 SQL Server 为每个 Windows 系统管理员提供的默认用户账户，在 SQL Server 中拥有系统和数据库的所有权限。

8.2.1　界面方式管理用户账户

1. 建立 Windows 验证模式的登录名

对于 Windows 操作系统，安装本地 SQL Server 2012 的过程中，允许选择验证模式。例如，安装时选择 Windows 身份验证方式，在此情况下，如果要增加一个 Windows 的新用户 liu，如何授权该用户使其能通过信任连接访问 SQL Server 呢？步骤如下（在此以 Windows 7 为例）：

（1）创建 Windows 的用户。以管理员身份登录到 Windows 7，选择"开始"菜单，打开"控制面板"中的"添加与删除用户"，在管理账户窗口中单击"创建一个新账户"，在创建新账户窗口中输入用户名，并选择"标准账户"单选按钮，单击"创建账户"按钮完成创建，如图 8.2 所示。

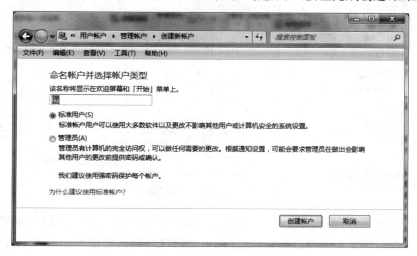

图 8.2　创建新用户的界面

（2）将 Windows 账户加入 SQL Server 中。以管理员身份登录到 SQL Server Management Studio，在"对象资源管理器"中，展开"安全性"节点，右击"登录名"项，选择"新建登录名"菜单项，如图 8.3 所示，打开"登录名-新建"窗口（如图 8.4 所示）。可以通过单击"常规"选项卡的"搜索"按钮，在"选择用户或组"对话框中选择相应的用户名或用户组添加到 SQL Server 2012 登录用户列表中。例如，本例的用户名为 DAVID-PC\liu，其中 DAVID-PC 为本地计算机名。

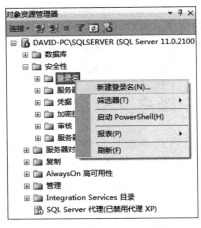

图 8.3   "新建登录名"菜单

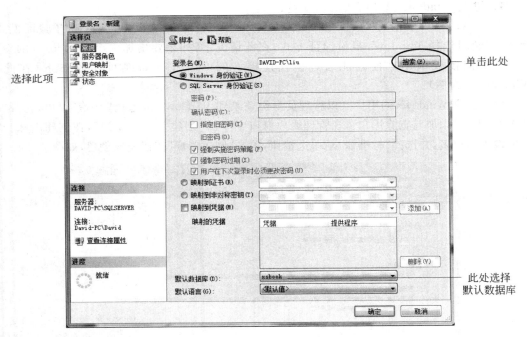

图 8.4   "登录名-新建"窗口

在"默认数据库"栏中选择 xsbook 数据库为默认数据库。接着在"用户映射"选项卡中选中 xsbook 数据库前面的复选框，以允许用户访问这个默认数据库。设置完后单击"确定"

按钮,即可新建一个 Windows 验证方式的登录名。

创建完后可以使用用户名 liu 登录 Windows,然后使用 Windows 身份验证模式连接 SQL Server。试对比与用系统管理员身份连接 SQL Server 有什么不同。

2. 建立 SQL Server 验证模式的登录名

要建立 SQL Server 验证模式的登录名,首先应将验证模式设置为混合模式。如果用户在安装 SQL Server 时验证模式没有设置为混合模式,则先要将验证模式设为混合模式。步骤如下:

(1) 以系统管理员身份登录 SQL Server Management Studio,在"对象资源管理器"中选择要登录的 SQL Server 服务器图标,右击,在弹出的快捷菜单中选择"属性"菜单项,打开"服务器属性"窗口。

(2) 在打开的"服务器属性"窗口中选择"安全性"选项卡。选择服务器身份验证为"SQL Server 和 Windows 身份验证模式",单击"确定"按钮,保存新的配置,重启 SQL Server 服务即可。

创建 SQL Server 验证模式的登录名也在如图 8.4 所示的窗口中进行,输入一个自己定义的登录名,例如 Jhon,选中"SQL Server 身份验证"选项,输入密码,并将"强制密码过期"复选框中的勾去掉,默认数据库选择 xsbook,在"用户映射"选项卡中选中 xsbook 数据库前面的复选框以允许用户访问这个默认数据库。设置完成,单击"确定"按钮即可。

为了测试创建的登录名能否连接 SQL Server,可以使用新建的登录名 Jhon 来进行测试,具体步骤如下:

在"对象资源管理器"窗口中单击"连接",在下拉框中选择"数据库引擎",弹出"连接到服务器"对话框。在该对话框中,"身份验证"选择"SQL Server 身份验证","登录名"填写 Jhon,输入密码,单击"连接"按钮,就能连接 SQL Server 了。登录后的"对象资源管理器"界面如图 8.5 所示。

图 8.5 使用 SQL Server 验证方式登录

3. 管理数据库用户

在实现了数据库的安全登录后,检验用户权限的下一个安全等级就是数据库的访问权。数据库的访问权是通过映射数据库的用户与登录账户之间的关系来实现的。

一个登录名连接上 SQL Server 2012 以后，就需要设置用户访问数据库的权限。为此，需要创建数据库用户账户，然后给这些用户账户授予权限。设置权限以后，用户就可以用这个账户连接 SQL Server 2012，并访问能够访问的数据库。

界面方式创建数据库用户账户的步骤如下（以 xsbook 数据库为例）：

以系统管理员身份连接 SQL Server，展开"数据库"，在 xsbook 数据库中选择"安全性"下的"用户"，右击，选择"新建用户"菜单项，进入"数据库用户-新建"窗口。在"用户名"框中填写一个数据库用户名，"登录名"框中填写一个能够登录 SQL Server 的登录名，如 Jhon。注意：一个登录名在本数据库中只能创建一个数据库用户。选择默认架构为 dbo，如图 8.6 所示，单击"确定"按钮完成创建。

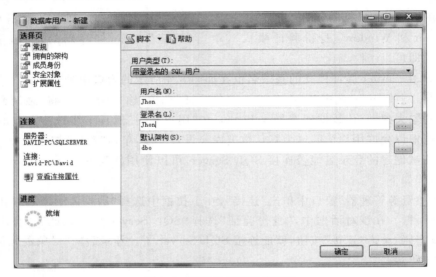

图 8.6   新建数据库用户账户

用户创建成功后，会在"对象资源管理器"窗口中的"用户"栏中查看到该用户。在"用户"列表中，还可以修改现有的数据库用户的属性，或者删除该用户，这些操作比较简单，这里不再介绍。

8.2.2   命令方式管理用户账户

在 SQL Server 2012 中，还可以使用命令方式操作用户账户。例如，创建登录名、创建数据库用户等。

1. 创建登录名

在 SQL Server 2012 中，创建登录名可以使用 CREATE LOGIN 命令。语法格式：

```
CREATE LOGIN<登录名>
{    WITH PASSWORD='password' [HASHED] [MUST_CHANGE]
        [,<option_list>[,…]]              /* WITH 子句用于创建 SQL Server 登录名 */
    |FROM                                 /* FROM 子句用于创建 Windows 登录名 */
        WINDOWS [WITH<windows_options>[,…]]
}
```

其中：

```
<option_list>::=
    SID=sid
    |DEFAULT_DATABASE=database
    |DEFAULT_LANGUAGE=language
    |CHECK_EXPIRATION={ON|OFF}
    |CHECK_POLICY={ON|OFF}
    [CREDENTIAL=credential_name]


<windows_options>::=
    DEFAULT_DATABASE=database
    |DEFAULT_LANGUAGE= language
```

说明：

（1）创建 Windows 验证模式登录名。创建 Windows 登录名使用 FROM 子句，在 FROM 子句的语法格式中，WINDOWS 关键字指定将登录名映射到 Windows 登录名，其中，<windows_options>为创建 Windows 登录名的选项，DEFAULT_DATABASE 指定默认数据库，DEFAULT_LANGUAGE 指定默认语言。

注意：创建 Windows 登录名时，首先要确认该 Windows 用户是否已经创建，在指定登录名 login_name 时要符合“[域\用户名]”的格式，“域”为本地计算机名。

【例 8.1】 使用命令方式创建 Windows 登录名 tao（假设 Windows 用户 tao 已经创建，本地计算机名为 DAVID-PC），默认数据库设为 xsbook。

```
USE master
GO
CREATE LOGIN [DAVID-PC\tao]
    FROM WINDOWS
        WITH DEFAULT_DATABASE=xsbook
```

命令执行成功后，在“登录名”后选择“安全性”，在其列表上就可以查看到该登录名。

（2）创建 SQL Server 验证模式登录名。创建 SQL Server 登录名使用 WITH 子句。

① PASSWORD：用于指定正在创建的登录名的密码，password 为密码字符串。HASHED 选项指定在 PASSWORD 参数后输入的密码已经过哈希运算，如果未选择此选项，则在将作为密码输入的字符串存储到数据库之前，对其进行哈希运算。如果指定 MUST_CHANGE 选项，则 SQL Server 会在首次使用新登录名时提示用户输入新密码。

② <option_list>：用于指定在创建 SQL Server 登录名时的一些选项，选项如下：

- SID：指定新 SQL Server 登录名的全局唯一标识符，如果未选择此选项，则自动指派。
- DEFAULT_DATABASE 指定默认数据库，如果未指定此选项，则默认数据库将设置为 master。
- DEFAULT_LANGUAGE 指定默认语言，如果未指定此选项，则默认语言将设置为服务器的当前默认语言。

- CHECK_EXPIRATION 指定是否对此登录名强制实施密码过期策略,默认值为 OFF。
- CHECK_POLICY 指定应对此登录名强制实施运行 SQL Server 的计算机的 Windows 密码策略,默认值为 ON。

只有在 Windows Server 2003 及更高版本上才会强制执行 CHECK_EXPIRATION 和 CHECK_POLICY。

【例 8.2】 创建 SQL Server 登录名 sql_tao,密码为 123456,默认数据库设为 xsbook。

```
CREATE LOGIN sql_tao
    WITH PASSWORD= '123456',
        DEFAULT_DATABASE=xsbook
```

2. 删除登录名

删除登录名使用 DROP LOGIN 命令。语法格式:

```
DROP LOGIN<登录名>
```

例如,删除 Windows 登录名 tao:

```
DROP LOGIN [DAVID-PC\tao]
```

删除 SQL Server 登录名 sql_tao:

```
DROP LOGIN sql_tao
```

3. 创建数据库用户

创建数据库用户使用 CREATE USER 命令。语法格式:

```
CREATE USER<用户名>
[{FOR|FROM} LOGIN<登录名>          |WITHOUT LOGIN
]
  [WITH DEFAULT_SCHEMA=schema_name]
```

说明:

(1) FOR 或 FROM 子句用于指定相关联的登录名。

(2) LOGIN 指定要创建数据库用户的 SQL Server 登录名,必须是服务器中有效的登录名。当此登录名进入数据库时,它将获取正在创建的数据库用户的名称和 ID。

(3) WITHOUT LOGIN 指定不将用户映射到现有登录名。

(4) WITH DEFAULT_SCHEMA 指定服务器为此数据库用户解析对象名称时将搜索的第一个架构,默认为 dbo。

【例 8.3】 使用 SQL Server 登录名 sql_tao(假设已经创建)在 xsbook 数据库中创建数据库用户 tao,默认架构名使用 dbo。

```
USE xsbook
GO
CREATE USER tao
    FOR LOGIN sql_tao
    WITH DEFAULT_SCHEMA=dbo
```

命令执行成功后,可以在数据库 xsbook 的"安全性"下的"用户"列表中查看到该数据库用户。

4. 删除数据库用户

删除数据库用户使用 DROP USER 语句。语法格式:

```
DROP USER<用户名>
```

【例 8.4】　删除 xsbook 数据库的数据库用户 tao。

```
USE xsbook
GO
DROP USER tao
```

8.3　服务器角色与数据库角色

在 SQL Server 中,通过角色可将用户分为不同的类,相同类用户(相同角色的成员)进行统一管理,赋予相同的操作权限。一个角色就相当于 Windows 账户管理中的一个用户组,组中可以包含多个用户。

SQL Server 给用户提供了预定义的服务器角色(固定服务器角色)和数据库角色(固定数据库角色),固定服务器角色和固定数据库角色都是 SQL Server 内置的,不能进行添加、修改和删除。用户也可根据需要,创建自己的数据库角色,以便对具有同样操作的用户进行统一管理。

8.3.1　固定服务器角色

服务器角色独立于各个数据库。如果在 SQL Server 中创建一个登录名后,要赋予该登录者具有管理服务器的权限,此时可设置该登录名为服务器角色的成员。SQL Server 提供了以下固定服务器角色:

(1) sysadmin:系统管理员,该角色成员可以对 SQL Server 服务器进行所有的管理工作,为最高管理角色。这个角色一般适合于数据库管理员(DBA)。

(2) securityadmin:安全管理员,该角色成员可以管理登录名及其属性。可以授予、拒绝、撤销服务器级和数据库级的权限。另外,还可以重置 SQL Server 登录名的密码。

(3) serveradmin:服务器管理员,该角色成员具有设置服务器及关闭服务器的权限。

(4) setupadmin:设置管理员,该角色成员可以添加和删除链接服务器,并执行某些系统存储过程。

(5) processadmin:进程管理员,该角色成员可以终止 SQL Server 实例中运行的进程。

（6）diskadmin：用于管理磁盘文件。

（7）dbcreator：数据库创建者，该角色成员可以创建、更改、删除或还原任何数据库。

（8）bulkadmin：可执行 BULK INSERT 语句，但是该成员对要插入数据的表必须有 INSERT 权限。BULK INSERT 语句的功能是以用户指定的格式复制一个数据文件至数据库表或视图。

（9）public：其角色成员可以查看任何数据库。

用户只能将一个用户登录名添加为上述某个固定服务器角色的成员，不能自行定义服务器角色。例如，对于前面已建立的登录名 DAVID-PC\liu，如果要给其赋予系统管理员权限，可通过"对象资源管理器"将该登录名加入 sysadmin 角色。

（1）以系统管理员身份登录到 SQL Server 服务器，在"对象资源管理器"中展开"安全性"下的"登录名"来选择登录名，例如 DAVID-PC\liu，双击或右击选择"属性"菜单项，打开"登录属性"窗口。

（2）在打开的"登录属性"窗口中选择"服务器角色"选项卡。如图 8.7 所示，在"登录属性"窗口右边列出了所有的固定服务器角色，用户可以根据需要，在服务器角色前的复选框中打勾，来为登录名添加相应的服务器角色，此处默认已经选择了 public 服务器角色，单击"确定"按钮完成添加。

图 8.7　SQL Server 登录属性中服务器角色设置窗口

说明：服务器角色的设置也可以在新建用户登录名时进行。如果需要删除固定服务器角色成员，在"服务器"选项卡中取消相应的复选框即可。

8.3.2　固定数据库角色

固定数据库角色定义在数据库级别上，并且有权进行特定数据库的管理及操作。SQL Server 提供了以下固定数据库角色。

（1）db_owner：数据库所有者，这个数据库角色的成员可以执行数据库的所有管理操作。

　　用户发出的所有 SQL 语句均受限于该用户具有的权限。例如,CREATE DATABASE 仅限于 sysadmin 和 dbcreator 固定服务器角色的成员使用。

　　sysadmin 固定服务器角色的成员、db_owner 固定数据库角色的成员以及数据库对象的所有者都可授予、拒绝或废除某个用户或某个角色的权限。使用 GRANT 赋予执行 T-SQL 语句或对数据进行操作的权限;使用 DENY 拒绝权限,并防止指定的用户、组或角色从组和角色成员的关系中继承权限;使用 REVOKE 取消以前授予或拒绝的权限。

　　(2) db_accessadmin:数据库访问权限管理者,该角色成员具有添加、删除数据库使用者、数据库角色和组的权限。

　　(3) db_securityadmin:数据库安全管理员,该角色成员可以管理数据库中的权限(如设置数据库表的增加、删除、修改和查询等)存取权限。

　　(4) db_ddladmin:数据库 DDL 管理员,该角色成员可以增加、修改或删除数据库中的对象。

　　(5) db_backupoperator:数据库备份操作员,该角色成员具有执行数据库备份的权限。

　　(6) db_datareader:数据库数据读取者,该角色成员可以从所有用户表中读取数据。

　　(7) db_datawriter:数据库数据写入者,该角色成员具有对所有用户表进行增加、删除和修改的权限。

　　(8) db_denydatareader:数据库拒绝数据读取者,该角色成员不能读取数据库中任何表的内容。

　　(9) db_denydatawriter:数据库拒绝数据写入者,该角色成员不能对任何表进行增加、删修和修改操作。

　　(10) public:是一个特殊的数据库角色,每个数据库用户都是 public 角色的成员,因此不能将用户、组或角色指派为 public 角色的成员,也不能删除 public 角色的成员。通常将一些公共的权限赋予 public 角色。

　　在创建一个数据库用户之后,可以将该数据库用户加入到数据库角色中,从而授予其管理数据库的权限。例如,对于前面已建立的 xsbook 数据库上的数据库用户 Jhon,如果要给其赋予数据库管理员权限,可通过"对象资源管理器"将该用户加入 db_owner 角色。

　　(1) 以系统管理员身份登录到 SQL Server 服务器,在"对象资源管理器"中展开"数据库",在 xsbook 数据库中选择"安全性"下的"用户",选择一个数据库用户,例如 Jhon,双击或右击,选择"属性"菜单项,打开"数据库用户"窗口。

　　(2) 在打开的窗口中,在"成员身份"选项卡中的"数据库角色成员身份"栏,用户可以根据需要,在数据库角色前的复选框中打勾,为数据库用户添加相应的数据库角色,如图 8.8 所示,单击"确定"按钮完成添加。

　　(3) 查看固定数据库角色的成员。在"对象资源管理器"窗口中,在 xsbook 数据库中选择"安全性"下的"角色",在"数据库角色"目录下,选择数据库角色,如 db_owner,右击,选择"属性"菜单项,在属性窗口中的"角色成员"栏下可以看到该数据库角色的成员列表,如图 8.9 所示。

　　如果要删除该成员,选中后单击"删除"按钮即可。

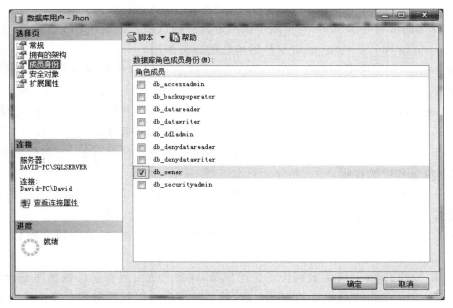

图 8.8　添加固定数据库角色成员

图 8.9　数据库角色成员列表

8.3.3　用户自定义数据库角色

　　一个用户登录到 SQL Server 服务器后必须是某个数据库用户并具有相应的权限，才可以对该数据库进行访问操作。如果有若干个用户，他们对数据库有相同的权限，此时可考虑创建用户自定义数据库角色,赋予一组权限,并把这些用户作为该数据库角色的成员。例如,如果要在数据库 xsbook 上定义一个数据库角色 role,该角色中的成员有 Join、[DAVID-PC\liu],对 xsbook 可进行的操作有查询、插入、删除和修改。下面将介绍如何实现这些功能。

1. 通过"对象资源管理器"创建数据库角色

(1) 创建数据库角色。以 Windows 系统管理员身份连接 SQL Server,在"对象资源管理器"中展开"数据库",选择要创建角色的数据库 xsbook 中"安全性"下的"角色",右击,在弹出的快捷菜单中选择"新建"菜单项,在弹出的子菜单中选择"新建数据库角色"菜单项,进入"数据库角色-新建"窗口。

在"数据库角色-新建"窗口中,选择"常规"选项卡,输入要定义的角色名称 role,所有者默认为 dbo。直接单击"确定"按钮,完成数据库角色的创建。

(2) 将数据库用户加入数据库角色。当数据库用户成为某一数据库角色的成员之后,该数据库用户就获得该数据库角色所拥有的对数据库操作的权限。

将用户加入自定义数据库角色的方法与 8.3.2 节中将用户加入固定数据库角色的方法类似,这里不再赘述。如图 8.10 所示的是将 xsbook 数据库的用户 Jhon 加入角色 role。

图 8.10　添加到数据库角色

此时数据库角色成员还没有任何的权限,当授予数据库角色权限时,这个角色的成员也将获得相同的权限。权限的授予将在 8.4 节中介绍。

2. 通过 SQL 命令创建数据库角色

定义数据库角色。创建用户自定义数据库角色可以使用 CREATE ROLE 语句。语法格式:

```
CREATE ROLE<角色名>[AUTHORIZATION<数据库角色的所有者>]
```

说明：如果未指定数据库角色的所有者，则执行 CREATE ROLE 的用户将拥有该
角色。

【例 8.5】 在当前数据库中创建名为 role2 的新角色，并指定 dbo 为该角色的所有者。

```
USE xsbook
GO
CREATE ROLE role2
    AUTHORIZATION dbo
```

3. 通过 SQL 命令删除数据库角色

要删除数据库角色可以使用 DROP ROLE 语句。语法格式：

```
DROP ROLE<角色名>
```

说明：

（1）无法从数据库删除拥有安全对象的角色。若要删除拥有安全对象的数据库角色，
必须首先转移这些安全对象的所有权，或从数据库删除它们。

（2）无法从数据库删除拥有成员的角色。若要删除拥有成员的数据库角色，必须首先
删除角色的所有成员。

（3）不能使用 DROP ROLE 删除固定数据库角色。

例如，删除数据库角色 role2，需要在删除之前将 role2 中的成员删除。确认 role2 可以
删除后，使用以下命令删除 role2：

```
DROP ROLE role2
```

8.4 数据库权限的管理

数据库的权限指明了用户能够获得哪些数据库对象的使用权，以及用户能够对哪些对
象执行何种操作。用户在数据库中拥有的权限取决于用户账户的数据库权限和用户所在数
据库角色的类型。

8.4.1 授予权限

权限的授予可以使用命令方式或界面方式完成。

1. 使用命令方式授予权限

利用 GRANT 语句可以给数据库用户或数据库角色授予数据库级别或对象级别的权
限。语法格式：

```
GRANT  permission [(column [,…n])] [,…n]
    [ON securable] TO principal [,…n]
    [WITH GRANT OPTION] [AS principal]
```

说明：

(1) permission：权限的名称。根据安全对象的不同，permission 的取值也不同。对于数据库，permission 取值可以是 BACKUP DATABASE、BACKUP LOG、CREATE DATABASE、CREATE DEFAULT、CREATE FUNCTION、CREATE PROCEDURE、CREATE RULE、CREATE TABLE 或 CREATE VIEW；对于表、表值函数或视图，permission 的取值可以是 SELECT、INSERT、DELETE、UPDATE 或 REFERENCES；对于存储过程，permission 的取值为 EXECUTE；对于用户函数，permission 的取值可以是 EXECUTE 和 REFERENCES。

(2) column：指定表、视图或表值函数中要授予对其权限的列的名称。只能授予对列的 SELECT、REFERENCES 及 UPDATE 权限。column 可以在权限子句中指定，也可以在安全对象名称之后指定。

(3) ON securable：指定将授予其权限的安全对象。例如，要授予表 xs 上的权限时 ON 子句为 ON xs。对于数据库级的权限不需要指定 ON 子句。

(4) principal：主体的名称，指被授予权限的对象，可为当前数据库的用户、数据库角色，指定的数据库用户、角色必须在当前数据库中存在，不可将权限授予其他数据库中的用户、角色。

(5) WITH GRANT OPTION：表示允许被授权者在获得指定权限的同时还可以将指定权限授予其他用户、角色或 Windows 组，WITH GRANT OPTION 子句仅对对象权限有效。

(6) AS principal：指定当前数据库中执行 GRANT 语句的用户所属的角色名或组名。当对象上的权限被授予一个组或角色时，用 AS 将对象权限进一步授予不是组或角色成员的用户。

GRANT 语句可以使用两个特殊的用户账户：public 角色和 guest 用户。授予 public 角色的权限可以应用于数据库中的所有用户；授予 guest 用户的权限可以为所有在数据库中没有数据库用户账户的用户使用。

【例 8.6】 给 xsbook 数据库上的用户 Jhon 和[DAVID-PC\liu]授予创建表的权限。

以系统管理员身份登录 SQL Server，新建一个查询，输入以下语句：

```
USE xsbook
GO
GRANT CREATE TABLE
    TO Jhon, [DAVID-PC\liu]
```

说明： 授予数据库级权限时，CREATE DATABASE 权限只能在 master 数据库中被授予。如果用户账户含有空格、反斜杠(\)，则要用引号或中括号将安全账户括起来。

【例 8.7】 首先在当前数据库 xsbook 中给 public 角色授予对 xs 表的 SELECT 权限。然后，将特定的权限授予用户 liu、zhang 和 dong(假设用户已经创建)，使这些用户对 xs 表有所有操作权限。

```
GRANT SELECT ON xs TO public
GO
```

```
GRANT INSERT, UPDATE, DELETE
    ON xs TO liu, zhang, dong
GO
```

【例 8.8】　将 CREATE TABLE 权限授予数据库角色 role 的所有成员。

```
GRANT CREATE TABLE
    TO role
```

【例 8.9】　以系统管理员身份登录 SQL Server，将表 xs 的 SELECT 权限授予 role2 角色（指定 WITH GRANT OPTION 子句）。用户 li 是 role2 的成员（创建过程略），在 li 用户上将表 xs 上的 SELECT 权限授予用户 huang（创建过程略），huang 不是 role2 的成员。

首先以 Windows 系统管理员身份连接 SQL Server，授予角色 role2 在 xs 表上的 SELECT 权限：

```
USE xsbook
GO
GRANT SELECT
    ON xs
    TO role2
    WITH GRANT OPTION
```

在 SQL Server Management Studio 窗口中单击"新建查询"按钮旁边的数据库引擎查询按钮 ，在弹出的连接窗口中以 li 用户的登录名登录，如图 8.11 所示。单击"连接"按钮连接到 SQL Server 服务器，出现"查询分析器"窗口。

图 8.11　以 li 用户身份登录

在"查询分析器"窗口中使用如下语句将用户 li 在 xs 表上的 SELECT 权限授予 huang：

```
USE xsbook
GO
GRANT SELECT
    ON xs TO huang
    AS role2
```

说明：由于 li 是 role2 角色的成员，因此必须用 AS 子句对 huang 授予权限。

【例 8.10】 在当前数据库 xsbook 中给 public 角色赋予对表 xs 的借书证号、姓名字段进行 SELECT 的权限。

```
GRANT SELECT
    (借书证号,姓名)ON xs
    TO public
```

2. 使用界面方式授予语句权限

1）授予数据库上的权限

以给数据库用户 Jhon 授予 xsbook 数据库中 CREATE TABLE 语句的权限（即创建表的权限）为例，在 SQL Server Management Studio 中授予用户权限的步骤如下：

以系统管理员身份登录到 SQL Server 服务器，在"对象资源管理器"中展开"数据库"中的 xsbook，右击，选择"属性"菜单项进入 xsbook 数据库的属性窗口，选择"权限"页。

在用户或角色栏中选择需要授予权限的用户或角色，在窗口下方列出的权限列表中找到相应的权限（如"创建表"），在复选框中打勾，单击"确定"按钮即可完成，如图 8.12 所示。

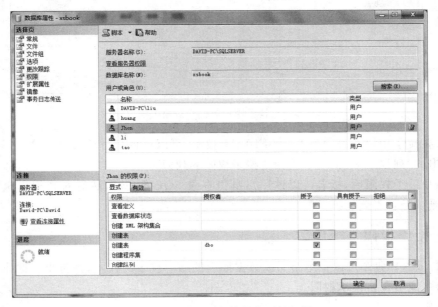

图 8.12 授予用户数据库上的权限

如果需要授予权限的用户在列出的用户列表中不存在，则可以单击"搜索"按钮将该用户添加到列表中再选择。选择用户后，单击"有效"选项卡，可以查看该用户在当前数据库中有哪些权限。

2) 授予数据库对象上的权限

以给数据库用户 Jhon 授予 book 表上的 SELECT、INSERT 的权限为例,其步骤如下:

以系统管理员身份登录到 SQL Server 服务器,在"对象资源管理器"中展开"数据库",选择 xsbook 数据库中的"表"下的 book,右击,选择"属性"菜单项进入 book 表的属性窗口,选择"权限"选项卡。

单击"搜索"按钮,在弹出的"选择用户或角色"窗口中单击"浏览"按钮,选择需要授权的用户或角色(如 Jhon),选择后单击"确定"按钮回到 book 表的属性窗口。在该窗口中选择用户,在权限列表中选择需要授予的权限,如插入(INSERT)、选择(SELECT),如图 8.13 所示,单击"确定"按钮完成授权。

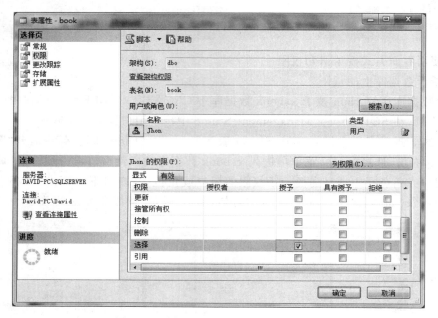

图 8.13　授予用户数据库对象上的权限

如果要授予用户在表的列上的 SELECT 权限,可以选择"选择"权限后单击"列权限"按钮,在弹出的"列权限"对话框中选择要授予权限的列即可。

对用户授予权限后,读者可以该用户身份登录 SQL Server,然后对数据库执行相关的操作,以测试是否得到已授予的权限。

8.4.2　拒绝权限

使用 DENY 命令可以拒绝给当前数据库内的用户授予的权限,并防止数据库用户通过其组或角色成员资格继承权限。

语法格式:

```
DENY permission [(column [,…n])] [,…n]
    [ON securable] TO principal [,…n]
```

```
    [CASCADE] [AS principal]
```

说明：CASCADE 表示拒绝授予指定用户或角色该权限,同时对该用户或角色授予该权限的所有其他用户和角色也拒绝授予该权限。当主体具有带 WITH GRANT OPTION 的权限时,为必选项。DENY 命令语法格式的其他各项的含义与 GRANT 命名中的相同。

注意：

(1) 如果使用 DENY 语句禁止用户获得某个权限,那么以后将该用户添加到已得到该权限的组或角色时,该用户不能访问这个权限。

(2) 在默认情况下,sysadmin、db_securityadmin 角色成员和数据库对象所有者具有执行 DENY 的权限。

【例 8.11】 对多个用户不允许使用 CREATE VIEW 和 CREATE TABLE 语句。

```
DENY CREATE VIEW, CREATE TABLE
    TO li, huang
```

【例 8.12】 拒绝用户 li、huang、[DAVID-PC\liu]对表 xs 的一些权限,因此这些用户就没有对 xs 表的操作权限了。

```
USE xsbook
GO
DENY SELECT, INSERT, UPDATE, DELETE
    ON xs TO li, huang, [DAVID-PC\liu]
```

【例 8.13】 对所有 role2 角色成员拒绝 CREATE TABLE 权限。

```
DENY CREATE TABLE
    TO role2
```

说明：假设用户 wang 是 role2 的成员,并显式地授予了 CREATE TABLE 权限,但仍拒绝 wang 的 CREATE TABLE 权限。

界面方式拒绝权限也是在相关的数据库或对象的属性窗口中操作,如图 8.13 所示,在相应的"拒绝"复选框中选择即可。

8.4.3　撤销权限

利用 REVOKE 命令可以撤销以前给当前数据库用户授予或拒绝的权限。

语法格式：

```
REVOKE [GRANT OPTION FOR] permission [(column [,…n])] [,…n]
    [ON securable]
    {TO|FROM} principal [,…n]
    [CASCADE] [AS principal]
```

说明:

(1) REVOKE 只适用于当前数据库内的权限。GRANT OPTION FOR 表示将撤销授予指定权限的能力。

(2) REVOKE 只在指定的用户、组或角色上取消授予或拒绝的权限。例如,给 wang 用户账户授予了查询 xs 表的权限,该用户账户是 role 角色的成员。如果取消了 role 角色查询 xs 表的访问权,并且已显式地授予了 wang 查询表的权限,则 wang 仍能查询该表;若未显式地授予 wang 查询 xs 的权限,那么取消 role 角色的权限也将禁止 wang 查询该表。

(3) REVOKE 权限默认授予 sysadmin 为固定服务器角色成员,db_owner 和 db_securityadmin 为固定数据库角色成员。

【例 8.14】 取消已授予用户 wang 的 CREATE TABLE 权限。

```
REVOKE CREATE TABLE
    FROM wang
```

【例 8.15】 取消授予多个用户的多个语句权限。

```
REVOKE CREATE TABLE, CREATE VIEW
    FROM wang, li
```

【例 8.16】 取消对 wang 授予或拒绝的在 xs 表上的 SELECT 权限。

```
REVOKE SELECT
    ON xs
    FROM wang
```

【例 8.17】 角色 role2 在 xs 表上拥有 SELECT 权限,用户 li 是 role2 的成员,li 使用 WITH GRANT OPTION 子句将 SELECT 权限转移给了用户 huang,用户 huang 不是 role2 的成员。现要以用户 li 的身份撤销用户 huang 的 SELECT 权限。

以用户 li 的身份登录 SQL Server 服务器,新建一个查询,使用如下语句撤销 huang 的 SELECT 权限:

```
USE xsbook
GO
REVOKE SELECT
    ON xs
    TO huang
    AS role2
```

8.5 数据库架构的定义和使用

在 SQL Server 2012 中,数据库架构是一个独立于数据库用户的非重复命名空间,数据库中的对象都属于某一个架构。一个架构只能有一个所有者,所有者可以是用户、数据库角色等。架构的所有者可以访问架构中的对象，并且还可以授予其他用户访问该架构的权限。可以使用“对象资源管理器”和 T-SQL 语句两种方式来创建架构，但必须具有 CREATE SCHEMA 权限。

8.5.1 使用界面方式创建架构

以在 xsbook 数据库中创建架构为例，具体步骤如下：

（1）以系统管理员身份登录 SQL Server，在“对象资源管理器”中展开“数据库”，在 xsbook 数据库中的“安全性”下选择“架构”，右击，在弹出的快捷菜单中选择“新建架构”菜单项。

（2）在打开的“架构-新建”窗口中选择“常规”选项卡，在窗口的右边“架构名称”下面的文本框中输入架构名称（如 test）。单击“搜索”按钮，在打开的“搜索角色和用户”对话框中单击“浏览”按钮。在打开的“查找对象”对话框中，在用户 Jhon 前面的复选框中打勾，单击“确定”按钮，返回“搜索角色和用户”对话框。单击“确定”按钮，返回“架构-新建”窗口。单击“确定”按钮，完成架构的创建。这样就将用户 Jhon 设置为架构 test 的所有者。

创建完成后，在“数据库”下的 xsbook 数据库“安全性”下的“架构”目录中，可以找到创建后的该新架构，打开该架构的属性窗口可以更改架构的所有者。

（3）架构创建完后可以新建一个测试表来测试如何访问架构中的对象。在 xsbook 数据库中新建一个名为 Table_1 的表，表的结构如图 8.14 所示。

在创建表时，表的默认架构为 dbo，要将其架构修改为 test。在进行表结构设计时，表设计窗口右边有一个表 Table_1 的属性窗口，在创建表时，应在表的属性窗口中将该表的架构设置成 test，如图 8.15 所示。如果没有找到属性窗口，单击“视图”菜单栏，选择“属性窗口”子菜单就能显示属性窗口。

图 8.14 新建一个测试表　　　　图 8.15 属性窗口

设置完成后保存该表，保存后的表可以在“对象资源管理器”中找到，此时表名就已经变成 test.Table_1。

打开表 test.Table_1，在表中输入一行数据为“测试架构的使用”。

（4）在“对象资源管理器”中展开“数据库”，在 xsbook 数据库中的“安全性”下的“架构”

目录中,选择新创建的架构 test,右击,在弹出的快捷菜单中选择"属性"菜单项,打开"架构属性"窗口,在该架构属性的"权限"选项卡中,单击"搜索"按钮,选择用户 li(创建过程略),为用户 li 分配权限,如"选择(SELECT)"权限。单击"确定"按钮,保存上述设置。用同样的方法,还可以授予其他用户访问该架构的权限。

（5）重新启动 SQL Server Management Studio,使用 SQL Server 身份验证方式以用户 li 的登录名连接 SQL Server。在连接成功后,创建一个新的查询,在"查询分析器"窗口中输入查询表 test.Table_1 中数据的 T-SQL 语句:

```
USE xsbook
GO
SELECT * FROM test.Table_1
```

执行结果如图 8.16 所示。

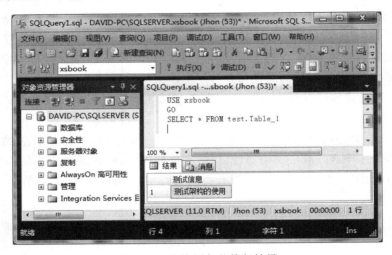

图 8.16　查询语句的执行结果

再新建一个 SQL 查询,在查询编辑器中输入删除表 test.Table_1 的 T-SQL 语句:

```
DELETE FROM test.Table_1
```

执行结果如图 8.17 所示。

显然,由于用户 li 所属的架构没有相应的 DELETE 权限,因此无法对表 test.Table_1 执行删除操作。

说明:在创建完架构后,再创建用户时可以为用户指定新创建的架构为默认架构或者将架构指定为用户拥有的架构。

8.5.2　使用命令方式创建架构

可以使用 CREATE SCHEMA 语句创建数据库架构。

语法格式:

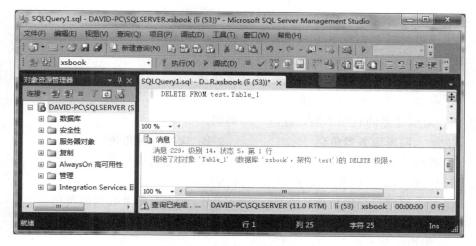

图 8.17　删除语句的执行结果

```
CREATE SCHEMA
{
    <架构名> [AUTHORIZATION owner_name]
}
```

说明：AUTHORIZATION 指定将拥有架构的数据库级主体(如用户、角色等)的名称。此主体还可以拥有其他架构,并且可以不使用当前架构作为其默认架构。

【**例 8.18**】　创建架构 test_schema,其所有者为用户 Jhon。

以系统管理员身份登录 SQL Server,新建一个查询,输入以下语句:

```
USE xsbook
GO
CREATE SCHEMA test_schema
    AUTHORIZATION Jhon
```

另外,要删除可以使用 DROP SCHEMA 语句,例如:

```
DROP SCHEMA test_schema
```

注意：删除架构时必须保证架构中没有对象。例如,无法删除架构 test,因为表 Table_1 属于架构 test,必须先删除表 Table_1 才能删除架构 test。

习题

一、选择题

1. 操作数据库对象需要(　　)。

    A. 登录 SQL Server 实例　　　　　　B. 登录数据库

    C. 对指定对象具有操作权限　　　　　D. A、B 和 C

2. 采用混合模式登录 SQL Server 时,以下( )说法不正确。

    A. 该模式是在 SQL Server 实例安装时指定的

    B. 该模式可以 Windows 登录名登录

    C. 该模式允许使用 SQL Server 登录名登录

    D. sa 是 SQL Server 实例的系统管理员

3. 用户对服务器的权限不能通过( )得到。

    A. 加入固定服务器角色   B. 应用程序角色

    C. 本地 Windows 用户   D. 其他特殊权限

4. 用户对数据库的权限可以通过( )得到。

    A. 加入固定数据库角色   B. 加入自定义数据库角色

    C. Windows 用户加入固定数据库角色   D. A、B、C 和其他

5. 通过架构级别不能实现( )。

    A. 用户操作数据库对象的权限   B. 系统默认架构为 dbo

    C. 操作不同数据库   D. 用户加入多个架构

6. 权限不可以( )。

    A. 通过界面方式创建   B. 通过方式命令方式删除

    C. 对象的权限包含执行何种操作   D. 只要能够进入数据库即可授权

二、简答题

1. SQL Server 采用哪些措施实现数据库的安全管理?

2. 如何创建 Windows 身份验证模式的登录名?

3. 如何创建 SQL Server 身份验证模式的登录名?

4. 服务器角色分为哪几类? 每一类有哪些权限?

5. 固定数据库角色分为哪几类? 每一类有哪些操作权限?

6. 自定义一个数据库角色,并授予其数据库 pxscj 上的权限。

7. 如何给一个数据库角色和用户赋予操作权限?

8. 数据库中架构的作用是什么? 使用界面方式创建数据库架构,并将架构的某些权限授予某个用户。

CHAPTER 第 **9** 章

备份与恢复

尽管 SQL Server 2012 系统采取了多种措施来保证数据库的安全性和完整性,但是硬件故障、软件错误、病毒、误操作或故意破坏仍是可能发生的,这些故障会造成运行事务的异常中断,从而影响数据的正确性,甚至会破坏数据库,使数据库中的数据部分或全部丢失。因此,数据库管理系统都提供了把数据库从错误状态还原到某一正确状态的功能,这种功能称为恢复。数据库的恢复是以备份为基础的,SQL Server 2012 的备份和恢复组件为存储在 SQL Server 数据库中的关键数据提供了重要的保护手段。本章着重讨论 SQL Server 2012 的备份恢复策略和过程。

9.1 备份和恢复概述

数据库中的数据丢失或被破坏可能是由于以下原因:

(1)计算机硬件故障。由于使用不当或产品质量等原因,计算机硬件可能会出现故障,不能使用。例如,硬盘损坏会使得存储于其上的数据丢失。

(2)软件故障。由于软件设计上的失误或用户使用不当,软件系统可能会误操作引起数据破坏。

(3)病毒。破坏性病毒会破坏系统软件、硬件和数据。

(4)误操作。如用户误使用了如 DELETE、UPDATE 等命令而引起的数据丢失或破坏。

(5)自然灾害。例如,火灾、洪水或地震等,它们会造成极大的破坏,毁坏计算机系统及其数据。

(6)盗窃。一些重要数据可能会遭到窃取。

因此,必须制作数据库的复本,即进行数据库备份,以在数据库遭到破坏时能够修复数据库,即进行数据库恢复,数据库恢复就是把数据库从错误状态还原到某一正确状态。

备份和恢复数据库也可以用于其他目的。例如,可以通过备份与恢复,将数据库从一个服务器移动或复制到另一个服务器。

9.1.1 备份概述

数据库何时被破坏以及会遭到什么样的破坏是不可预测的,所以备份是一项重要的数据库管理工作,必须确定何时备份、备份到何处、由谁来做备份、备份哪些内容、备份频率以及如何备份等事项,即确定备份策略。

设计备份策略的指导思想是:以最小的代价恢复数据。备份与恢复是互相联系的,备份策略与恢复应该结合起来考虑。

1. 备份内容

数据库中数据的重要程度决定了数据恢复的必要与重要性,也决定了数据是否备份以及如何备份。数据库需备份的内容可以分为系统数据库和用户数据库两部分,系统数据库记录了重要的系统信息,用户数据库则记录了用户的数据。

系统数据库包括 master、msdb 和 model 数据库,它们是确保 SQL Server 2012 系统正常运行的重要依据,因此系统数据库必须被完全备份。

用户数据库是存储用户数据的存储空间集。通常用户数据库中的数据依其重要性,可以分为非关键数据和关键数据。非关键数据通常能够很容易地从其他来源重新创建,可以不备份;关键数据则是用户的重要数据,不易甚至不能重新创建,对其需进行完善的备份。在设计备份策略时,管理员首先要决定数据的重要程度。数据重要程度的确定主要依据实际的应用领域,可能有的数据库中的数据都不属于关键数据,而有的数据库中大量的数据都属于关键数据。例如,一个普通的图书管理数据库中的数据可以认为是一般数据,而一个银行业务数据库中的数据是关键数据。

2. 由谁做备份

在 SQL Server 2012 中,具有下列角色的成员可以做备份操作:

(1) 固定的服务器角色 sysadmin(系统管理员)。

(2) 固定的数据库角色 db_owner(数据库所有者)。

(3) 固定的数据库角色 db_backupoperator(允许进行数据库备份的用户)。

还可以通过授权允许其他角色进行数据库备份。

3. 备份介质

备份介质是指将数据库备份到的目标载体,即备份到何处。在 SQL Server 2012 中,允许使用两种类型的备份介质:

(1) 硬盘:是最常用的备份介质,可以用于备份本地文件,也可以用于备份网络文件。

(2) 磁带:是大容量的备份介质,磁带仅可用于备份本地文件。

4. 何时备份

对于系统数据库和用户数据库,其备份时机是不同的。

(1) 系统数据库。当系统数据库 master、msdb 和 model 中的任何一个被修改后,都要对其备份。

master 数据库包含了 SQL Server 系统有关数据库的全部信息,即它是"数据库的数据库",如果 master 数据库损坏,那么 SQL Server 2012 可能无法启动,并且用户数据库可能无效。

当执行下列 T-SQL 命令或系统存储过程时,SQL Server 2012 将修改 master 数据库:

① 创建、修改或删除用户数据库对象的 T-SQL 命令,包括 CREATE DATABASE、ALTER DATABASE、DROP DATABASE。

② 修改事务日志的系统存储过程 sp_logdevice。

③ 增加或删除服务器的系统存储过程,包括 sp_addserver、sp_sddlinkedserver、sp_

dropserver。

　　④ 执行与登录有关的系统存储过程，包括 sp_addlogin、sp_addremotelogin、sp_droplogin、sp_dropremotelogin、sp_grantlogin、sp_password。

　　⑤ 重命名数据库的系统存储过程 sp_renamedb。

　　⑥ 添加或删除备份设备的系统存储过程，包括 sp_addumpdevice、sp_dropdevice。

　　⑦ 改变服务器范围配置的系统存储过程，包括 sp_dboption、sp_configure、sp_serveroption。

　　执行上述操作后应该进行 master 数据库备份，以便当系统出现故障，master 数据库遭到破坏时，可以恢复系统数据库和用户数据库。否则，当 master 数据库被破坏而没有 master 数据库的备份时，就只能重建全部的系统数据库。

　　当修改了系统数据库 msdb 或 model 时，也必须对它们进行备份，以便在系统出现故障时恢复作业以及用户创建的数据库信息。

　　注意：不要备份数据库 tempdb，因为 tempdb 仅包含临时数据。

　　（2）用户数据库。当创建数据库或加载数据库时，应备份数据库；当为数据库创建索引时，应备份数据库，以便恢复时可以大大节省时间；当执行了不记日志的 T-SQL 命令时，应备份数据库，这是因为这些命令未记录在事务日志中，因此恢复时不会被执行。不记日志的命令有 BACKUO LOG WITH NO_LOG、WRITETEXT、UPDATETEXT、SELECT INTO、命令行实用程序和 BCP 命令等。

5. 备份频率

　　备份频率即相隔多长时间进行备份。确定备份频率主要考虑两点：一是系统恢复的工作量；二是系统执行的事务量。通常如果系统环境为联机事务处理，则应当经常备份数据库；而如果系统只执行少量作业或主要用于决策支持，就不用经常备份。

　　另外，采用不同的数据库备份方法，备份频率也可不同。例如，采用完全数据库备份，通常备份频率应低一些；而采用差异备份、事务日志的备份，频率就应高一些。

6. 限制的操作

　　SQL Server 2012 在执行数据库备份的过程中，允许用户对数据库继续操作，但不允许用户在备份时执行下列操作：①创建或删除数据库文件；②创建索引；③不记日志的命令。

　　若系统正执行上述操作中的任何一种时试图进行备份，则备份进程不能执行。

7. 备份方法

　　数据库备份常用的两种方法是完全备份和差异备份。完全备份是每次都备份整个数据库或事务日志；差异备份则是只备份自上次备份以来发生过变化的数据库的数据，差异备份也称为增量备份。

　　SQL Server 2012 中有两种基本的备份：一是只备份数据库；二是备份数据库和事务日志。它们又都可以与完全或差异备份相结合。另外，当数据库很大时，也可以进行个别文件或文件组的备份，从而将数据库备份分割为多个较小的备份过程。这样就形成了以下 4 种备份方法。

1）完全数据库备份

　　这种方法按常规定期备份整个数据库，包括事务日志。当系统出现故障时，可以恢复到最近一次数据库备份时的状态，但自该备份后所提交的事务都将丢失。完全数据库备份的主要优点是简单,备份是单一操作,可按一定的时间间隔预先设定,恢复时,只需一个步骤就可以完成。

若数据库不大,或者数据库中的数据变化很少甚至是只读的,那么就可以对其进行完全数据库备份。

2）数据库和事务日志备份

这种方法不需要很频繁地定期进行数据库备份,而是在两次完全数据库备份期间,进行事务日志备份,所备份的事务日志记录了两次数据库备份之间所有的数据库活动记录。当系统出现故障后,能够恢复所有备份的事务,而只丢失未提交或提交但未执行完的事务。执行恢复时,首先恢复最近的完全数据库备份,然后恢复在该完全数据库备份以后的所有事务日志备份。

3）差异备份

差异备份只备份自上次数据库备份后发生更改的部分数据库,它用来扩充完全数据库备份或者数据库和事务日志备份的方法。对于一个经常修改的数据库,采用差异备份策略可以减少备份和恢复时间。差异备份比完全数据库备份工作量小而且备份速度快,对正在运行的系统影响也较小。因此可以更经常地备份,经常备份将减少丢失数据的危险。

使用差异备份方法,执行恢复时,若是数据库备份,则用最近的完全数据库备份和最近的差异数据库备份来恢复数据库;若是差异数据库和事务日志备份,则需用最近的完全数据库备份和最近的差异备份后的事务日志备份来恢复数据库。

4）数据库文件或文件组备份

这种方法只备份特定的数据库文件或文件组,同时还要定期备份事务日志,这样在恢复时可以只还原已损坏的文件,而不用还原数据库的其余部分,从而加快了恢复速度。对于被分割在多个文件中的大型数据库,可以使用这种方法进行备份。例如,如果数据库由几个在物理上位于不同磁盘上的文件组成,当其中一个磁盘发生故障时,只需还原发生了故障的磁盘上的文件。文件或文件组备份和还原操作必须与事务日志备份一起使用。文件或文件组备份能够更快地恢复已隔离的媒体故障,迅速还原损坏的文件,在调度和媒体处理上具有更大的灵活性。

8. 性能

在备份数据库时应该考虑对 SQL Server 性能的影响,主要有以下三个方面:

（1）备份一个数据库所需的时间主要取决于物理设备的速度,如磁盘设备的速度通常比磁带设备快。

（2）通常备份到多个物理设备比备份到一个物理设备要快。

（3）系统的并发活动对数据库的备份有影响,因此在备份数据库时,应减少并发活动,以减少数据库备份所需的时间。

9.1.2 恢复概述

数据库恢复就是当数据库出现故障时,将备份的数据库加载到系统,从而使数据库恢复到备份时的正确状态。

恢复是与备份相对应的系统维护和管理操作,系统进行恢复操作时,首先执行一些系统安全性的检查,包括检查所要恢复的数据库是否存在、数据库是否变化以及数据库文件是否兼容等,然后根据所用的数据库备份类型采取相应的恢复措施。

通常恢复操作要经过以下两个步骤。

1. 准备工作

数据库恢复的准备工作包括系统安全性检查和备份介质验证。

在进行恢复时,系统先执行安全性检查,重建数据库及其相关文件等操作,保证数据库安全地恢复。这是数据库恢复必要的准备,可以防止错误的恢复操作。例如,用不同的数据库备份或用不兼容的数据库备份信息覆盖某个已存在的数据库。当系统发现出现了以下情况时,恢复操作将不再进行:

- 指定的要恢复的数据库已存在,但在备份文件中记录的数据库与其不同。
- 服务器上数据库文件集与备份中的数据库文件集不一致。
- 未提供恢复数据库所需的所有文件或文件组。
- 安全性检查是系统在执行恢复操作时自动进行的。

恢复数据库时,要确保数据库的备份是有效的,即要验证备份介质,得到数据库备份的信息。这些信息包括:

- 备份文件或备份集名及描述信息。
- 所使用的备份介质类型(磁带或磁盘等)。
- 所使用的备份方法。
- 执行备份的日期和时间。
- 备份集的大小。
- 数据库文件及日志文件的逻辑和物理文件名。
- 备份文件的大小。

2. 执行恢复数据库的操作

使用 SQL Server 的对象资源管理器或 T-SQL 语句执行实际的恢复数据库的操作。

9.2　备份

进行数据库备份时,首先必须创建用来存储备份的备份设备,备份设备可以是磁盘也可以是磁带。备份设备分为命名备份设备和临时备份设备两类。创建备份设备后才能通过图形向导方式或 T-SQL 命令将需要备份的数据库备份到备份设备中。

9.2.1　创建备份设备

备份设备总是有一个物理名称,这个物理名称是操作系统访问物理设备时所使用的名称,但是使用逻辑名访问更加方便。要使用备份设备的逻辑名进行备份,就必须先创建命名的备份设备,否则就只能使用物理名访问备份设备。将可以使用逻辑名访问的备份设备称为命名的备份设备,而将只能使用物理名访问备份设备称为临时备份设备。

1. 创建命名备份设备

如果要使用备份设备的逻辑名来引用备份设备,就必须在使用它之前创建命名备份设备。当希望所创建的备份设备能够重新使用或设置系统自动备份数据库时,就要使用命名备份设备。若使用磁盘设备备份,那么备份设备实际上就是磁盘文件;若使用磁带设备备份，那么备份设备实际上就是一个或多个磁带。

创建该备份设备有两种方法：一是使用图形向导方式；二是使用系统存储过程 sp_addumpdevice。

1）使用系统存储过程创建命名备份设备

执行系统存储过程 sp_addumpdevice 可以在磁盘或磁带上创建命名备份设备。

创建命名备份设备时，要注意以下几点：

（1）SQL Server 2012 将在系统数据库 master 的系统表 sysdevice 中创建该命名备份设备的物理名和逻辑名。

（2）必须指定该命名备份设备的物理名和逻辑名，当在网络磁盘上创建命名备份设备时，要说明网络磁盘文件路径名。

（3）一个数据库最多可以创建 32 个备份文件。

系统存储过程 sp_addumpdevice 的语法格式为：

```
sp_addumpdevice [@devtype=] 'device_type',
    [@logicalname=] 'logical_name',
    [@physicalname=] 'physical_name'
```

其中，device_type 指出介质类型，可以是 DISK 或 TAPE，DISK 表示硬盘文件，TAPE 表示是磁带设备；logical_name 和 physical_name 分别是逻辑名和物理名。

例如，以下语句将在本地硬盘上创建一个命名备份设备：

```
Use master
GO
EXEC sp_addumpdevice 'disk', 'mybackupfile',
    'e:\SQL_TEMP\mybackupfile.bak'
```

上述 T-SQL 语句所创建的命名备份设备的逻辑名和物理名分别是 mybackupfile 和 e：\mssql\backup\mybackupfile. bak。

2）使用"对象资源管理器"创建命名备份设备

启动 SQL Server Management Studio，在"对象资源管理器"中展开"服务器对象"，选择"备份设备"，在"备份设备"的列表上可以看到上例中使用系统存储过程创建的备份设备，右击，在弹出的快捷菜单中选择"新建备份设备"菜单项。

在打开的"备份设备"窗口中分别输入备份设备的名称和完整的物理路径名，单击"确定"按钮，完成备份设备的创建。

当所创建的"命名备份设备"不再需要时，可用界面方式或系统存储过程 sp_dropdevice 删除它。在 SQL Server Management Studio 中删除"命名备份设备"时，若被删除的"命名备份设备"是磁盘文件，那么必须在其物理路径下使用手工删除该文件。

用系统存储过程 sp_dropdevice 删除命名备份文件时，若被删除的"命名备份设备"的类型为磁盘，那么必须指定 DELFILE 选项，但备份设备的物理文件必须不能直接保存在磁盘根目录下。例如：

```
EXEC sp_dropdevice 'mybackupfile' , DELFILE
```

2. 创建临时备份设备

临时备份设备,就是只作临时性存储之用,对这种设备只能使用物理名来引用。如果不准备重复使用备份设备,那么就可以使用临时备份设备。例如,如果只要进行数据库的一次性备份或测试自动备份操作,那么就用临时备份设备。

创建临时备份设备时,要指定介质类型(磁盘、磁带或命名管道)、完整的路径名及文件名称。可使用 T-SQL 的 BACKUP DATABASE 语句创建临时备份设备。对使用临时备份设备进行的备份,SQL Server 2012 系统将创建临时文件来存储备份的结果。

语法格式为:

```
BACKUP DATABASE <数据库名>
    TO
    {DISK|TAPE}=<文件名>[, …n]
```

默认的介质类型是磁盘(DISK)。

例如,以下语句将在磁盘上创建一个临时备份设备,它用来备份数据库 xsbook:

```
USE master
BACKUP DATABASE xsbook TO DISK=' e:\SQL_TEMP\tmpxsbook.bak'
```

注意:用于临时备份的文件必须在操作系统中存在。

9.2.2　备份命令

规划了备份的策略,创建了备份设备后,就可以执行实际的备份操作了。可以使用 SQL Server"对象资源管理器"、"备份向导"或 T-SQL 语句执行备份操作。本节讨论 T-SQL 提供的备份命令 BACKUP,该语句可以备份整个数据库、差异备份数据库、备份特定的文件或文件组及备份事务日志。

1. 备份整个数据库

备份整个数据库可以使用 BACKUP DATABASE 语句,其语法格式:

```
BACKUP DATABASE<数据库名>                    /*被备份的数据库名*/
    TO<备份设备>[,…n]                        /*指出备份目标设备*/
    [WITH<选项>]
```

其中,<选项>如下:

```
[BLOCKSIZE={blocksize|@blocksize_variable}]    /*块大小*/
[[,] DESCRIPTION={'text'|@text_variable}]
[[,] DIFFERENTIAL]
[[,] EXPIREDATE={date|@date_var}               /*备份集到期和允许被重写的日期*/
    |RETAINDAYS={days|@days_var}]
[[,] PASSWORD={password|@password_variable}]
```

```
[[,] {FORMAT|NOFORMAT}]
[[,] {INIT|NOINIT}]                                  /* 指定是覆盖还是追加 */
[[,] {NOSKIP|SKIP}]
[[,] MEDIADESCRIPTION={'text'|@text_variable}]
[[,] MEDIANAME={media_name|@media_name_variable}]
[[,] MEDIAPASSWORD={mediapassword|@mediapassword_variable}]
[[,] NAME={backup_set_name|@backup_set_name_var}]
[[,] STATS [=percentage]]
[[,] COPY_ONLY]
```

说明：

(1)〈备份设备〉：指定备份操作时要使用的逻辑或物理备份设备。格式如下：

```
<逻辑名>|{DISK|TAPE}='<物理路径>'
```

可以是已经创建的备份设备的逻辑名称或者临时备份设备的物理名称。

(2) WITH 子句：可以使用 WITH 子句附加一些选项，常用的选项如下。

① BLOCKSIZE 选项：用字节数来指定物理块的大小。通常无须使用该选项，因为 BACKUP 会自动选择适于磁盘或磁带设备的块大小。

② DESCRIPTION 选项：指定说明备份集的自由格式文本。

③ DIFFERENTIAL 选项：指定数据库备份或文件备份应该只包含上次完整备份后更改的数据库或文件部分。这个选项用于差异备份。

④ EXPIREDATE 或 RETAINDAYS 选项：EXPIREDATE 选项指定备份集到期和允许被重写的日期。RETAINDAYS 选项指定必须经过多少天才可以重写该备份媒体集。

⑤ PASSWORD 选项：该选项为备份集设置密码，它是一个字符串。如果为备份集定义了密码，必须提供这个密码才能对该备份集执行恢复操作。

⑥ FORMAT 或 NOFORMAT 选项：使用 FORMAT 选项即格式化介质，可以覆盖备份设备上的所有内容，并且将介质集拆分开来。默认为 NOFORMAT。

注意：选项指定为 FORMAT，备份若指定错了备份设备，将破坏该设备上的所有内容，所以建议不要轻易使用 FORMAT 选项。

⑦ INIT 或 NOINIT 选项：NOINIT 选项指定追加备份集到已有的备份设备的数据之后，它是备份的默认方式。INIT 选项则指定备份为覆盖式的。

⑧ SKIP 与 NOSKIP 选项：若使用 SKIP，禁用备份集的过期和名称检查，这些检查一般由 BACKUP 语句执行，以防止覆盖备份集。若使用 NOSKIP，则 SQL Server 将指示 BACKUP 语句在可以覆盖媒体上的所有备份集之前先检查它们的过期日期。默认值为 NOSKIP。

⑨ MEDIADESCRIPTION 选项：指定媒体集的自由格式文本说明，最多为 255 个字符。

⑩ MEDIANAME 选项：备份介质集的名称。所谓介质集是指用来保存一个或多个备份集的备份设备的集合，它可以是一个备份设备，也可是多个备份设备。如果多设备介质集中的备份设备是磁盘设备，那么每个备份设备实际上就是一个文件；如果多设备介质集中的

备份设备是磁带设备,那么每个备份设备实际上是由一个或多个磁带组成的。

⑪ MEDIAPASSWORD 选项:用于为介质集设置密码。

⑫ NAME 选项:指定备份集的名称,若没有指定 NAME 它将为空。

⑬ STATS 选项:报告截止报告下一个间隔的阈值时完成的百分比。这是指定百分比的近似值。例如,当 STATS=10 时,如果完成进度为 40%,则该选项可能显示 43%。

⑭ COPY_ONLY 选项:指定此备份不影响正常的备份序列。

以下是一些使用 BACKUP 语句进行完全数据库备份的例子。

【例 9.1】 使用逻辑名 test1 创建一个命名的备份设备,并将数据库 xsbook 完全备份到该设备。

```
USE master
EXEC sp_addumpdevice 'disk' , 'test1', 'e:\SQL_TEMP\test1.bak'
BACKUP DATABASE xsbook TO test1
```

本例的执行结果如图 9.1 所示。

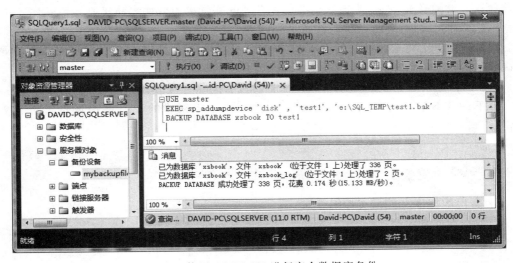

图 9.1 使用 BACK UP 进行完全数据库备份

以下的 T-SQL 语句将数据库 xsbook 完全数据库备份到备份设备 test1,并覆盖该设备上原有的内容:

```
BACKUP DATABASE xsbook TO test1 WITH INIT
```

以下的 T-SQL 语句将数据库 xsbook 备份到备份设备 test1 上,执行追加的完全数据库备份,该设备上原有的备份内容都被保存:

```
BACKUP DATABASE xsbook TO test1 WITH NOINIT
```

2. 差异备份数据库

对于需要频繁修改的数据库,进行差异备份可以缩短备份和恢复的时间。注意,只有当已经执行了完全数据库备份后才能执行差异备份。进行差异备份时,SQL Server 将备份从最近的完全数据库备份之后数据库发生变化的部分。

进行差异备份的 BACKUP 语句的语法格式为:

```
BACKUP DATABASE<数据库名>
    READ_WRITE_FILEGROUPS
    [, FILEGROUP=<文件组的逻辑名称>[,…n]]
    TO<备份设备>[,…n]
[WITH
    {[[,] DIFFERENTIAL]
    /*其余选项与数据库的完全备份相同*/
    }
]
```

说明: DIFFERENTIAL 选项是表示差异备份的关键字。READ_WRITE_FILEGROUPS 选项指定在部分备份中备份所有读/写文件组。FILEGROUP 选项是只读文件组或变量的逻辑名称,其值等于要包含在部分备份中的只读文件组的逻辑名称。

SQL Server 执行差异备份时注意下列几点:

(1) 若在上次完全数据库备份后,数据库的某行被修改了,则执行差异备份只保存最后依次改动的值。

(2) 为使差异备份设备与完全数据库备份设备能相互区分开,应使用不同的设备名。

以下的 T-SQL 语句将创建临时备份设备,并在所创建的临时备份设备上进行差异备份:

```
BACKUP DATABASE xsbook TO
    DISK='e:\SQL_TEMP\xsbookbk.bak'  WITH DIFFERENTIAL
```

3. 备份数据库文件或文件组

当数据库非常大时,可以进行数据库文件或文件组的备份。

语法格式:

```
BACKUP DATABASE<数据库名>
  <file_or_filegroup>[,…n]                    /*指定文件或文件组名*/
TO<备份设备>[,…n]
[WITH
{  [[,] DIFFERENTIAL]
    /*选项与数据库的完全备份相同*/
}
]
```

其中:

```
<file_or_filegroup>::=
  {
      FILE=<文件名>
```

```
     |FILEGROUP=<文件组名>
}
```

说明：该语句将参数＜file_or_filegroup＞指定的数据库文件或文件组备份到指定的备份设备上。"FILE＝＜文件名＞"用于给一个或多个包含在数据库备份中的文件命名。"FILEGROUP＝＜文件组名＞"用于给一个或多个包含在数据库备份中的文件组命名。

注意：必须先通过使用 BACKUP LOG 将事务日志单独备份，才能使用文件和文件组备份来恢复数据库。

使用数据库文件或文件组备份时，要注意以下几点：

(1) 必须指定文件或文件组的逻辑名。

(2) 必须执行事务日志备份，以确保恢复后的文件与数据库的其他部分的一致性。

(3) 应轮流备份数据库中的文件或文件组，以使数据库中的所有文件或文件组都定期得到备份。

【例 9.2】　设 DBASE 数据库有两个数据文件 dbase1 和 dbase2，事务日志存储在文件 dbaselog 中。对其文件 dbase1 进行备份，假设备份设备 dbase1backup 和 dbasebackuplog 已经存在。以下是完成上述要求的 T-SQL 语句：

```
BACKUP DATABASE DBASE
    FILE='dbase1' TO dbase1backup
BACKUP LOG DBASE TO dbasebackuplog
```

本例中的语句 BACKUP LOG 的作用是备份事务日志，具体将在下面介绍。

4. 事务日志备份

备份事务日志用于记录前一次的数据库备份或事务日志备份后数据库所发生的改变。事务日志备份必须在一次完全数据库备份后进行，这样才能将事务日志文件与数据库备份一起用于恢复。当进行事务日志备份时，系统进行下列操作：

(1) 将事务日志中从前一次成功备份结束位置开始到当前事务日志的结尾处的内容进行备份。

(2) 标识事务日志中活动部分的开始，所谓事务日志的活动部分指从最近的检查点或最早的打开位置开始至事务日志的结尾处。

进行事务日志备份使用 BACKUP LOG 语句。语法格式：

```
BACKUP LOG<数据库名>
{
  TO<备份设备>[,…n]
  [WITH
    {
      {NORECOVERY|STANDBY=undo_file_name}
    |NO_TRUNCATE ]
    /*其余选项与数据库的完全备份相同*/
  }
}
```

说明:BACKUP LOG 语句指定只备份事务日志,所备份的日志内容是从上一次成功执行了事务日志备份之后到当前事务日志的末尾。

(1) NO_TRUNCATE 选项:若数据库被损坏,则应使用 NO_TRUNCATE 选项备份数据库。使用该选项可以备份最近的所有数据库活动,SQL Server 将保存整个事务日志。

(2) NORECOVERY 选项:该选项将数据备份到日志尾部,不覆盖原有的数据。

(3) STANDBY 选项:该选项将备份日志尾部,并使数据库处于只读或备用模式。其中的 undo_file_name 是要撤销的文件名,该文件名指定容纳回滚(roll back)更改的存储。如果指定的撤销文件名不存在,SQL Server 将创建该文件;如果该文件已存在,则 SQL Server 将重写它。

【例 9.3】　创建一个命名的备份设备 xsbookLOGBK,并备份 xsbook 数据库的事务日志。以下是完成该要求的 T-SQL 语句:

```
EXEC sp_addumpdevice 'disk', 'xsbookLOGBK', 'e:\SQL_TEMP\bookbackuplog.bak'
BACKUP LOG xsbook TO xsbookLOGBK
```

9.2.3　使用界面方式备份数据库

除了使用 BACKUP 语句进行备份外,还可以使用"对象资源管理器"进行备份操作。

以备份 xsbook 数据库为例,界面方式进行备份的步骤如下:

(1) 启动 SQL Server Management Studio,在"对象资源管理器"中选择"管理"选项,右击,在弹出的快捷菜单上选择"备份"菜单项。

(2) 在打开的"备份数据库"窗口(如图 9.2 所示)中选择要备份的数据库名,如 xsbook。在"备份类型"栏选择备份的类型为"完整"(只有先完整备份后才会有其他的备份类型),在"备份组件"栏选择"数据库"。在选定了要备份的数据库之后,可以在"名称"栏填写备份集的名称,在"说明"栏填写备份的描述。若系统未安装磁带机,则介质类型默认为磁盘,所以"备份到"不必选择。

(3) 选择数据库后,窗口最下方的目标栏中会列出与 xsbook 数据库相关的备份设备。单击"添加"按钮,在"选择备份目标"对话框中选择另外的备份目标(即命名的备份介质的名称或临时备份介质的位置),有"文件名"和"备份设备"两个选项,选择"备份设备"选项,在下拉框中选择需要备份数据库到的目标备份设备,如 mybackupfile,单击"确定"按钮,如图 9.3 所示。当然,也可以选择"文件名"选项,然后选择备份设备的物理文件来进行备份。

(4) 在"备份数据库"窗口中,将选择不需要的备份目标后单击"删除"按钮即可删除,最后备份目标选择为 mybackupfile,单击"确定"按钮,执行备份操作。备份操作完成后,将出现提示对话框,单击"确定"按钮,完成所有步骤。

在"对象资源管理器"中进行备份,也可以将数据库备份到多个备份介质,只需在选择备份介质时,多次使用"添加"按钮进行选择,指定多个备份介质。然后单击窗口左边的"选项"页,选择"备份到新媒体集并清除所有现有备份集",单击"确定"按钮即可。

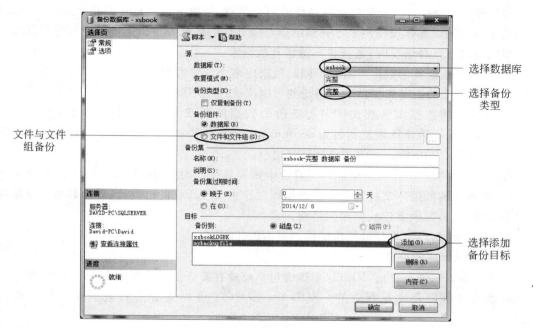

图 9.2 "备份数据库"对话框

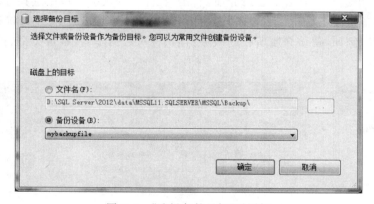

图 9.3 "选择备份目标"对话框

9.3 恢复

恢复是与备份相对应的操作,备份的主要目的是为了在系统出现异常情况(如硬件失败、系统软件瘫痪或误操作而删除了重要数据等)时将数据库恢复到某个正常的状态。还可以通过备份与恢复将数据库从一个服务器移动或复制到另一个服务器。

9.3.1 恢复命令

SQL Server 进行数据库恢复时,将自动执行下列操作以确保数据库迅速而完整地还原:

（1）进行安全检查。安全检查是系统的内部机制，是数据库恢复时的必要操作，它可以防止由于偶然的误操作而使用了不完整的信息或其他的数据库备份来覆盖现有的数据库。

当出现以下几种情况时，系统将不能恢复数据库：

- 使用与被恢复的数据库名称不同的数据库名去恢复数据库。
- 服务器上的数据库文件组与备份的数据库文件组不同。
- 需恢复的数据库名或文件名与备份的数据库名或文件名不同。例如，当试图将 northwind 数据库恢复到名为 accounting 的数据库中，而 accounting 数据库已经存在，那么 SQL Server 将拒绝此恢复过程。

（2）重建数据库。当从完全数据库备份中恢复数据库时，SQL Server 将重建数据库文件，并把所重建的数据库文件置于备份数据库时这些文件所在的位置，所有的数据库对象都将自动重建，用户勿须重建数据库的结构。

在 SQL Server 中，恢复数据库的语句是 RESTORE。

1. 恢复数据库的准备

在进行数据库恢复之前，RESTORE 语句要校验有关备份集或备份介质的信息，其目的是确保数据库备份介质是有效的。SQL Server 2012 可以查看所有数据库备份介质的信息。

启动 SQL Server Management Studio，在"对象资源管理器"中展开"服务器对象"，在其中的"备份设备"中选择欲查看的备份介质，右击，在弹出的快捷菜单中选择"属性"菜单项。

在打开的"备份设备"窗口中，单击"介质内容"选项卡，如图 9.4 所示，将显示所选备份介质的有关信息，例如，备份介质所在的服务器名、备份数据库名、备份类型、备份日期、到期日和大小等信息。

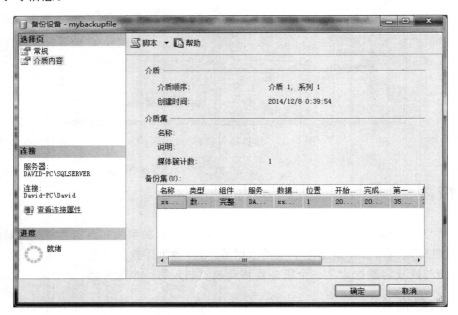

图 9.4　查看备份介质的内容并显示备份介质的信息

2. 使用 RESTORE 语句进行数据库恢复

使用 RESTORE 语句可以恢复用 BACKUP 命令所做的备份,包括恢复整个数据库、恢复数据库的部分内容、恢复特定的文件或文件组以及恢复事务日志。

1) 恢复整个数据库

当存储数据库的物理介质被破坏,以及整个数据库被误删除或被破坏时,就要恢复整个数据库。恢复整个数据库时,SQL Server 系统将重新创建数据库以及与数据库相关的所有文件,并将文件存放在原来的位置。

语法格式:

```
RESTORE DATABASE<数据库名>                    /*指定被还原的目标数据库*/
 [FROM<备份设备>[,…n]]                       /*指定备份设备*/
 [WITH
 {
 [RECOVERY|NORECOVERY|STANDBY={standby_file_name|@standby_file_name_var}]
 |,<general_WITH_options>[,…n]
```

其中:

```
<general_WITH_options>[,…n]::=
 MOVE 'logical_file_name_in_backup' TO 'operating_system_file_name' [,…n]
 |REPLACE
 |RESTART
 |RESTRICTED_USER
 |FILE={backup_set_file_number|@backup_set_file_number}
 |PASSWORD={password|@password_variable}
 |MEDIANAME={media_name|@media_name_variable}
 |MEDIAPASSWORD={mediapassword|@mediapassword_variable}
 |BLOCKSIZE={blocksize|@blocksize_variable}
 |BUFFERCOUNT={buffercount|@buffercount_variable}
 |MAXTRANSFERSIZE={maxtransfersize|@maxtransfersize_variable}
 |{CHECKSUM|NO_CHECKSUM}
 |{STOP_ON_ERROR|CONTINUE_AFTER_ERROR}
 |STATS [=percentage]
```

说明:

① FROM 子句:指定用于恢复的备份设备,如果省略 FROM 子句,则必须在 WITH 子句中指定 NORECOVERY、RECOVERY 或 STANDBY。

② MOVE…TO 子句:SQL Server 2012 能够记忆原文件备份时的存储位置,因此如果备份了来自 C 盘的文件,恢复时 SQL Server 2012 会将其恢复到 C 盘。如果希望将备份 C 盘的文件恢复到 D 盘或其他地方,就要使用 MOVE…TO 子句,该选项指定应将给定的 logical_file_name_in_backup 移动到 operating_system_file_name。

③ RECOVERY|NORECOVERY|STANDBY:RECOVERY 指示还原操作回滚任何未提交的事务。NORECOVERY 指示还原操作不回滚任何未提交的事务。STANDBY 指

定一个允许撤销恢复效果的备用文件。默认为 RECOVERY。

④ REPLACE：如果已经存在相同名称的数据库，恢复时指定该选项时备份的数据库将会覆盖现有的数据库。

⑤ RESTART：指定应该重新启动被中断的还原操作。

⑥ RESTRICTED_USER：限制只有 db_owner、dbcreator 或 sysadmin 角色的成员才能访问新近还原的数据库。

⑦ FILE：标识要还原的备份集。例如，file_number 为 1 指示备份媒体中的第一个备份集，file_number 为 2 指示备份第二个备份集。默认值是 1。

⑧ BUFFERCOUNT：指定用于还原操作的 I/O 缓冲区总数，可以指定任何正整数 buffercount。

⑨ MAXTRANSFERSIZE：指定要在备份媒体和 SQL Server 之间使用的最大传输单元（以字节为单位）。

其他的选项与之前介绍的 BACKUP 语句意义类似。

【例 9.4】 使用 RESTORE 语句从一个已存在的命名备份介质 xsbk 中恢复整个数据库 xsbook。

首先创建备份设备 xsbk：

```
USE master
GO
EXEC sp_addumpdevice 'disk', 'xsbk',
        'e:\SQL_TEMP\xsbk.bak'
```

使用 BACKUP 命令对 xsbook 数据进行完全备份：

```
BACKUP DATABASE xsbook
    TO xsbk
```

接着，在恢复数据库之前，用户可以对 xsbook 数据库做一些修改，例如删除其中一个表，以便确认是否恢复了数据库。

恢复数据库的命令如下：

```
RESTORE DATABASE xsbook
    FROM xsbk
    WITH  FILE=1, REPLACE
```

说明：命令执行成功后，用户可以查看数据库是否恢复。

注意：在恢复前需要打开备份设备的属性页，查看数据库备份在备份设备中的位置，如果备份的"位置"为 2，WITH 子句的 FILE 选项值就要设为 2。

2）恢复数据库的部分内容

应用程序或用户的误操作（如无效更新或误删表格等）往往只影响到数据库的某些相对独立的部分（如表），在这些情况下，SQL Server 提供了将数据库的部分内容还原到另一个位置的机制，以使损坏或丢失的数据可以复制回原始数据库。

语法格式：

```
RESTORE DATABASE<数据库名>
  <file_or_filegroup>[,…n]                        /*指定需恢复的逻辑文件或文件组的名称*/
  [FROM<备份设备>[,…n]]
  WITH
     PARTIAL, NORECOVERY
     [,<general_WITH_options>[,…n]]
[;]
```

说明：恢复数据库部分内容时，在 WITH 关键字的后面要加上 PARTIAL 关键字。
<files_or_filegroup>用于指定需恢复的逻辑文件或文件组的名称。其他的选项与恢复整
个数据库的语法相同。

3）恢复特定的文件或文件组

若某个或某些文件被破坏或被误删除，可以从文件或文件组备份中进行恢复，而不必进
行整个数据库的恢复。

语法格式：

```
RESTORE DATABASE<数据库名>
  <file_or_filegroup>[,…n]
  [FROM<备份设备>[,…n]]
  WITH
  {     [RECOVERY|NORECOVERY]
   [,<general_WITH_options>[,…n]]
   } [,…n]
```

4）恢复事务日志

使用事务日志恢复，可将数据库恢复到指定的时间点。

语法格式：

```
RESTORE LOG<数据库名>
 [<file_or_filegroup>[,…n]]
 [FROM<备份设备>[,…n]]
 [WITH
  {
    [RECOVERY|NORECOVERY|STANDBY={standby_file_name|@standby_file_name_var}]
   |,<general_WITH_options>[,…n]
  } [,…n]
]
```

执行事务恢复必须在进行完全数据库恢复以后。例如，以下语句是先从备份介质 test1
进行完全恢复数据库 xsbook，再进行事务日志事务恢复。

```
RESTORE DATABASE xsbook
    FROM test1
    WITH NORECOVERY
```

```
RESTORE LOG xsbook
    FROM xscjlogbk
```

5）恢复到数据库快照

可以使用 RESTORE 语句将数据库恢复到创建数据库快照时的状态。此时,恢复的数据库会覆盖原来的数据库。

语法格式:

```
RESTORE DATABASE<数据库名>
    FROM DATABASE_SNAPSHOT=<数据库快照名>
```

9.3.2 使用界面方式恢复数据库

使用界面方式恢复数据库的主要过程如下:

（1）启动 SQL Server Management Studio,在"对象资源管理器"中展开"数据库",选择需要恢复的数据库 xsbook,右击,在弹出的快捷菜单中选择"任务"菜单项,在弹出的"任务"子菜单中选择"还原"菜单项,在弹出的"还原"子菜单中选择"数据库"菜单项,进入"还原数据库-xsbook"窗口,如图 9.5 所示。

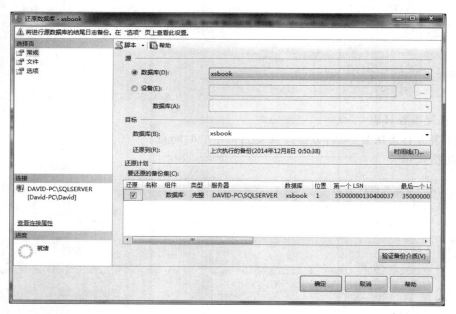

图 9.5 "还原数据库"的"常规"选项卡

如果要恢复特定的文件或文件组,则可以选择"文件或文件组"菜单项,之后的操作与还原数据库类似,这里不再赘述。

（2）选中"源"一栏的"设备"单选按钮,单击后面的 ■■ 按钮,在打开的"选择备份设备"窗口中选择备份备份介质类型为"备份设备",单击"添加"按钮。在打开的"选择备份设备"对话框中,在"备份设备"栏的下拉菜单中选择需要指定恢复的备份设备(如图 9.6 所示),单击"确定"按钮,返回"指定备份"窗口,再单击"确定"按钮,返回"还原数据库-xsbook"窗口。

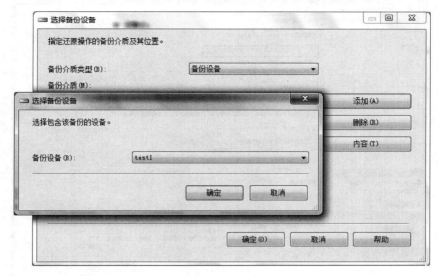

图 9.6 "选择备份设备"窗口

当然,也可以在"指定备份"窗口中选择备份媒体为"文件",然后手动选择备份设备的物理名称。

(3) 选择完备份设备后,"还原数据库-xsbook"窗口的"选择用于还原的备份集"栏中会列出可以进行还原的备份集,在复选框中选中备份集,如图 9.7 所示。

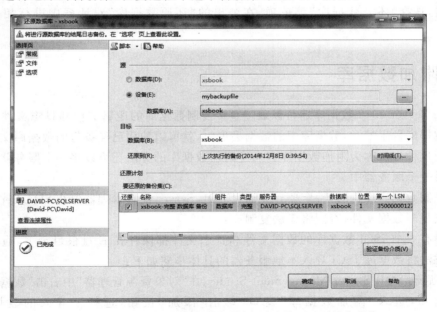

图 9.7 "选择用于还原的备份集"栏中列出的可还原的备份集

(4) 单击最左边"选项"选项卡,在窗口右边勾选"覆盖现有数据库"项,如图 9.8 所示,单击"确定"按钮,系统将进行恢复并显示恢复进度。

图 9.8 "还原数据库"窗口

恢复执行结束后，将出现一个提示完成的对话框，单击"确定"按钮，退出图形向导界面。此时数据库已经恢复完成。

如果需要还原的数据库在当前数据库中不存在，则可以选中"对象资源管理器"的"数据库"，右击，选择"还原数据库"菜单项，在弹出的"还原数据库"对话框中进行相应的还原操作。

9.4 附加数据库

SQL Server 2012 数据库还可以通过直接复制数据库的逻辑文件和日志文件来进行备份。当数据库发生异常，数据库中的数据丢失时，就可以使用已经备份的数据库文件来恢复数据库。这种方法称为附加数据库。通过附加数据库的方法还可以将一个服务器的数据库转移到另一个服务器中。

在复制数据库文件时，一定要首先通过 SQL Server 配置管理器停止 SQL Server 服务，然后才能复制数据文件，否则将无法复制。

假设有一个 JSCJ 数据库的数据文件和日志文件都保存在 E 盘根目录下，通过附加数据库的方法将数据库 JSCJ 导入本地服务器的具体步骤如下：

（1）启动 SQL Server Management Studio，在"对象资源管理器"中右击"数据库"，选择"附加"选项，进入"附加数据库"窗口，单击"添加"按钮，选择要导入的数据库文件JSCJ.mdf。

（2）选择后单击"确定"按钮，返回"附加数据库"窗口。此时，"附加数据库"窗口中列出了要附加的数据库的原始文件和日志文件的信息，确认后单击"确定"按钮开始附加 JSCJ 数据库。成功复制后将会在"数据库"列表中找到 JSCJ 数据库。

　　注意：如果当前数据库中存在与要附加的数据库相同名称的数据库时，附加操作将失败。数据库附加完成后，附加时选择的文件就是数据库的文件，不可以随意删除或修改。

习题

一、选择题

1. 在完全备份数据库时（　　　）不是必需的。

　　A. master　　　　　　　B. 用户数据库　　　C. 数据库文件　　　　D. model

2. 在差异备份数据库时（　　　）不是必需的。

　　A. 数据库差异备份　　　　　　　　　　B. 事务日志备份

　　C. 数据库文件　　　　　　　　　　　　D. msdb

3. 创建备份设备时（　　　）。

　　A. 可以使备份和恢复通过逻辑设备进行

　　B. 临时备份设备只能用于临时备份

　　C. 一个数据库可以同时备份到多个设备上，用每一个设备均可恢复

　　D. 命令方式备份可以自动进行

4. 对于恢复数据库说法错误的是（　　　）。

　　A. 可以用完全备份恢复数据库

　　B. 可以用差异备份和日志文件恢复数据库

　　C. 可以用数据库文件附加恢复数据库

　　D. 可以事务日志恢复，只能恢复数据库到固定的时间点

5. 对于恢复数据库说法正确的是（　　　）。

　　A. 事务日志文件在完全备份数据库后可以删除

　　B. 事务日志文件损坏，不能差异恢复数据库

　　C. 可以恢复数据库文件或文件组

　　D. A、B 和 C

6. 关于备份和恢复说法不正确的是（　　　）。

　　A. 完全备份数据文件可以恢复事务日志文件

　　B. 备份事务日志文件才能恢复事务日志文件

　　C. 完全备份数据文件一般不自动进行

　　D. 数据库复制是在远端数据库备份

二、简答题

1. 为什么在 SQL Server 2012 中需要设置备份与恢复功能？

2. 设计备份策略的指导思想是什么？主要考虑哪些因素？

3. 创建 cpxs 数据库的备份到备份设备 cpxs.bak。

4. 数据库恢复要执行哪些操作？

5. T-SQL 中用于数据库备份和恢复的命令选项，其含义分别是什么？

6. 试使用备份设备 cpxs.bak 中的数据库的备份恢复数据库 cpxs。

CHAPTER 第 10 章
其他概念

本章主要讨论 SQL Server 中的其他概念,包括事务、锁定、SQL Server 自动化管理和 SQL Server 服务等。

10.1 事务

到目前为止,数据库都是假设只有一个用户在使用,但是实际情况往往是多个用户共享数据库。多个用户可能在同一时刻去访问或修改同一部分数据,这样可能导致数据库中的数据不一致,这时就需要用到事务。

10.1.1 事务与 ACID 属性

事务在 SQL Server 中相当于一个执行单元,它由一系列 T-SQL 语句组成。这个单元中的每个 SQL 语句是互相依赖的,并且单元作为一个整体是不可分割的。如果单元中的一个语句不能完成,整个单元就会回滚(撤销),所有影响到的数据将返回到事务开始以前的状态。因此,只有事务中的所有语句都成功地执行,才能说这个事务被成功地执行。

在现实生活中,事务就在我们周围,如银行交易、股票交易、网上购物、库存品控制等。在所有这些例子中,事务的成功取决于这些相互依赖的行为是否能够被成功地执行,是否互相协调。其中的任何一个行为失败都将取消整个事务,而使系统返回到事务处理以前的状态。

下面用一个简单的例子来帮助理解事务:向公司添加一名新的雇员,如图 10.1 所示。这里的过程由三个基本步骤组成:在雇员数据库中为雇员创建一条记录;为雇员分配部门;建立雇员的工资记录。如果这三步中的任何一步失败,如为新成员分配的雇员 ID 已经被其他人使用或者输入到工资系统中的值太大,系统就必须撤销在失败之前所有的变化,删除所有不完整记录的踪迹,避免以后的不一致和计算失误。前面的三项任务构成了一个事务。任何一个任务的失败都会导致整个事务被撤销,而使系统返回到以前的状态。

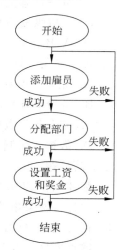

图 10.1 添加雇员事务

在形式上,事务是由 ACID 属性标识的。术语 ACID 是一个简称,每个事务的处理必须满足 ACID 原则,即原子性(Atomicity)、一致性(Consistency)、隔离性(Isolation)和持久性(Durability)。

(1)原子性。原子性意味着每个事务都必须被认为是一个不可分割的单元。假设一个事务由两个或者多个任务组成,其中的语句必须同时成功,才能认为事务是成功的。如果事务失败,系统将会返回到事务以前的状态。

在添加雇员这个例子中,原子性是指如果没有创建雇员相应的工资表和部门记录,就不可能向雇员数据库添加雇员。

原子的执行是一个或者全部发生或者什么也没有发生的命题。在一个原子操作中,如果事务中的任何一个语句失败,前面执行的语句都将返回,以保证数据的整体性不受到影响。这在一些关键系统中尤其重要,现实世界的应用程序(如金融系统)执行数据输入或更新,必须保证不出现数据丢失或数据错误,以保证数据安全性。

(2)一致性。不管事务是成功完成还是中途失败,当事务使系统中的所有数据处于一致的状态时存在一致性。参照前面的例子,一致性是指如果从系统中删除了一个雇员,则所有和该雇员相关的数据,包括工资数据和组的成员资格也要被删除。

(3)隔离性。隔离性是指每个事务在它自己的空间内发生,和其他发生在系统中的事务隔离,而且事务的结果只有在它完全被执行时才能看到。即使在这样的一个系统中同时发生了多个事务,隔离性原则也会保证某个特定事务在完全完成之前,其结果是看不见的。

当系统支持多个同时存在的用户和连接时(如 SQL Server),隔离性就显得尤其重要。如果系统不遵循这个基本规则,就可能导致大量数据的破坏,如每个事务各自空间的完整性很快地被其他冲突事务所侵犯。

(4)持久性。持久性意味着一旦事务执行成功,在系统中产生的所有变化将是永久的。即使系统崩溃,一个提交的事务仍然存在。当一个事务完成,数据库的日志已经被更新时,持久性就开始发生作用了。大多数 RDBMS 产品通过保存所有行为的日志来保证数据的持久性,这些行为是指在数据库中以任何方法更改数据。数据库日志记录了所有对于表的更新、查询和报表等。

10.1.2 多用户使用问题

当多个用户对数据库并发访问时,可能会导致丢失更新、脏读、不可重复读和幻读等问题。

(1)丢失更新(lost update):指当两个或多个事务选择同一行,然后基于最初选定的值更新该行时,由于每个事务都不知道其他事务的存在,因此最后的更新将重写由其他事务所做的更新,这将导致数据丢失。

(2)脏读(dirty read):指一个事务正在访问数据,而其他事务正在更新该数据,但尚未提交,此时就会发生脏读问题,即第一个事务所读取的数据是"脏"(不正确)数据,它可能会引起错误。

(3)不可重复读(unrepeatable read):当一个事务多次访问同一行且每次读取不同的数据时,会发生此问题。不可重复读与脏读有相似之处,因为该事务也是正在读取其他事务正在更改的数据。当一个事务访问数据时,另外的事务也访问该数据并对其进行修改,因此就发生了由于第二个事务对数据的修改而导致第一个事务两次读到的数据不一样的情况,这就是不可重复读。

(4) 幻读(phantom read)：当一个事务对某行执行插入或删除操作,而该行属于某个事务正在读取的行的范围时,会发生幻读问题。事务第一次读的行范围显示出其中一行已不复存在于第二次读或后续读中,因为该行已被其他事务删除。同样,由于其他事务的插入操作,事务的第二次读或后续读显示有一行已不存在于原始读中。

10.1.3 事务处理

SQL Server 中的事务可以分为两类：系统提供的事务和用户定义的事务。

系统提供的事务是在执行某些 T-SQL 语句时,一条语句就构成了一个事务,这些语句包括 ALTER TABLE、CREATE、DELETE、DROP、FETCH、GRANT、INSERT、OPEN、REVOKE、SELECT、UPDATE 和 TRUNCATE TABLE。

例如,执行如下创建表的语句：

```
CREATE TABLE xxx
(
    f1 int              NOT NULL,
    f2 char(10)         NOT NULL,
    f3 varchar(30)      NULL
)
```

以上语句本身构成一个事务,它要么建立包含 3 列的表结构,要么对数据库没有任何影响,而不会建立包含 1 列或 2 列的表结构。

在实际应用中,大量使用的是用户自定义的事务。用户自定义事务的定义方法主要有以下几个步骤。

1. 开始事务

在 SQL Server 中,显式地开始一个事务可以使用 BEGIN TRANSACTION 语句。

语法格式：

```
BEGIN {TRAN|TRANSACTION}
[
    {事务名|@事务名变量}
    [WITH MARK ['dEscription']]
]
```

说明：

(1) TRAN 是 TRANSACTION 的同义词。

(2) 事务名：分配给事务的名称,必须遵循标识符规则,但字符数不能大于 32。

(3) @事务名变量：用户定义的、含有有效事务名称的变量名称。

(4) WITH MARK['dEscription']：指定在日志中标记事务。dEscription 是描述该标记的字符串。如果使用了 WITH MARK,则必须指定事务名。

2. 结束事务

COMMIT TRANSCATION 语句是提交语句,它将事务开始以来所执行的所有数据都修改为数据库的永久部分,也标志一个事务的结束。

语法格式:

```
COMMIT {TRAN|TRANSACTION}
    [事务名|@事务名变量]]
```

标志一个事务的结束也可以使用 COMMIT WORK 语句。

语法格式:

```
COMMIT [WORK]
```

此语句的功能与 COMMIT TRANSACTION 相同,但 COMMIT TRANSACTION 接受用户定义的事务名称,而 COMMIT WORK 则不带参数。

3. 撤销事务

若要结束一个事务,可以使用 ROLLBACK TRANSACTION 语句。它使得事务回滚到起点,撤销自最近一条 BEGIN TRANSACTION 语句以后对数据库的所有更改,同时也标志着一个事务的结束。

语法格式:

```
ROLLBACK {TRAN|TRANSACTION}
    [事务名|@事务名变量]
```

说明:"事务名"是为 BEGIN TRANSACTION 语句上的事务分配的名称;"@事务名变量"为用户定义的、含有有效事务名称的变量名称。

ROLLBACK TRANSACTION 语句不能在 COMMIT 语句之后。

另外,ROLLBACK WORK 语句也能撤销一个事务,功能与 ROLLBACK TRANSACTION 语句一样,但 ROLLBACK TRANSACTION 语句接受用户定义的事务名称。

语法格式:

```
ROLLBACK [WORK] [;]
```

4. 回滚事务

ROLLBACK TRANSACTION 语句除了能够撤销整个事务外,还可以使事务回滚到某个点,不过在这之前需要使用 SAVE TRANSACTION 语句来设置一个保存点。

语法格式:

```
SAVE {TRAN|TRANSACTION}
    {保存点名|@保存点变量}
```

说明:"保存点名"是分配给保存点的名称;"@保存点变量"为包含有效保存点名称的用户定义变量的名称。

SAVE TRANSACTION 语句会向已命名的保存点回滚一个事务。如果在保存点被设置后,当前事务对数据进行了更改,则这些更改会在回滚中被撤销。

语法格式:

```
ROLLBACK {TRAN|TRANSACTION}
    [保存点名|@保存点变量]
```

其中,"保存点名"是 SAVE TRANSACTION 语句中的保存点名。在事务中允许有重复的保存点名称,但指定保存点名称的 ROLLBACK TRANSACTION 语句只将事务回滚到使用该名称的最近的 SAVE TRANSACTION。

下面几个语句说明了有关事务的处理过程:

(1) BEGIN TRANSACTION mytran1

(2) UPDATE…

(3) DELETE…

(4) SAVE TRANSACTION S1

(5) DELETE…

(6) ROLLBACK TRANSACTION S1;

(7) INSERT…

(8) COMMIT TRANSACTION

说明:

语句(1)开始了一个事务 mytran1。

语句(2)和(3)对数据进行了修改,但没有提交。

语句(4)置了一个保存点 s1。

语句(5)除了数据,但没有提交。

语句(6)事务回滚到保存点 S1,这时语句(5)所做修改被撤销了。

语句(7)加了数据。

语句(8)结束了这个事务 mytran1,这时只有语句(2)、(3)和(7)对数据库所做的修改被持久化。

【例 10.1】 定义一个事务,向 xsbook 数据库的 xs 表添加一行数据,然后删除该行数据。但执行后,新插入的数据行并没有删除,因为事务中使用了 ROLLBACK 语句将操作回滚到保存点 My_sav,即删除前的状态。

```
BEGIN TRANSACTION My_tran
USE xsbook
INSERT INTO xs
    VALUES('191315', '胡新华', 1, '1996-06-27', '计算机', 50, NULL)
SAVE TRANSACTION My_sav
DELETE FROM xs WHERE 学号='191315'
ROLLBACK TRAN My_sav
COMMIT WORK
GO
```

执行完上述语句后,使用 SELECT 语句查询 xs 表中的记录:

```
SELECT *
    FROM xs
    WHERE 学号='191315'
```

执行结果仍然是"胡新华"记录信息。

在 SQL Server 中,事务是可以嵌套的。例如,在 BEGIN TRANSACTION 语句之后,还可以再使用 BEGIN TRANSACTION 语句在本事务中开始另外一个事务。在 SQL Server 中有一个系统全局变量@@TRANCOUNT,这个全局变量用于报告当前等待处理的嵌套事务的数量。如果没有等待处理的事务,则这个变量值为 0。BEGIN TRANSACTION 语句将使@@TRANCOUNT 的值加 1。ROLLBACK TRANSACTION 语句将使@@TRANCOUNT 的值递减到 0,但 ROLLBACK TRANSACTION savepoint_name 语句不影响@@TRANCOUNT 的值。COMMIT TRANSACTION 和 COMMIT WORK 语句将使@@TRANCOUNT 的值减 1。

前面所提及的事务都是在一个服务器上的操作,还有一种称为分布式事务的用户定义事务。分布式事务跨越两个或多个服务器,通过建立分布式事务并执行它,事务管理器负责协调事务管理,保证数据的完整性。SQL Server 中主要的事务管理器是 Microsoft 公司分布式事务处理协调器(MS DTC)。对于应用程序,管理分布式事务很像管理本地事务。事务结束时,应用程序请求提交或回滚事务。不同的是,分布式事务的提交必须由事务管理器管理,以避免出现因网络故障而导致一个事务由某些资源管理器成功提交,但由另一些资源管理器回滚的情况。由于本书篇幅有限,有关分布式事务的具体内容这里不详细讨论。

10.1.4 事务隔离级

每一个事务都有一个所谓的隔离级,它定义了用户彼此之间隔离和交互的程度。前面曾提到,事务型关系型数据库管理系统的一个最重要的属性,就是它可以"隔离"在服务器上正在处理的不同的会话。在单用户的环境中,这个属性无关紧要,因为在任意时刻只有一个会话处于活动状态。但是,在多用户环境中,许多关系型数据库管理系统会话在任一给定时刻都是活动的。在这种情况下,能够隔离事务是很重要的,这样它们不互相影响,同时保证数据库性能也不受到影响。

为了了解隔离的重要性,有必要考虑:如果不强加隔离会发生什么? 如果没有事务的隔离性,不同的 SELECT 语句将会在同一个事务的环境中检索到不同的结果,因为在这期间,数据已经基本上被其他事务所修改,这将导致不一致性,同时很难相信结果集,从而不能利用查询结果作为计算的基础。因而,隔离性强制对事务进行某种程度的隔离,可以保证应用程序在事务中看到一致的数据。

较低的隔离级别可以增加并发,但代价是降低数据的正确性。相反,较高的隔离级别可以确保数据的正确性,但可能对并发产生负面影响。

在 SQL Server 中,可以使用 SET TRANSACTION ISOLATION LEVEL 语句来设置事务的隔离级别。

语法格式:

```
SET TRANSACTION ISOLATION LEVEL
    {
```

```
        READ UNCOMMITTED
        |READ COMMITTED
        |REPEATABLE READ
        |SNAPSHOT
        |SERIALIZABLE
    }
```

说明：SQL Server 提供了 5 种隔离级：未提交读（READ UNCOMMITTED）、提交读（READ COMMITTED）、可重复读（REPEATABLE READ）、快照（SNAPSHOT）和序列化（SERIALIZABLE）。

（1）未提交读。未提交读提供了事务之间最小限度的隔离，允许脏读，但不允许丢失更新。如果一个事务已经开始写数据，则另外一个事务不允许同时进行写操作，但允许其他事务读取此行数据。该隔离级别可以通过"排他锁"实现。

（2）提交读。提交读是 SQL Server 默认的隔离级别，处于这一级的事务可以看到其他事务添加的新记录，而且其他事务对现存记录做出的修改一旦被提交，也可以看到。也就是说，这意味着在事务处理期间，如果其他事务修改了相应的表，那么同一个事务的多个 SELECT 语句可能返回不同的结果。提交读允许不可重复读取，但不允许脏读。该隔离级别可以通过"共享锁"和"排他锁"实现。

（3）可重复读。处于这一级的事务禁止不可重复读取和脏读取，但是有时可能出现幻读。读取数据的事务将会禁止写事务（但允许读事务），写事务则禁止任何其他事务。

（4）快照。处于这一级别的事务只能识别在其开始之前提交的数据修改。在当前事务中执行的语句，将不能看到在当前事务开始以后由其他事务所做的数据修改。其效果就好像事务中的语句获得了已提交数据的快照，因为该数据在事务开始时就存在。必须在每个数据库中将 ALLOW_SNAPSHOT_ISOLATION 数据库选项设置为 ON，才能开始一个使用 SNAPSHOT 隔离级别的事务。设置的方法如下：

```
ALTER DATABASE 数据库名
    SET ALLOW_SNAPSHOT_ISOLATION ON
```

（5）序列化。序列化是隔离事务的最高级别，提供严格的事务隔离。它要求事务序列化执行，事务只能一个接着一个地执行，不能并发执行。

隔离级别越高，越能保证数据的完整性和一致性，但是对并发性能的影响也越大。对于大多数应用程序，可以优先考虑把数据库的隔离级别设置为提交读，它能够避免脏取，而且具有较好的并发性能。

下面就以 xsbook 数据库的隔离级别设置为例，在 SSMS 中打开两个"查询分析器"窗口，在第一个窗口中执行如下语句，更新图书表 book 中的信息：

```
USE xsbook
GO
BEGIN TRANSACTION
UPDATE book SET 书名='Java 实用教程' WHERE ISBN='978-7-111-21382-6'
```

由于代码中并没有执行 COMMIT 语句,所以数据变动操作实际上还没有最终完成。接下来,在另一个窗口中执行下列语句查询 book 表中的数据:

```
SELECT * FROM book
```

"结果"窗口中将不显示任何查询结果,窗口底部提示"正在执行查询…"。出现这种情况的原因是,xsbook 数据库的默认隔离级别是提交读,若一个事务更新了数据,但事务尚未结束,这时就发生了脏读的情况。

在第一个窗口中使用 ROLLBACK 语句回滚以上操作。此时使用 SET 语句设置事务的隔离级别为未提交读,执行如下语句:

```
SET TRANSACTION ISOLATION LEVEL READ UNCOMMITTED
```

这时,再重新执行修改和查询的操作,就能够查询到事务正在修改的数据行,因为未提交读隔离级别允许脏读。

10.2　锁定

当用户对数据库并发访问时,为了确保事务完整性和数据库的一致性,需要使用锁定,它是实现数据库并发控制的主要手段。锁定可以防止用户读取正在由其他用户更改的数据,并且可以防止多个用户同时更改相同的数据。如果不使用锁定,则数据库中的数据可能在逻辑上不正确,并且对数据的查询可能会产生意想不到的结果。具体地说,锁可以防止丢失更新、脏读、不可重复读和幻读。

当两个事务分别锁定某个资源,而又分别等待对方释放其锁定的资源时,就会发生死锁。

10.2.1　锁定粒度

在 SQL Server 中,可被锁定的资源从小到大分别是行、页、扩展盘区、表和数据库,被锁定的资源单位称为锁定粒度。可见,上述 5 种资源单位其锁定粒度是由小到大排列的。锁定粒度不同,系统的开销将不同,并且锁定粒度与数据库访问并发度是一对矛盾,锁定粒度大,系统开销小,但并发度会降低;锁定粒度小,系统开销大,但并发度会提高。

10.2.2　锁定模式

SQL Server 使用不同的锁模式锁定资源,这些锁模式确定了并发事务访问资源的方式。共有 7 种锁模式:排他(Exclusive,X)、共享(Shared,S)、更新(Update,U)、意向(Intent)、架构(Schema)、键范围(Key-range)和大容量更新(Bulk Update,BU)。

(1)排他锁。排他锁可以防止并发事务对资源进行访问。其他事务不能读取或修改排他锁锁定的数据。

(2)共享锁。共享锁允许并发事务读取一个资源。当一个资源上存在共享锁时,任何其他事务都不能修改数据。一旦读取数据完毕,资源上的共享锁便立即释放,除非将事务隔离级别设置为可重复读或更高级别,或者在事务生存周期内用锁定提示保留共享锁。

(3) 更新锁。更新锁可以防止通常形式的死锁。一般更新模式由一个事务组成,此事务读取记录,获取资源(页或行)的共享锁,然后修改行,此操作要求锁转换为排他锁。如果两个事务获得了资源上的共享锁,然后试图同时更新数据,则其中的一个事务将尝试把锁转换为排他锁。共享模式到排他锁的转换必须等待一段时间,因为一个事务的排他锁与其他事务的共享锁不兼容,这就是锁等待。第二个事务试图获取排他锁以进行更新。由于两个事务都要转换为排他锁,并且每个事务都等待另一个事务释放共享锁,因此会发生死锁,这就是潜在的死锁问题。

为避免这种情况的发生,可使用更新锁。一次只允许有一个事务可以获得资源的更新锁,如果该事务要修改锁定的资源,则更新锁将转换为排他锁;否则,为共享锁。

(4) 意向锁。意向锁表示 SQL Server 需要在层次结构中的某些底层资源(如表中的页或行)上获取共享锁或排他锁。例如,放置在表级的共享意向锁表示事务打算在表中的页或行上放置共享锁。在表级设置意向锁,可以防止另一个事务随后在包含那一页的表上获取排他锁。意向锁可以提高性能,因为 SQL Server 仅在表级检查意向锁来确定事务是否可以安全地获取该表上的锁,而无须检查表中的每行或每页上的锁以确定事务是否可以锁定整个表。

意向锁包括意向共享(IS)、意向排他(IX)以及与意向排他共享(ISX)。

① 意向共享锁:通过在各资源上放置共享锁,表明事务的意向是读取层次结构中的部分底层资源。

② 意向排他锁:通过在各资源上放置排他锁,表明事务的意向是修改层次结构中部分底层资源。

③ 意向排他共享锁:通过在各资源上放置意向排他锁,表明事务的意向是读取层次结构中的全部底层资源并修改部分底层资源。

(5) 键范围锁。键范围锁用于序列化的事务隔离级别,可以保护由 T-SQL 语句读取的记录集合中隐含的行范围。键范围锁可以防止幻读,还可以防止对事务访问的记录集进行幻想插入或删除。

(6) 架构锁。执行表的数据定义语言操作(如增加列或删除表)时使用架构修改锁。

当编译查询时,使用架构稳定性锁。架构稳定性锁不阻塞任何事务锁,包括排他锁。因此在编译查询时,其他事务(包括在表上有排他锁的事务)都能继续运行,但不能在表上执行 DDL 操作。

(7) 大容量更新锁。当将数据大容量复制到表,且指定了 TABLOCK 提示或者使用 sp_tableoption 设置了 table lock on bulk 表选项时,将使用大容量更新锁。大容量更新锁允许进程将数据并发地大容量复制到同一表,同时可防止其他不进行大容量复制数据的进程访问该表。

10.3　自动化管理

SQL Server 提供了使任务自动化的内部功能,本节主要介绍 SQL Server 中任务自动化的基础知识,如作业、警报、操作员等。

　　数据库的自动化管理实际上是指对预先能够预测到的服务器事件或者必须按时执行的管理任务,根据已经制定好的计划做出必要的操作。通过数据库自动化管理,可以处理一些日常的事务和事件,减轻数据库管理员的负担;当服务器发生异常时,通过自动化管理可以自动发出通知,以便让管理员及时获得信息并做出处理。例如,如果希望在每个工作日下班后备份公司的所有服务器,就可以使该任务自动执行。将备份安排在星期一到星期五的 22:00 之后运行,如果备份出现问题将自动发出通知。

　　在 SQL Server 中要进行自动化管理,需要按以下步骤进行操作:

　　(1) 确定哪些管理任务或服务器事件定期执行,以及这些任务或事件是否可以通过编程方式进行管理。

　　(2) 使用自动化管理工具定义一组作业、计划、警报和操作员。

　　(3) 运行已定义的 SQL Server 代理作业。

　　SQL Server 自动化管理能够实现以下几种管理任务:

　　(1) 任何 T-SQL 语法中的语句。

　　(2) 操作系统命令。

　　(3) VBScript 或 JavaScript 之类的脚本语言。

　　(4) 复制任务。

　　(5) 数据库创建和备份。

　　(6) 索引重建。

　　(7) 报表生成。

10.3.1　SQL Server 代理

　　要实现 SQL Server 数据库自动化管理,首先必须启动并正确配置 SQL Server 代理。SQL Server 代理是一种 Microsoft Windows 服务,它执行安排的管理任务,即"作业"。SQL Server 代理运行作业、监视 SQL Server 并处理警报。

　　在安装 SQL Server 时,SQL Server 代理服务默认是禁用的,要执行管理任务,首先必须启动 SQL Server 代理服务。可以在 SQL Server 配置管理器或 SSMS 的资源管理器中启动 SQL Server 代理服务。

　　SQL Server 代理服务启动以后,需要正确配置 SQL Server 代理。SQL Server 代理的配置信息主要保存在系统数据库 msdb 的表中,使用 SQL Server 用户对象来存储代理的身份验证信息。在 SQL Server 中,必须将 SQL Server 代理配置为使用 sysadmin 固定服务器角色成员的账户,才能执行其功能。该账户必须拥有以下 Windows 权限:

- 调整进程的内存配额。
- 以操作系统方式操作。
- 跳过遍历检查。
- 作为批处理作业登录。
- 作为服务登录。
- 替换进程级记号。

　　如果需要验证账户是否已经设置了所需的 Windows 权限,请参考有关 Windows 文档。通常情况下,为 SQL Server 代理选择的账户都是为此目的创建的域账户,并且有严格控制的访问权限。使用域账户不是必需的,但是如果使用本地计算机上的账户,那么 SQL Server 代理就没有权限访问其他计算机上的资源。SQL Server 需要访问其他计算机的情况很常见。例如,当它在另一台计算机上的某个位置创建数据库备份和存储文件的时候。

SQL Server 代理服务可以使用 Windows 身份验证或 SQL Server 身份验证连接到 SQL Server 本地实例,但是无论选择哪种身份验证,账户都必须是 sysadmin 固定服务器角色的成员。

10.3.2　操作员

SQL Server 代理服务支持通过操作员通知管理员的功能。操作员是在完成作业或出现警报时可以接收电子通知的人员或组的别名。操作员主要有两个属性:操作员名称和联系信息。

每一个操作员都必须具有一个唯一的名称,操作员的联系信息决定了通知操作员的方式。

10.3.3　作业

在 SQL Server 中,可以使用 SQL Server 代理作业来自动执行日常管理任务并反复运行它们,从而提高管理效率。作业是一系列由 SQL Server 代理按顺序执行的指定操作。作业可以执行一系列活动,包括运行 Transact-SQL 脚本、命令行应用程序、Microsoft ActiveX 脚本、Integration Services 包、Analysis Services 命令、查询或复制任务。作业可以运行重复任务或可计划的任务,它们可以通过生成警报来自动通知用户作业状态,从而极大地简化 SQL Server 管理。作业可以手动运行,也可以配置为根据计划或响应警报来运行。

创建作业时,可以给作业添加成功、失败或完成时接收通知的操作员。那么当作业结束时,操作员可以收到作业的输出结果。

10.3.4　警报

对事件的自动响应称为"警报"。SQL Server 允许创建警报来解决潜在的错误问题。用户可以针对一个或多个事件定义警报,指定希望 SQL Server 代理如何响应发生的这些事件。

事件由 SQL Server 生成,并输入 Microsoft Windows 应用程序日志中。SQL Server 代理读取应用程序日志,并将写入的事件与定义的警报进行比较。当 SQL Server 代理找到匹配项时,它将发出自动响应事件的警报。除了监视 SQL Server 事件以外,SQL Server 代理还监视性能条件和 Windows Management Instrumentation(WMI)事件。

若要定义警报,需要指定警报的名称、触发警报的事件或性能条件、SQL Server 代理响应事件或性能条件所执行的操作。每个警报都响应一种特定的事件,事件类型可以是 SQL Server 事件、SQL Server 性能条件或 WMI 事件。事件类型决定了用于指定具体事件的参数。所以,根据事件类型,警报可以分为事件警报、性能警报和 WMI 警报。

10.3.5　数据库邮件

数据库邮件(Database Mail)是从 SQL Server 数据库引擎中发送企业解决方案的电子

邮件。通过使用数据库邮件,数据库应用程序可以向用户发送电子邮件。邮件中可以包含查询结果,还可以包含来自网络中任何资源的文件。数据库邮件主要使用简单邮件传输协议(SMTP)服务器(而不是 SQL Mail 所要求的 MAPI 账号)来发送电子邮件。

在默认情况下,数据库邮件处于非活动状态。要使用数据库邮件,必须使用数据库邮件配置向导、sp_configure 存储过程或者基于策略的外围应用配置功能,显式地启用数据库邮件。

可以在 SQL Server 代理中创建从 SQL Server 接收电子邮件的操作员,在要执行的作业或警报中指定以电子邮件形式通知该操作员。之后,在作业执行完成或警报激活时,SQL Server 将发送电子邮件到操作员的邮箱中。

10.3.6　维护计划向导

对于企业级数据库的管理操作,如数据库的备份、优化等一些需要经常执行的操作,虽然可以使用作业来执行,但是必须为每个数据库都创建作业,这样会使工作变得烦琐。SQL Server 提供了维护计划向导来解决这类问题。

维护计划向导用于创建 SQL Server 代理可以定期运行的维护计划。维护计划向导有助于用户设置核心维护任务,从而确保数据库运行正常、定期进行备份并确保数据库一致性。维护计划向导可创建一个或多个 SQL Server 代理作业,代理作业可对多服务器环境中的本地服务器或目标服务器执行这些任务。若要创建或管理维护计划,用户必须是 sysadmin 固定服务器角色的成员。

维护计划创建完成后,可以在"管理"的"维护计划"节点下看到新创建的维护计划"管理数据库"。右击该维护计划,选择"修改"菜单项可以在打开的"管理数据库(设计)"窗口下进行修改,选择"查看历史记录"可以查看维护计划最后执行的工作任务,选择"执行"菜单项可以执行该维护计划。

习题

1. ACID 属性主要有哪几个?
2. 什么情况下开始事务、结束事务、撤销事务和回滚事务?
3. 开始一个事务,将 xsbook 数据库 xs 表中的一行数据移动到 xs1 表中。
4. SQL Server 中有哪几种锁定模式?
5. 创建一个作业,要求每周的星期五对 xsbook 数据库做一次备份。
6. 创建一个事件警报,当错误级别为 16 时激活警报,通知操作员 wang。
7. 使用维护计划向导,对数据库 xsbook 定期执行数据库检查完整性、重新组织索引、备份数据库的任务。

第二部分　实　　验

读者通过本书基础内容部分对 SQL Server 2012 的基础知识有了系统的了解，但是缺乏系统的上机训练。本书实验部分通过布置具体任务的方式，将基础内容部分的操作进行系统的训练，并进行相应的扩充，可以极大地提高读者对 SQL Server 2012 数据库的掌握程度。

基础训练部分将使用 xsbook 数据库，扩展训练部分将使用 yggl 数据库。

实验 1

数据库和表

第 3 章介绍了在 SQL Server 中创建、修改数据库和表以及对表数据进行增加、删除、修改操作的方法,本实验需要读者自己动手练习创建数据库和表的方法,并且对表进行修改及数据操作。

1. 基础训练

(1) 参照例 3.1 在 SSMS 中创建数据库 xsbook。

(2) 参照例 3.2 在 xsbook 数据库中增加数据文件 xsbook_2。

(3) 参照例 3.5 使用 T-SQL 语句创建 xsbook2 数据库。

(4) 参照例 3.16 使用 T-SQL 语句创建 xs、book 和 jy 表。

(5) 参照例 3.22 用命令方式向 xs、book 和 jy 表中插入样本数据。

2. 扩展训练

(1) 创建用于企业管理的员工管理数据库,数据库名为 yggl。

数据库 yggl 的逻辑文件初始大小为 10MB,最大大小为 50MB,数据库自动增长,按 5% 比例增长方式增长。日志文件初始为 2MB,最大可增长到 5MB,按 1MB 增长。

数据库的逻辑文件名和物理文件名均采用默认值。事务日志的逻辑文件名和物理文件名也均采用默认值。要求分别使用对象资源管理器和 T-SQL 命令完成数据库的创建工作。

(2) 在创建好的数据库 yggl 中创建数据表。

考虑到数据库 yggl 要求包含员工的信息、部门信息以及员工的薪水信息,所以数据库 yggl 应该包含下列三个表:Employees(员工自然信息)表、Departments(部门信息)表和 Salary(员工薪水情况)表。各表的结构分别如表 T1.1、表 T1.2 和表 T1.3 所示。

表 T1.1 Employees 表结构

列 名	数据类型	长 度	是否可空	说 明
EmployeeID	定长字符串型(char)	6	×	员工编号,主键
Name	定长字符串型(char)	10	×	姓名
Education	定长字符串型(char)	4	×	学历
Birthday	日期型(date)	系统默认	×	出生日期
Sex	位型(bit)	系统默认	×	性别,默认值为 1
WorkYear	整数型(tinyint)	系统默认	√	工作时间

续表

列　名	数　据　类　型	长　度	是否可空	说　明
Address	不定长字符串型(varchar)	40	√	地址
PhoneNumber	定长字符串型(char)	12	√	电话号码
DepartmentID	定长字符串型(char)	3	×	员工部门号,外键

表 T1.2　Departments 表结构

列　名	数　据　类　型	长　度	是否可空	说　明
DepartmentID	定长字符串型(char)	3	×	部门编号,主键
DepartmentName	定长字符串型(char)	20	×	部门名
Note	不定长字符串(varchar)	100	√	备注

表 T1.3　Salary 表结构

列　名	数　据　类　型	长　度	是否可空	说　明
EmployeeID	定长字符串型(char)	6	×	员工编号,主键
InCome	浮点型(float)	系统默认	×	收入
OutCome	浮点型(float)	系统默认	×	支出

要求分别使用对象资源管理器和 T-SQL 语句完成数据表的创建工作。

(3) 在 yggl 数据库中创建好的表中插入数据。

样本数据如表 T1.4、表 T1.5 和表 T1.6 所示。

表 T1.4　Employees 表数据样本

编　号	姓　名	学历	出生日期	性别	工作时间	住　址	电　话	部门号
000001	王林	大专	1966-01-23	1	8	中山路 32-1-508	83355668	2
010008	伍容华	本科	1976-03-28	1	3	北京东路 100-2	83321321	1
020010	王向容	硕士	1982-12-09	1	2	四牌楼 10-0-108	83792361	1
020018	李丽	大专	1960-07-30	0	6	中山东路 102-2	83413301	1
102201	刘明	本科	1972-10-18	1	3	虎距路 100-2	83606608	5
102208	朱俊	硕士	1965-09-28	1	2	牌楼巷 5-3-106	84708817	5
108991	钟敏	硕士	1979-08-10	0	4	中山路 10-3-105	83346722	3
111006	张石兵	本科	1974-10-01	1	1	解放路 34-1-203	84563418	5
210678	林涛	大专	1977-04-02	1	2	中山北路 24-35	83467336	3
302566	李玉珉	本科	1968-09-20	1	3	热和路 209-3	58765991	4
308759	叶凡	本科	1978-11-18	1	2	北京西路 3-7-52	83308901	4
504209	陈林琳	大专	1969-09-03	0	5	汉中路 120-4-12	84468158	4

表 T1.5 Departments 表数据样本

部门号	部门名称	备注	部门号	部门名称	备注
1	财务部	NULL	4	研发部	NULL
2	人力资源部	NULL	5	市场部	NULL
3	经理办公室	NULL			

表 T1.6 Salary 表数据样本

编号	收入	支出	编号	收入	支出
000001	2100.80	123.09	108991	3259.98	281.52
010008	1582.62	88.03	020010	2860.00	198.00
102201	2569.88	185.65	020018	2347.68	180.00
111006	1987.01	79.58	308759	2531.98	199.08
504209	2066.15	108.00	210678	2240.00	121.00
302566	2980.70	210.20	102208	1980.00	100.00

要求分别使用界面方式和命令方式完成。

实验 2
数据库查询和视图

第4章介绍了 SELECT 语句、视图和游标的使用,并且通过大量的示例说明了它们的用法。本实验将再结合 xsbook 数据库的应用,综合训练前面所学习的知识。

1. 基础训练

(1) 参照例 4.1、例 4.3、例 4.4、例 4.6 练习单表查询的方法。

(2) 参照例 4.8、例 4.9、例 4.12、例 4.17 练习查询条件的设计。

(3) 参照例 4.20、例 4.21 练习查询结果排序的方法。

(4) 参照例 4.22、例 4.25 练习聚合函数的使用。

(5) 参照例 4.36、例 4.37、例 4.38、例 4.40、例 4.43、例 4.48 练习多表查询的方法。

(6) 参照例 4.50、例 4.51 练习嵌套查询的方法。

(7) 参照例 4.65、例 4.67、例 4.68 练习创建视图的方法。

(8) 参照例 4.71、例 4.72、例 4.73 练习创建视图的方法。

(9) 参照例 4.79、例 4.81 练习游标的操作方法。

2. 扩展训练

(1) SELECT 语句的基本使用。

① 用 SELECT 语句查询 Departments 和 Salary 表中所有的数据信息。

② 查询 EmployeeID 为 000001 雇员的地址和电话。

③ 查询 Employees 表中女雇员的地址和电话,使用 AS 子句将结果中各列的标题分别指定为地址、电话。

④ 查询 Employees 表中员工的姓名和性别,要求 Sex 值为 1 时显示为"男",为 0 时显示为"女"。

⑤ 计算每个雇员的实际收入。

⑥ 获得员工的总数。

⑦ 查询财务部雇员的最高和最低实际收入。

⑧ 找出所有姓王的雇员的部门号。

⑨ 找出所有其地址中含有"中山"的雇员的号码及部门号。

⑩ 找出所有在部门"1"或"2"工作的雇员的号码。

⑪ 找出所有收入在 2000~3000 元之间的员工号码。

⑫ 使用 INTO 子句,由表 Salary 创建"收入在 1500 元以上的员工"表,包括编号和收入。

（2）子查询。

① 查找在财务部工作的雇员的情况。

② 查找财务部年龄不低于研发部雇员年龄的雇员的姓名。

③ 查找比所有财务部的雇员收入都高的雇员的姓名。

（3）多表查询。

① 查询每个雇员的情况及其薪水的情况。

② 使用内连接的方法查询名字为"王林"的员工所在的部门。

③ 查找财务部收入在 2000 元以上的雇员姓名及其薪水详情。

④ 查询研发部在 1976 年以前出生的雇员姓名及其薪水详情。

（4）聚合函数。

① 求财务部雇员的平均收入。

② 求财务部雇员的平均实际收入。

③ 统计财务部收入在 2500 元以上的雇员人数。

（5）视图。

① 创建 yggl 数据库上的视图 DS_VIEW，视图包含 Departments 表的全部列。

② 创建 yggl 数据库上的视图 Employees_view，视图包含员工号码、姓名和实际收入三列。

③ 从视图 DS_VIEW 中查询出部门号为 3 的部门名称。

④ 从视图 Employees_view 中查询出姓名为"王林"的员工的实际收入。

⑤ 向视图 DS_VIEW 中插入一行数据"6，广告部，广告业务"。

实验 **3**
T-SQL 编程

第 5 章介绍了基本 T-SQL 语句、SQL Server 提供的主要的系统函数,并且通过大量示例介绍了用户函数的定义和调用方法。本实验再结合 xsbook 数据库的应用,综合训练前面所学习的知识。

1. 基础训练

(1) 参照例 5.1 练习用户自定义数据类型的使用。

(2) 参照例 5.2、例 5.3、例 5.4、例 5.5 练习变量的定义、赋值和查询。

(3) 参照例 5.10、例 5.14、例 5.15 练习运算符的使用。

(4) 参照例 5.16、例 5.17、例 5.18 练习流程控制语句的使用。

(5) 参照例 5.21、例 5.23、例 5.24、例 5.30 练习系统内置函数的使用。

(6) 参照例 5.32、例 5.33、例 5.35、例 5.37 练习用户自定义函数的使用。

2. 扩展训练

(1) 自定义数据类型。

对于 yggl 数据库中的数据库表结构,再自定义一个数据类型 ID_type,用于描述员工编号,属性为 char(6),NOT NULL。要求分别使用界面方式和命令方式。

在 yggl 数据库中创建 Employees3 表,表结构与 Employees 类似,只是 EmployeeID 列使用的数据类型为用户自定义数据类型 ID_type。

(2) 变量的使用。

① 定义一个变量,用于获取号码为 102201 员工的电话号码。

② 定义一个变量,用于描述 yggl 数据库的 Salary 表中 000001 号员工的实际收入,然后查询该变量。

(3) 运算符的使用。

① 使用算数运算符-查询员工的实际收入。

② 使用比较运算符>查询 Employees 表中工作时间大于 5 年的员工信息。

(4) 流程控制语句。

① 判断 Employees 表中是否存在编号为 111006 的员工,如果存在则显示该员工信息,若不存在则显示"查无此人"。

② 判断姓名为"王林"的员工实际收入是否高于 3000 元。如果是则显示其收入,否则显示"收入不高于 3000"。

③ 假设变量 X 的初始值为 0,每次加 1,直至 X 变为 5。

④ 使用 CASE 语句对 Employees 表按部门进行分类。

（5）系统内置函数。

① 求一个数的绝对值。

② 使用 RAND()函数产生一个 0~1 的随机值。

③ 求财务部雇员的总人数。

④ 使用 ASCII 函数返回字符表达式最左端字符的 ASCII 值。

⑤ 获得当前的日期和时间。

（6）自定义函数。

① 定义一个函数实现如下功能：对于一个给定的 DepartmentID 值，查询该值在 Departments 表中是否存在，若存在则返回 0，否则返回 −1。

② 写一段 T-SQL 程序调用上述函数。当向 Employees 表插入一行记录时，首先调用函数 CHECK_ID 检索该记录的 DepartmentID 值在表 Departments 的 DepartmentID 字段中是否存在对应值，若存在则将该记录插入 Employees 表。

实验 4

索引和数据完整性

第 6 章主要介绍了索引、约束、默认值对象以及利用这些知识实现数据完整性的方法。本实验结合之前的基本内容进行一些实际应用方面的综合训练。

1. 基础训练

（1）参照例 6.1、例 6.2、例 6.3 练习创建索引的方法。

（2）参照例 6.7、例 6.8、例 6.9、例 6.11、例 6.12、例 6.15、例 6.16 练习操作数据完整性的方法。

2. 扩展训练

（1）创建索引。

① 对 yggl 数据库的 Employees 表中的 DepartmentID 列建立索引。

② 在 Employees 表的 Name 列和 Address 列上建立复合索引。

③ 对 Departments 表上的 DepartmentName 列建立唯一非聚集索引。

④ 使用 DROP INDEX 语句删除表 Employees 上的索引 depart_ind。

要求分别使用界面方式和命令方式完成。

（2）数据完整性。

① 创建一个表 Employees5，只含 EmployeeID、Name、Sex 和 Education 列。将 Name 设为主键，作为列 Name 的约束。对 EmployeeID 列进行 UNIQUE 约束，并作为表的约束。

② 删除上面创建的 UNIQUE 约束。

③ 创建一个表 Employees6，只考虑"学号"和"出生日期"两列，出生日期必须晚于 1980 年 1 月 1 日。

④ 创建新表 student，只考虑"号码"和"性别"两列，性别只能包含男或女。

⑤ 创建新表 Salary2，结构与 Salary 相同，但 Salary2 表不允许 OutCome 列大于 Income 列。

⑥ 对 yggl 数据库中的 Employees 表进行修改，为其增加 DepartmentID 字段的 CHECK 约束，规定 1<DepartmentID<5。完成后，测试 CHECK 约束的有效性。

存储过程和触发器

第 7 章介绍了存储过程和触发器的概念,并且通过大量示例说明了这两种数据库对象的使用方法。本实验将利用大量的上机训练,让用户掌握这两种数据库对象在实际编程中的应用。

1. 基础训练

(1) 参照例 7.1、例 7.2、例 7.3、例 7.4、例 7.9 练习创建、执行和删除存储过程的方法。

(2) 参照例 7.10、例 7.11、例 7.12、例 7.13、例 7.15 练习创建 DML 触发器和 DDL 触发器的方法。

2. 扩展训练

(1) 存储过程。

① 创建存储过程,使用 Employees 表中的员工人数来初始化一个局部变量,并调用这个存储过程。

② 创建存储过程,比较两个员工的实际收入,若前者比后者高则输出 0,否则输出 1。

③ 创建添加职员记录的存储过程 EmployeeAdd。

④ 创建存储过程,要求当一个员工的工作年份大于 6 年时将其转到经理办公室工作。

⑤ 创建存储过程,根据员工的学历将高学历者收入提高 500 元。

(2) 触发器

对于 yggl 数据库,表 Employees 的 DepartmentID 列与表 Departments 的 DepartmentID 列应满足参照完整性规则,即:

- 向 Employees 表添加记录时,该记录的 DepartmentID 字段值在 Departments 表中应存在。
- 修改 Departments 表的 DepartmentID 字段值时,该字段在 Employees 表中的对应值也应修改。
- 删除 Departments 表中的记录时,该记录的 DepartmentID 字段值在 Employees 表中对应的记录也应删除。

对于上述参照完整性规则,在此通过触发器实现。

① 向 Employees 表插入或修改一个记录时,通过触发器检查记录的 DepartmentID 值在 Departments 表中是否存在,若不存在则取消插入或修改操作。

② 修改 Departments 表 DepartmentID 字段值时,通过触发器实现该字段在 Employees 表中的对应值也做相应修改。

③ 创建触发器，删除 Departments 表中记录的同时删除该记录 DepartmentID 字段值在 Employees 表中对应的记录。

④ 创建 INSTEAD OF 触发器，当向 Salary 表中插入记录时，先检查 EmployeeID 列上的值在 Employees 中是否存在，如果存在则执行插入操作，如果不存在则提示"员工号不存在"。

⑤ 创建 DDL 触发器，当删除 yggl 数据库的一个表时，提示"不能删除表"，并回滚删除表的操作。

实验 6
系统安全管理

第 8 章介绍了 SQL Server 2012 提供的安全管理措施，SQL Server 通过服务器登录身份验证、数据库用户账户及数据库操作权限三方面实现数据库的安全管理。本实验通过上机训练，让用户掌握数据安全管理的方法。

1. 基础训练

(1) 参照例 8.1、例 8.2 练习创建数据库登录名的方法。

(2) 参照例 8.3、例 8.4 练习创建和删除数据库用户的方法。

(3) 参照例 8.5 练习创建数据库角色的方法。

(4) 参照例 8.6、例 8.7、例 8.9、例 8.10、例 8.12、例 8.17 练习对数据库权限的管理。

(5) 参照例 8.18 练习数据库架构的创建方法。

2. 扩展训练

(1) 管理用户。

① 分别使用界面方式和命令方式创建 Windows 登录名 zheng，使用用户 zheng 登录 Windows，然后启动 SQL Server Management Studio，以 Windows 身份验证模式连接。观察与以系统管理员身份登录时有什么不同。

② 分别使用界面方式和命令方式创建 SQL 登录名 yan。

③ 使用登录名 yan 创建数据库用户 yan，默认架构为 dbo。

(2) 管理数据库角色。

① 使用界面方式将 yan 添加为固定数据库角色 db_owner 的角色成员。

② 分别使用界面方式和命令方式创建自定义数据库角色 myrole，并将 yan 添加为其成员。

(3) 管理权限。

① 分别以界面方式和命令方式授予数据库用户 yan 在 yggl 数据库上的 CREATE TABLE 权限。

② 分别以界面方式和命令方式授予数据库用户 yan 在 Employees 表上的 SELECT、DELETE 权限。

③ 创建数据库架构 yg_test，其所有者为用户 yan。接着授予用户 wei 对架构 yg_test 进行查询、添加的权限。

④ 以命令方式拒绝用户 yan 在 Departments 表上的 DELETE 和 UPDATE 权限。

⑤ 以命令方式撤销用户 yan 在 Salary 表中的 SELECT、DELETE 权限。

实验 **7**
数据库备份与恢复

第 9 章介绍了 SQL Server 2012 数据备份与恢复的具体方法。本实验将通过更加丰富的练习,让用户熟练掌握在 SQL Server 2012 中使用界面方式和命令方式进行数据库备份和恢复方法。

1. 基础训练

(1) 参照例 9.1、例 9.2、例 9.3 练习创建备份设备并且将数据库备份的方法。

(2) 参照例 9.4 练习恢复数据的方法。

2. 扩展训练

(1) 数据库备份。

① 使用逻辑名 cpYGbak 创建一个命名的备份设备,并将数据库 yggl 完全备份到该设备。要求分别使用界面方式和命令方式完成。

② 将数据库 yggl 完全备份到备份设备 test,并覆盖该设备上原有的内容。

③ 创建一个命名的备份设备 ygGLlogbak,并备份 yggl 数据库的事务日志。

④ 使用差异备份方法备份数据库 yggl 到备份设备 cpYGbak 中。

(2) 数据库恢复。

在数据库 yggl 中进行数据修改,并使用 cpYGbak 中的数据库备份,恢复数据库 yggl。要求分别使用界面方式和命令方式完成。

第三部分　综合应用实习

实习 **0**

SQL Server 2012 实习数据库准备

为了方便读者综合应用前面学习的内容,本书所有实习仍然采用图书管理数据库。实习部分与前面的基础部分有一定的联系,但又相互独立。如果不熟悉 SQL Server 2012,那么必须学习前面的部分。实习 0 是为后面的具体实习准备共用的数据库,所以在进行后面的实习之前,读者必须首先完成实习 0。

P0.1 数据库

前面在介绍数据库基础时采用的是图书管理数据库,数据库表中均使用汉字作为字段名,其目的是便于 SQL Server 2012 基础内容的学习,方便教学。但是,在实际应用开发时,用汉字作为字段名不太方便,为了与解决实际问题的方法一致,综合应用实习部分图书管理数据库中的表所有的字段名都使用英文(缩写)。

创建图书管理数据库的步骤如下。

(1) 图书管理数据库相关信息。

数据库名:MBOOK

数据文件:MBOOK. mdf

日志文件:MBOOK_log. ldf

存储路径:D:\DATA

登录名:sa(系统管理员用户)

密码:123456

数据库 MBOOK 由读者表(TReader)、图书表(TBook)和借阅表(TLend)构成,依托这三个基本表创建视图、触发器和存储过程。

(2) 创建图书管理数据库。

启动 SQL Server Management Studio,连接到数据库服务器。右击"对象资源管理器"中服务器目录树下的"数据库"目录,在弹出的菜单中选"新建数据库",打开如图 P0.1 所示的"新建数据库"窗口。在"数据库名称"栏填写要创建的数据库名称 MBOOK,单击"路径"标签栏下的 █ 按钮来自定义路径,这里设置数据文件及日志文件的存盘路径均为 D:\DATA。其他设置保留默认值。确认后,单击"确定"按钮,数据库创建成功。

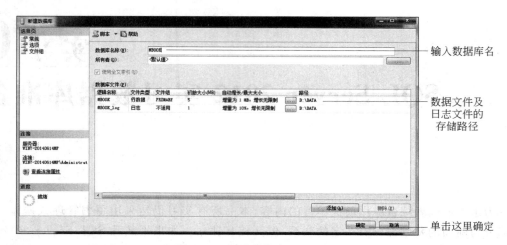

输入数据库名

数据文件及
日志文件的
存储路径

单击这里确定

图 P0.1　创建数据库 MBOOK

P0.2　基本表

P0.2.1　读者表

1. 读者表结构

创建读者表,表名为 TReader,表结构如表 P0.1 所示。

表 P0.1　读者表(TReader)结构

项　目	字 段 名	类型与宽度	是否主键	是否允许空值	说　　明
借书证号	ReaderID	char(8)	√	×	
姓名	Name	char(8)	×	×	
性别	Sex	bit	×	×	1:男,0:女
出生时间	Born	date	×	×	
专业	Spec	char(12)	×	×	
借书量	Num	int	×	×	默认为 0
照片	Photo	varbinary(MAX)	×	√	

2. 创建读者表

在"对象资源管理器"中,展开"数据库"目录,右击新建的 MBOOK 数据库目录下的"表"子项,在弹出菜单中选"新建表",打开表设计窗口,如图 P0.2 所示。根据以上设计好的表结构(表 P0.1),在图 P0.2 所指的表设计窗口中分别输入(或选择)各列的名称、数据类型、是否允许为空等属性。在表的各列的属性均编辑完成后,单击工具栏 ⊞ 保存按钮,出现"选择名称"对话框,在其中输入表名 TReader,单击"确定"按钮即可创建读者表。

3. 读者表样本数据

读者表 TReader 的样本数据(Photo 列除外),如表 P0.2 所示。

表设计窗口

图 P0.2　创建读者表(TReader)

表 P0.2　读者表样本数据

借书证号	姓　名	性别	出生时间	专　业	借书量
131101	王林	男	1996-2-10	计算机	4
131102	程明	男	1997-2-1	计算机	2
131103	王燕	女	1995-10-6	计算机	1
131104	韦严平	男	1996-8-26	计算机	4
131106	李方方	男	1996-11-20	计算机	1
131107	李明	男	1996-5-1	计算机	0
131108	林一帆	男	1995-8-5	计算机	0
131109	张强民	男	1995-8-11	计算机	0
131110	张蔚	女	1997-7-22	计算机	0
131111	赵琳	女	1996-3-18	计算机	0
131113	严红	女	1995-8-11	计算机	0
131201	王敏	男	1995-6-10	通信工程	1
131202	王林	男	1995-1-29	通信工程	1
131203	王玉民	男	1996-3-26	通信工程	1
131204	马琳琳	女	1995-2-10	通信工程	1
131206	李计	男	1995-9-20	通信工程	1
131210	李红庆	男	1995-5-1	通信工程	1
131216	孙祥欣	男	1995-3-19	通信工程	0
131218	孙研	男	1996-10-9	通信工程	1
131220	吴薇华	女	1996-3-18	通信工程	1
131221	刘燕敏	女	1995-11-12	通信工程	1
131241	罗林琳	女	1996-1-30	通信工程	0

"照片(Photo)"列数据根据各实习情况自行决定。可以使用 INSERT 语句输入样本数据。例如,输入借书证号为 131101 的读者信息时可以使用如下语句:

```
USE MBOOK
GO
INSERT INTO TReader
    VALUES('131101', '王林', 1, '1996-02-10', '计算机', 4, NULL)
```

P0.2.2 图书表

1. 图书表结构

创建图书表,表名为 TBook,表结构如表 P0.3 所示。创建 TBook 表的方法这里不具体列出。

表 P0.3 图书表(TBook)结构

项 目	字 段 名	类型与宽度	是否主键	是否允许空值	说 明
ISBN	ISBN	char(18)	√	×	出版物的代码
书名	BookName	char(40)	×	×	
作译者	Author	char(16)	×	×	
出版社	Publisher	char(30)	×	×	
价格	Price	float	×	×	
复本量	CNum	int	×	×	复本量=库存量+已经借阅的统计。当借一本书时,book 的库存量减 1;当还一本书时,book 的库存量加 1
库存量	SNum	int	×	×	
内容提要	Summary	varchar(200)	×	√	
封面照片	Photo	varbinary(MAX)	×	√	

2. 图书表样本数据

图书表样本数据如表 P0.4 所示。

表 P0.4 图书表样本数据

ISBN	书 名	作译者	出 版 社	价格	复本量	库存量	内容提要
978-7-121-23270-1	MySQL 实用教程(第 2 版)	郑阿奇	电子工业出版社	53	8	1	
978-7-81124-476-2	S7-300/400 可编程控制器原理与应用	崔维群 孙启法	北京航空航天出版社	59	4	1	
978-7-111-21382-6	Java 编程思想	Bruce Eckel	机械工业出版社	108	3	1	
978-7-121-23402-6	SQL Server 实用教程(第 4 版)	郑阿奇	电子工业出版社	59	8	5	
978-7-302-10853-6	C 程序设计(第三版)	谭浩强	清华大学出版社	26	10	7	
978-7-121-20907-9	C♯实用教程(第 2 版)	郑阿奇	电子工业出版社	49	6	3	

P0.2.3　借阅表

1. 借阅表结构

创建借阅表，表名为 TLend，表结构如表 P0.5 所示。

表 P0.5　借阅表（TLend）结构

项　　目	字 段 名	类型与宽度	是否主键	是否允许空值	说　　明
索书号	BookID	char(10)	√	×	
借书证号	ReaderID	char(8)	×	×	
ISBN	ISBN	char(18)	×	×	
借书时间	LTime	datetime	×	×	

2. 借阅表样本数据

借阅表样本数据如表 P0.6 所示。

表 P0.6　借阅表样本数据

图书 ID	借书证号	ISBN	借 书 时 间
1200001	131101	978-7-121-23270-1	2014-02-18
1300001	131101	978-7-81124-476-2	2014-02-18
1200002	131102	978-7-121-23270-1	2014-02-18
1400030	131104	978-7-121-23402-6	2014-02-18
1600011	131101	978-7-302-10853-6	2014-02-18
1700062	131104	978-7-121-20907-9	2014-02-19
1200004	131103	978-7-121-23270-1	2014-02-20
1200003	131201	978-7-121-23270-1	2014-03-10
1300002	131202	978-7-81124-476-2	2014-03-11
1200005	131204	978-7-121-23270-1	2014-03-11
1400031	131206	978-7-121-23402-6	2014-03-13
1600013	131203	978-7-302-10853-6	2014-03-13
1700064	131210	978-7-121-20907-9	2014-03-13
1300003	131216	978-7-81124-476-2	2014-03-13
1200007	131218	978-7-121-23270-1	2014-04-08
1800001	131220	978-7-111-21382-6	2014-04-08
1200008	131221	978-7-121-23270-1	2014-04-08
1400032	131101	978-7-121-23402-6	2014-04-08

续表

图书 ID	借书证号	ISBN	借书时间
1700065	131102	978-7-121-20907-9	2014-04-08
1600014	131104	978-7-302-10853-6	2014-07-22
1800002	131104	978-7-111-21382-6	2014-07-22

P0.3　视图

创建"读者借阅图书"视图，名称为 rbl，把三个基本表联系起来，以方便需要三表关联的功能使用。通过"借书证号（ReaderID）"将读者表（TReader）和借阅表（TLend）联系起来，通过 ISBN 将图书表（TBook）和借阅表（TLend）联系起来，视图包含借书证号、索书号、ISBN、书名、出版社、价格、借书时间等列。

1. 创建视图

在"对象资源管理器"中，展开"数据库"目录，右击 MBOOK 数据库目录下的"视图"子项，在弹出菜单中选"新建视图"，弹出"添加表"对话框中选中本实习的三个基本表，单击"添加"按钮，打开视图设计窗口，如图 P0.3 所示。根据需要在设计窗口中依顺序勾选视图的各列名，设计区下方就会自动生成创建视图的语句。完成后单击工具栏"保存"按钮■进行保存，出现"选择名称"对话框，在其中输入视图名 rbl，单击"确定"按钮即完成创建视图。

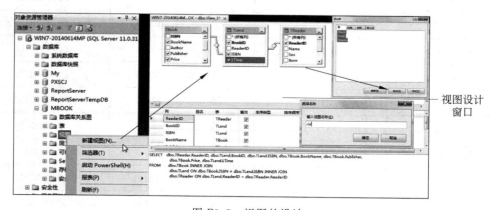

图 P0.3　视图的设计

2. 功能测试

```
USE MBOOK
GO
SELECT * FROM rbl
```

执行上面语句后，出现如图 P0.4 所示结果页，可以从中观察三表关联的字段数据的正确性。

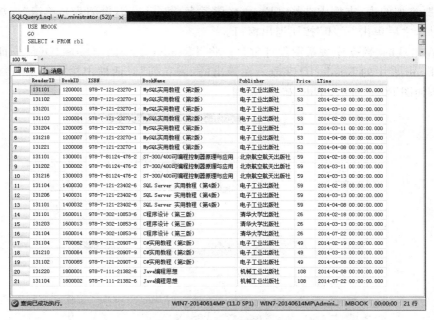

图 P0.4　视图功能测试

P0.4　完整性约束

1. 创建完整性

判断是否允许删除图书记录(使用参照完整性约束实现)。在删除读者表(TReader)中读者记录前,查找借阅表(TLend)该读者的借阅记录。如果存在借阅记录,则不能删除该读者记录,否则可以允许执行"删除读者记录"操作。

创建完整性的操作步骤如下。

(1) 在"对象资源管理器"中展开"数据库",选择 MBOOK 数据库,右击"数据库关系图",在弹出菜单中选择"新建数据库关系图",在弹出对话框中单击"是",打开"添加表"对话框,如图 P0.5 所示。

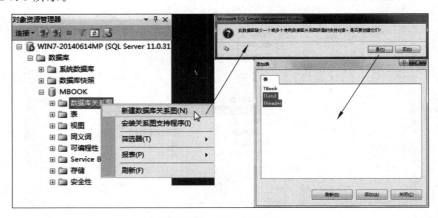

图 P0.5　添加表对象

选择要添加的表,本例中选择 TReader(读者表)和 TLend(借阅表),单击"添加"按钮完成表的添加,之后单击"关闭"按钮退出窗口。

(2) 在出现的"数据库关系图设计"窗口,将 TReader 表中的 ReaderID(借书证号)字段拖曳到 TLend 表中的 ReaderID 字段。在弹出的"表和列"对话框中输入关系名,设置主键表和列名,如图 P0.6 所示,单击"确定"按钮。

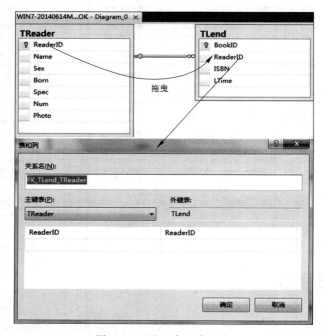

图 P0.6   设置参照完整性

(3) 在图 P0.7 所示的"外键关系"对话框中,设置"INSERT 和 UPDATE 规范"的"删除规则"为"不执行任何操作",单击"确定"按钮。

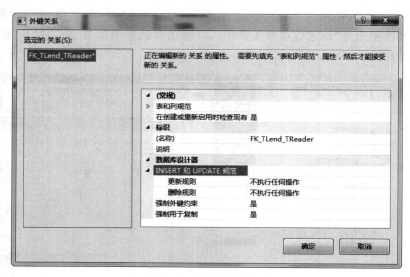

图 P0.7   设置外键关系

（4）单击工具栏![img]按钮保存，在弹出的"选择名称"对话框中输入关系图名称（这里取默认名），单击"确定"按钮，在弹出的"保存"对话框中单击"是"按钮，保存设置。至此，完整性参照关系创建完成。

2. 功能测试

（1）创建了参照完整性约束后，使用 DELETE 语句删除 TReader 表中的一行数据：

```
/*增加新读者"131301"*/
INSERT INTO TReader VALUES('131301', '李霞', 0, '1997-03-16', '计算机', 3, NULL)
/*添加131301的借书记录*/
INSERT INTO TLend VALUES('1200009', '131301', ' 978-7-121-23270-1', GETDATE())
/*删除读者"131301"*/
DELETE FROM TReader WHERE ReaderID='131301'
```

运行结果如图 P0.8 所示。

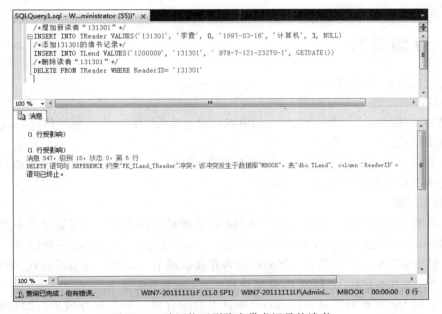

图 P0.8   验证能否删除有借书记录的读者

图中显示出上述 DELETE 命令没有执行成功。原因是：借书证号为 131301 的读者在 Lend 表中已经存在借书记录。

（2）删除 TReader 表中的一行数据，该行数据在 TLend 表中无相关记录，查看删除情况。

```
DELETE FROM TLend WHERE ReaderID='131301'      /*先删除"131301"号读者所有的借书记录*/
DELETE FROM TReader WHERE ReaderID='131301'    /*删除读者"131301"*/
```

运行结果如图 P0.9 所示。

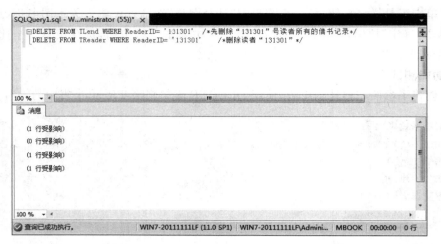

图 P0.9　验证能否删除无借书记录的读者信息

P0.5　存储过程

存储过程名称 book_borrow。

1. 参数

借书证号（in_ReaderID）、ISBN（in_ISBN）、索书号（in_BookID）、执行信息（out_str）。

2. 实现功能

根据存储过程的前三个参数，实现读者图书"借阅"。第四个参数为输出参数，将存储过程的执行情况以字符串形式赋予此参数。

3. 编写思路

（1）根据"借书证号"查询读者表（TReader）是否存在该读者。如果该读者不存在，则将输出参数 out_str 赋值为"该读者不存在"并返回 0，存储过程结束，表示不能借书。

（2）根据 ISBN 查询图书表（TBook）是否存在该图书。如果该图书不存在，则将输出参数赋值为"该图书不存在"并返回 0，存储过程结束，表示不能借书。

（3）根据 ISBN 查询图书表（TBook）中该书的库存量。如果库存量＝0，则将输出参数赋值为"图书库存量为 0"并返回 0，存储过程结束，表示不能借书。

（4）查询借阅表（TLend），查看该索书号是否已经存在。如果该索书号存在则将输出参数赋值为"该索书号已存在"并返回 0，存储过程结束，表示不能添加借书记录。

（5）使借阅表（TLend）增加一条该读者借书记录，读者表（TReader）中该读者的借书量加 1，图书表（TBook）中该图书（对应 ISBN）记录的库存量减 1。存储过程结束，将输出参数赋值为"借书成功"并返回 1，表示借书成功。

（6）如果存储过程执行过程中遇到错误，则回滚之前进行的操作，并将输出参数赋值为"执行过程中遇到错误"并返回 0，表示存储过程执行过程中遇到错误，回滚到执行存储过程前的状态。

4. 实现方法

在"对象资源管理器"中展开目录"数据库"，选择 MBOOK 数据库下的"可编程性"，右击其中的"存储过程"目录,在弹出菜单中选"新建存储过程",在打开的存储过程脚本编辑窗口输入要创建的存储过程的代码,如图 P0.10 所示。

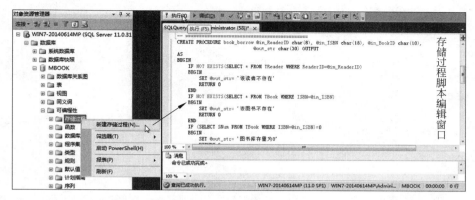

图 P0.10 编辑创建存储过程的代码

创建存储过程 book_borrow,代码如下:

```
CREATE PROCEDURE book_borrow @in_ReaderID char(8), @in_ISBN char(18), @in_BookID
char(10), @out_str char(30)OUTPUT
AS
BEGIN
    IF NOT EXISTS(SELECT * FROM TReader WHERE ReaderID=@in_ReaderID)
    BEGIN
        SET @out_str='该读者不存在'
        RETURN 0
    END
    IF NOT EXISTS(SELECT * FROM TBook WHERE ISBN=@in_ISBN)
    BEGIN
        SET @out_str='该图书不存在'
        RETURN 0
    END
    IF(SELECT SNum FROM TBook WHERE ISBN=@in_ISBN)=0
    BEGIN
        SET @out_str='图书库存量为0'
        RETURN 0
    END
    IF EXISTS(SELECT * FROM TLend WHERE BookID=@in_BookID)
    BEGIN
        SET @out_str='该索书号已存在'
        RETURN 0
    END
    BEGIN TRAN                    /*开始一个事务*/
    INSERT INTO TLend VALUES(@in_BookID, @in_ReaderID, @in_ISBN, GETDATE())
    IF @@ERROR>0                  /*如果前面一条 SQL 语句出错则回滚事务并返回*/
```

```
        BEGIN
            ROLLBACK TRAN
            SET @out_str='执行过程中遇到错误'
            RETURN 0
        END
        UPDATE TReader SET Num=Num+1 WHERE ReaderID=@in_ReaderID
        IF @@ERROR>0                    /*如果前面一条 SQL 语句出错则回滚事务并返回*/
        BEGIN
            ROLLBACK TRAN
            SET @out_str='执行过程中遇到错误'
            RETURN 0
        END
        UPDATE TBook SET SNum=SNum-1 WHERE ISBN=@in_ISBN
        IF @@ERROR=0                    /*如果所有语句都不出错则结束事务并返回*/
        BEGIN
            COMMIT TRAN
            SET @out_str='借书成功'
            RETURN 1
        END
        ELSE                            /*如果执行出错则回滚所有操作并返回*/
        BEGIN
            ROLLBACK TRAN
            SET @out_str='执行过程中遇到错误'
            RETURN 0
        END
    END
```

说明：在这段语句中，@@ERROR 全局变量用于保存前一条 T-SQL 语句的错误号。如果前一条 T-SQL 语句执行没有错误，则@@ERROR 的值为 0；如果出现错误，则值为错误号。本存储过程使用事务以保证操作的完整性，通过@@ERROR 的值判断存储过程执行过程中是否出错，如果出错则回滚开始事务后已经执行的语句，并将输出参数赋值为"执行过程中遇到错误"并返回 0，表示运行失败。如果存储过程正常运行，则结束事务并将输出参数赋值为"借书成功"，并返回 1，表示借书成功。

5. 功能测试

创建完存储过程 book_borrow 后可以使用 T-SQL 语句验证图书借阅是否能够实现：

```
DECLARE @out_str char(30)
DECLARE @con int
/*查询 131101 读者的原借书量*/
SELECT ReaderID, Num FROM TReader WHERE ReaderID='131101'
SELECT ISBN, SNum FROM TBook WHERE ISBN='978-7-121-20907-9'
                                            /*查询书的原库存量*/
EXEC @con=book_borrow '131101', '978-7-121-20907-9', '1700066',@out_str OUTPUT
```

```
                                              /＊执行存储过程,实现图书借阅＊/
  SELECT @out_str   AS 执行情况               /＊查询存储过程的执行情况＊/
  SELECT @con AS 返回值情况                    /＊查询返回值,0表示失败,1表示成功＊/
  SELECT ReaderID, Num FROM TReader WHERE ReaderID='131101'
                                              /＊查询131101号读者的现有借书量＊/
  SELECT ISBN, SNum FROM TBook WHERE ISBN='978-7-121-20907-9'
                                              /＊查询书的现有库存量＊/
```

执行结果如图 P0.11 所示。

图 P0.11　实现图书借阅

查看"执行情况"(输出参数 out_str 的值),其值会显示存储过程执行的情况。查看"返回值情况"(@con)的值,若为 1 则表示成功执行了借阅图书的操作,读者借书量增 1,图书库存量减 1,再查看 TLend 表中的内容,确认新记录是否已经存在;若为 0 则表示未实现图书"借阅",借阅表中将不会添加新的借书记录。

P0.6　触发器

1. 实现功能

通过创建借阅表(TLend)的 DELETE 触发器实现:当用户归还图书(即删除借阅表中的一条借书记录)时,读者表(TReader)中该读者的借书量减 1;图书表(TBook)中该图书记录的库存量加 1。触发器名称为 tlend_delete。

2. 实现方法

在"对象资源管理器"中展开目录"数据库",选择 MBOOK 数据库下的表,选择 dbo. TLend,右击其中的"触发器"目录,在弹出菜单中选"新建触发器",在打开的触发器脚本编辑窗口输入相应的创建触发器的语句,如图 P0.12 所示。

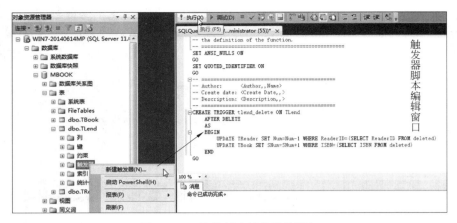

图 P0.12　编辑创建触发器的语句

创建触发器 tlend_delete 的语句如下：

```
CREATE TRIGGER tlend_delete ON TLend
    AFTER DELETE
    AS
    BEGIN
        UPDATE TReader SET Num = Num - 1 WHERE ReaderID = (SELECT ReaderID FROM
        deleted)
        UPDATE TBook SET SNum= SNum+ 1 WHERE ISBN= (SELECT ISBN FROM deleted)
    END
```

3. 功能测试

触发器 tlend_delete 创建完成后，使用 DELETE 语句删除 TLend 表中的一行数据并查看其他两个表中的变化。

```
SELECT ReaderID, Num FROM TReader WHERE ReaderID= '131101'
                                    /* 查询 131101 读者的原借书量 */
SELECT ISBN, SNum FROM TBook WHERE ISBN= '978-7-121-20907-9'
                                    /* 查询书的原库存量 */
DELETE FROM TLend WHERE BookID= '1700066'    /* 删除该读者对该书的借阅记录 */
SELECT ReaderID, Num FROM TReader WHERE ReaderID= '131101'
                                    /* 查询 131101 读者现有借书量 */
SELECT ISBN, SNum FROM TBook WHERE ISBN= '978-7-121-20907-9'
                                    /* 查询该书的现有库存量 */
```

运行结果如图 P0.13 所示。

图中显示，执行 DELETE 命令删除读者 131101 对 ISBN 为 978-7-121-20907-9 的图书的借阅记录后，该读者的借书量减 1，该书的库存量加 1。

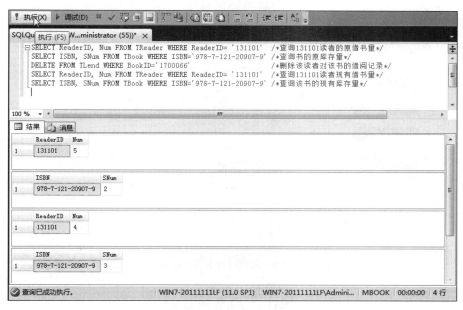

图 P0.13   验证删除借阅记录后借书量和库存量是否有变化

P0.7   系统功能

完整的图书管理系统,功能包括图书查询、借书查询、借书还书、读者管理、图书管理等。但是,本实习仅仅实现"读者管理"和"借书还书",因为这两个功能已经囊括了操作数据库的全部内容,其他功能留作学生课后练习通过模仿即可完成。

注意:本书实习部分要实现的系统功能中使用的样本数据即为表 P0.2、表 P0.4 和表 P0.6 中的数据。为了保证数据与后面实习部分的一致性,如果在实习之前数据库中数据与样本数据有出入,请将数据修改成与样本数据一致。

1. 读者管理

界面如图 P0.14 所示。其中,表格与数据库读者表(TReader)绑定显示内容。

学生练习:模仿完成"图书管理"功能。

2. 借书还书

界面如图 P0.15 所示。其中,表格与数据库视图 rbl 绑定显示内容,借书功能调用存储过程 book_borrow 实现,还书功能则应用触发器 tlend_delete。

学生练习:

(1) 尝试在不调用存储过程的情况下完成同样的借书功能,要求表格也不与视图 rbl 绑定。

(2) 尝试不使用触发器,而改用一个存储过程来实现同样的还书功能。

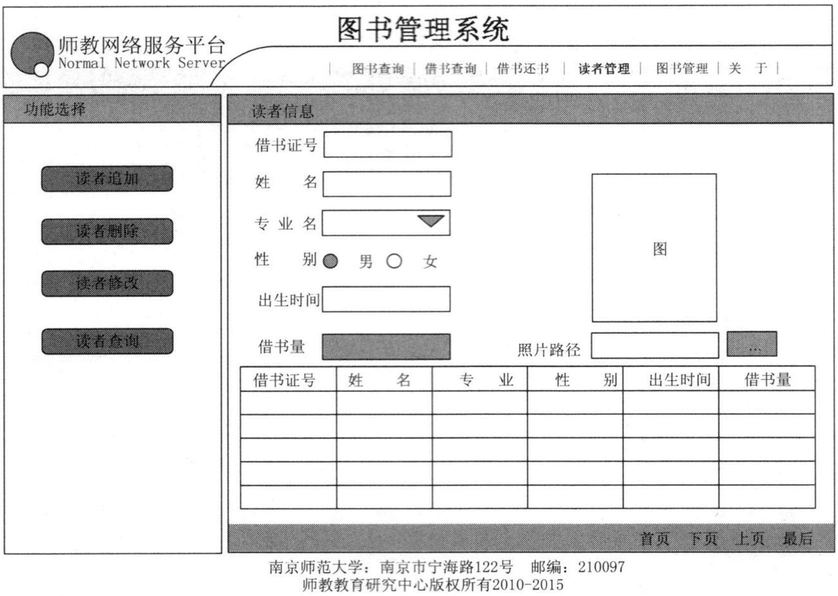

图 P0.14 “读者管理”参考界面

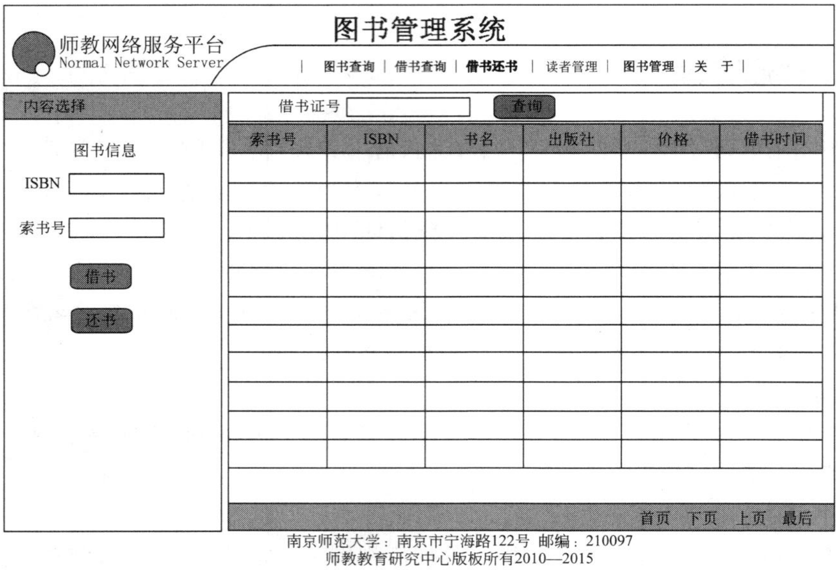

图 P0.15 “借书还书”参考界面

PHP / SQL Server 2012 图书管理系统

本系统是在 Windows 环境下,基于 PHP 脚本语言实现的图书管理系统,Web 服务器使用 Apache 2.2,后台数据库使用 SQL Server 2012。本系统现包含"借书还书"和"读者管理"两大功能模块。其中,"借书还书"包括借阅信息查询和借还书操作;"读者管理"包括读者追加、读者删除、读者修改以及读者查询 4 个子功能。读者可以在本系统的基础上进行相应的扩展,例如增加"图书查询"、"图书管理"等相关的模块。在学习这部分内容前,首先需要掌握一定的 PHP 和 HTML 基础知识。

P1.1 开发环境的搭建

SQL Server 2012 数据库的安装和配置不再重复,这里只介绍如何搭建 PHP 操作 SQL Server 2012 数据库的开发环境。

1. 操作系统准备

若读者使用的操作系统是 Windows 7,由于 PHP 环境需要使用系统 80 端口,而 Windows 7 的 80 端口默认是被 PID 为 4 的系统进程占用的,为了扫除障碍,必须预先对操作系统进行一些设置,具体操作如下:

打开 Windows 7 注册表(方法:依次单击 Windows"开始"→"所有程序"→"附件"→"命令提示符",输入 regedit 并回车,调出注册表编辑器),找到 HKEY_LOCAL_MACHINE\SYSTEM\CurrentControlSet\Services\HTTP,找到一个 DWORD 项 Start,将其值改为 0,如图 P1.1 所示。

然后,将 Start 项所在的 HTTP 文件夹 SYSTEM 的权限设置为拒绝,具体操作见图 P1.2。

经过上述设置,Windows 7 系统进程对 80 端口的占用被彻底解除,下面就可以非常顺利地安装 Apache 服务器和 PHP 了。

2. 安装 Apache 服务器

Apache 是开源软件,用户可以在其官网 http://httpd.apache.org/download.cgi 免费下载。本书选用 openssl 安装版,下载得到的安装包的文件名为 httpd-2.2.25-win32-x86-openssl-0.9.8y,双击启动安装向导,如图 P1.3 所示。单击 Next 按钮进入如图 P1.4 所示的软件协议对话框,选择同意安装协议,单击 Next 按钮。

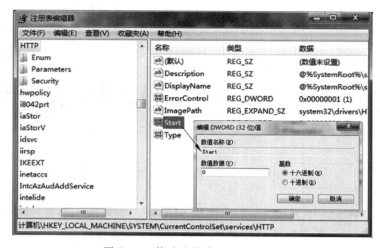

图 P1.1　修改注册表 Start 项的值

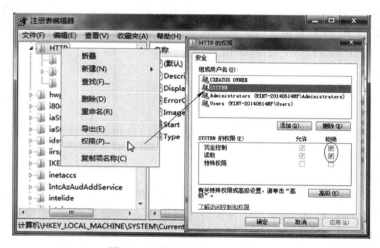

图 P1.2　设置 SYSTEM 的权限

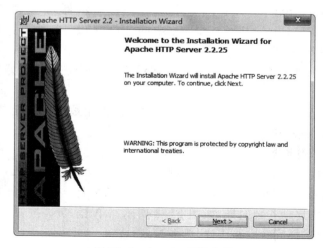

图 P1.3　Apache 安装向导

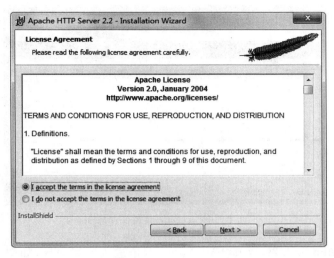

图 P1.4　软件协议对话框

在服务器信息页设置如图 P1.5 所示,安装过程的其余步骤都取默认设置,跟着向导一步一步安装即可。Apache 安装成功后,在任务栏右下角会出现一个 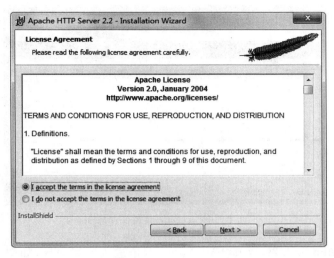图标,图标内的三角形为绿色时表示服务正在运行,为红色时表示服务停止。双击该图标会弹出 Apache 服务管理界面,如图 P1.6 所示。

图 P1.5　服务器信息设置

单击 Start、Stop 和 Restart 按钮分别表示开始、停止和重启 Apache 服务。

Apache 安装完成后,可以测试看能否运行。在 IE 地址栏输入 http://localhost 或 http://127.0.0.1 并回车,如果测试成功会出现显示有 It works!的页面。

3. 安装 PHP 插件

Apache 安装完成后,还需要为其安装 PHP 插件。PHP 官网有时只提供源代码或压缩包,若想获得可在 Windows 下直接安装的 installer 包,最好访问 Windows 版 PHP 下载网站 http://windows.php.net/download/,目前支持的最高版本为 PHP 5.3.29。下载得到

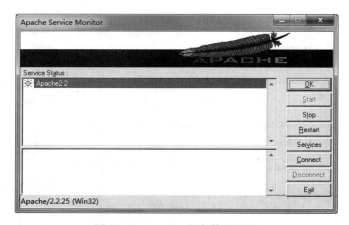

图 P1.6　Apache 服务管理界面

的安装文件名为 php-5.3.29-Win32-VC9-x86,双击进入安装向导,如图 P1.7 所示。单击 Next 按钮进入如图 P1.8 所示的安装协议对话框,选择同意安装协议。

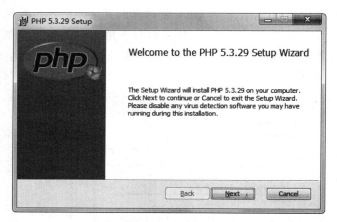

图 P1.7　PHP 安装向导

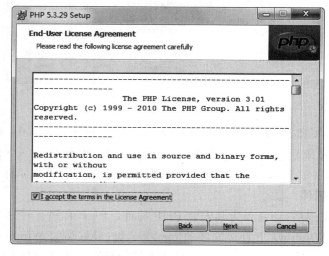

图 P1.8　PHP 安装协议

按照安装向导的指引继续操作,直至进入服务器选择对话框,如图 P1.9 所示,选择 Apache 2.2.x Module 选项。

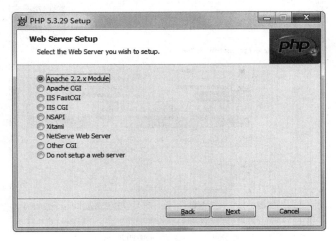

图 P1.9   PHP 服务器选择

单击 Next 按钮,进入服务器配置目录对话框,此处要把 Apache 安装路径的 conf 文件夹的路径填写到对话框的文本框中。单击🔼按钮,找到 conf 文件夹,如图 P1.10 所示,单击 OK 按钮确定修改。

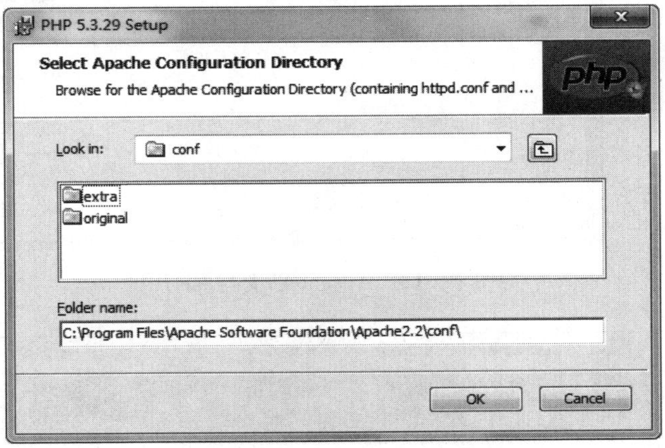

图 P1.10   定位 Apache 配置路径

修改配置目录后单击 Next 按钮进入安装选项对话框,建议初学者安装所有的组件,如图 P1.11 所示,单击树状结构中 ✖▾ 右边的箭头,在展开菜单中选择 Entire feature will be installed on local hard drive 即可。

安装完后重启 Apache 服务管理器,其下方的状态栏会显示 Apache/2.2.25(Win32) PHP/5.3.29,如图 P1.12 所示(注意与图 P1.6 比较),这说明 PHP 已经安装成功了。

4. 安装 Eclipse PDT

Eclipse 需要 JRE 的支持,而 JRE 包含在 JDK 中,故安装 JDK 即可。本书安装的版本是 JDK 8 Update 20,安装的可执行文件为 jdk-8u20-windows-i586,双击启动安装向导,如图 P1.13 所示。

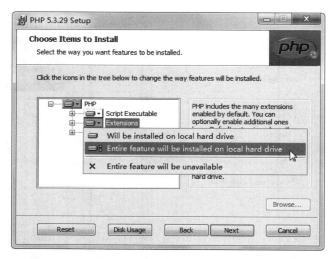

图 P1.11　安装全部功能组件

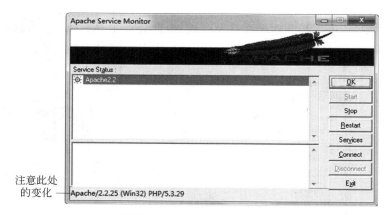

注意此处
的变化

图 P1.12　Apache 已支持 PHP

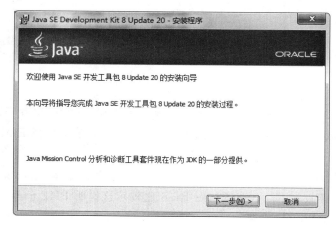

图 P1.13　安装 JDK

按照安装向导的步骤操作，安装完成后 JRE 安装到目录 C:\Program Files\Java\jre1. 8.0_20 下。

Eclipse PDT 下载地址为 http://www.zend.com/en/company/community/pdt/ downloads/。本书选择 Zend Eclipse PDT 3.2.0（Windows 平台），即 Eclipse 和 PDT 插件的打包版，将下载的文件解压到 D:\eclipse 文件夹，双击其中的 zend-eclipse-php 文件即可运行 Eclipse。

Eclipse 启动画面如图 P1.14 所示。软件启动后会自动进行配置，并提示选择工作空间，如图 P1.15 所示，单击 Browse 按钮可修改 Eclipse 的工作空间。

图 P1.14　Eclipse 启动画面

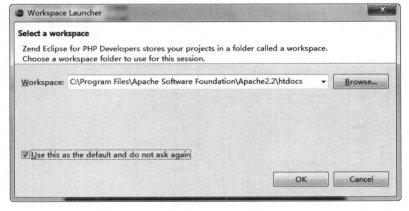

图 P1.15　Eclipse 工作空间选择

本书开发软件使用的路径为 C:\Program Files\Apache Software Foundation\ Apache2.2\htdocs。单击 OK 按钮，进入 Eclipse 的主界面，如图 P1.16 所示。

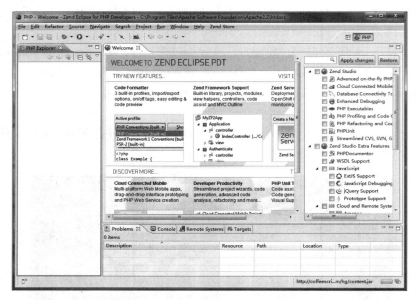

图 P1.16 Eclipse 主界面

P1.2 创建 PHP 项目

1. 新建项目

（1）启动 Eclipse，选择主菜单 File→New→Local PHP Project 项，如图 P1.17 所示。

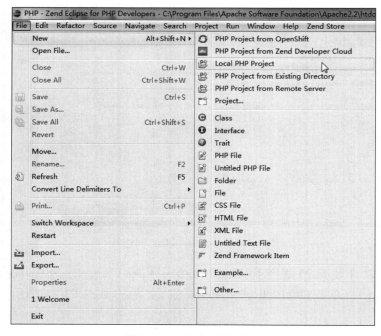

图 P1.17 新建 PHP 项目

（2）在弹出项目信息对话框的 Project Name 栏中输入项目名 bookManage，如图 P1.18 所示，所用 PHP 版本选 php5.3（与本书安装的版本一致）。

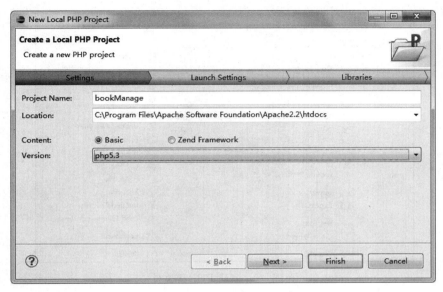

图 P1.18　项目信息对话框

（3）单击 Next 按钮，进入如图 P1.19 所示的项目路径信息对话框，系统默认项目位于本机 localhost，基准路径为/bookManage/，于是项目启动运行的 URL 是 http://localhost/bookManage/，本例就采用这个默认的路径地址。

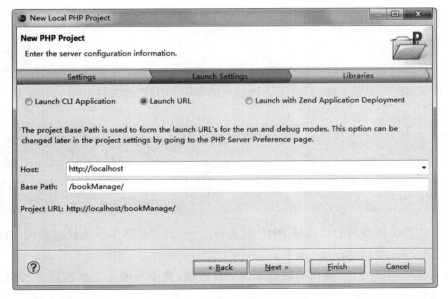

图 P1.19　项目路径信息对话框

（4）完成后单击 Finish 按钮即可，Eclipse 会在 Apache 安装目录的 htdocs 文件夹下自动创建一个名为 bookManage 的文件夹，并创建项目设置和缓存文件。

（5）项目创建完成后，工作界面 PHP Explorer 区域会出现一个 bookManage 项目树，右击，选择 New→PHP File，如图 P1.20 所示，就可以创建.php 源文件。

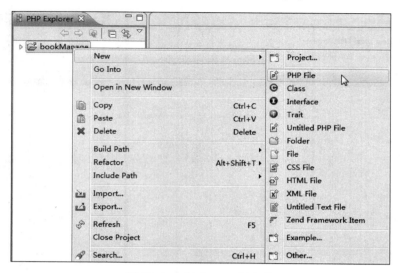

图 P1.20　新建 PHP 源文件

2. 运行项目

创建新项目的时候，Eclipse 默认已经在项目树下建立一个 index.php 文件供用户编写 PHP 代码，当然用户也可以自己创建源文件。这里先使用现成的 index.php 进行测试，打开该文件，在其中输入 PHP 代码：

```
<?php
    phpinfo();
?>
```

接下来修改 PHP 的配置文件，打开 C:\Program Files\PHP 的文件 php.ini，在其中找到如下一段内容：

```
short_open_tag=Off
;Allow ASP-style<%%>tags.
;http://php.net/asp-tags
asp_tags=Off
```

将其中的 Off 都改为 On，以使 PHP 能支持<?? >和<％％>的标记方式。确认修改后，保存配置文件，重启 Apache 服务。

单击工具栏 ▶ ▾ 按钮，弹出对话框单击 OK 按钮，在中央的主工作区就显示出 PHP 版本信息页，如图 P1.21 中的"运行方法①"。也可以单击 ▶ ▾ 按钮右边的下箭头，从菜单中选择 Run As 下的 PHP Web Application，运行程序，见图 P1.21 中的"运行方法②"。

除了使用 Eclipse 在 IDE 中运行 PHP 程序，还可以直接从浏览器运行。打开 IE 浏览器，输入 http://localhost/bookManage/index.php 并回车，浏览器中也显示出 PHP 版本信息页,如图 P1.22 所示。

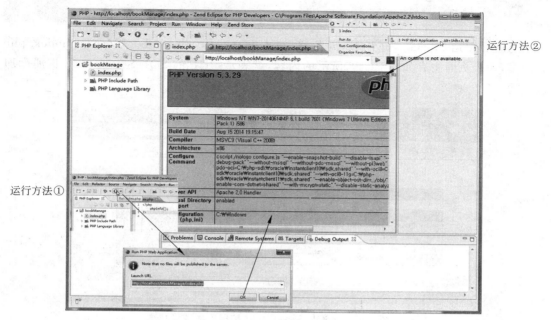

图 P1.21　Eclipse 运行 PHP 程序

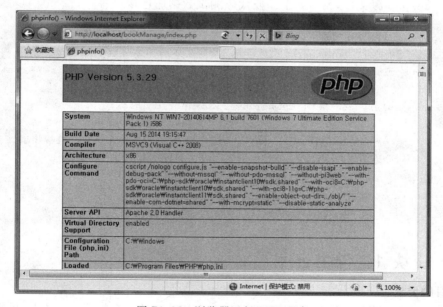

图 P1.22　浏览器运行 PHP 程序

3. 连接 SQL Server 2012

从 Microsoft 公司官网下载 PHP 的 SQL Server 2012 扩展库 SQLSRV30.EXE,安装并解压后,将其中的 php_pdo_sqlsrv_53_ts.dll 和 php_sqlsrv_53_ts.dll 复制到 C:\Program Files\PHP\ext 下,再在配置文件 php.ini 末尾添加:

```
extension=php_pdo_sqlsrv_53_ts.dll
extension=php_sqlsrv_53_ts.dll
```

完成后重启 Apache，打开 IE 浏览器，输入 http://localhost/bookManage/index.php 并回车，如果页面中有如图 P1.23 所示的内容，就表示 PHP 的 SQL Server 2012 扩展库加载成功。

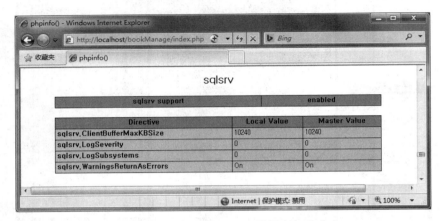

图 P1.23　SQL Server 2012 扩展库加载成功

新建 fun.php 源文件，编写如下一段代码测试数据库连接：

```php
<?php
    $serverName="localhost";                           //服务器名
    $connectionInfo=array("Database"=>"MBOOK","ConnectionPooling"=>false);
                                                       //连接参数信息
    $conn=sqlsrv_connect($serverName,$connectionInfo);
                                                       //连接服务器
    if($conn==false){                                  //返回 false 表示连接出错
        echo "连接失败!";
        die(print_r(sqlsrv_errors(),true));            //输出错误信息
    }
?>
```

P1.3　模块 1：借书还书

1. 目的要求

实现"借书还书"页面的布局、查询借阅记录和完成借书、还书功能。其中，借书功能调用存储过程，还书则利用触发器。

2. 程序界面

程序界面如图 P1.24 所示。

3. 实现功能

单击页面顶部导航菜单中的"借书还书"选项链接，显示如图 P1.24 所示的"借书还书"

图 P1.24　"借书还书"界面

界面,此时分页列表显示出系统全部已有的借阅记录。

(1) 在列表上方文本框中输入借书证号,单击"查询"按钮,从数据库 MBOOK 中查找该借书证号所对应读者的借阅记录。

(2) 在界面左部"内容选择"框"图书信息"表单中输入要借的书的 ISBN 和索书号,单击"借书"按钮执行存储过程 book_borrow,实现图书的借阅。

(3) 在"图书信息"表单中输入索书号,单击"还书"按钮,用触发器 tlend_delete 实现图书的归还。

4. 实现过程

(1) 在项目 bookManage 下创建一个 images 文件夹,将本项目要使用的图片资源复制到该文件夹下。

(2) 创建 top.html 文件,用于设计网页中主界面头部导航的功能选项链接。

(3) 创建 book_serv_main.php 文件。在文件中新建一个"图书信息"表单 frm1,包括 ISBN 和"索书号"两个文本框,用于输入要借还的图书信息;新建表单 frm2,包括一个"借书证号"文本框和一个"查询"按钮。

(4) 创建 show_book_info.php 文件。以 GET 方式接收 book_serv_main.php 文件中表单 frm2 传来的借书证号值。从视图 rbl 中查找出该借书证号的读者对应所借图书的索书号、ISBN、书名、出版社、价格以及借书时间信息。

(5) 创建 lend_book.php 文件。用于接收使用 SESSION 从 show_book_info.php 页面传来的借书证号值,以 POST 方式接收 book_serv_main.php 页面传来的 ISBN 和索书号值。调用存储过程 book_borrow 实现借书功能,用 SQL 语句(DELETE)和触发器 tlend_delete 实现还书功能。

5. 主要代码

1) top.html 文件

top.html 文件实现页面头部主菜单的布局和超链接到各个页面的功能。在后面的"读者管理"主页面 read_serv_main.php 中也要包含此文件。

代码如下：

```
<html>
<head>
<title>图书管理系统</title>
<meta http-equiv="Content-Type" content="text/html; charset=gb2312">
</head>
<body bgcolor="#FFFFFF" leftmargin="0" topmargin="0" marginwidth="0"
marginheight="0">
<!--Save for Web Slices(图书管理系统.jpg)-->
<table id="__01" width="824" height="112" border="0" cellpadding="0"
cellspacing="0" align="center">
    <tr>
        <td rowspan="2">
            <img src="images/师教网络服务平台.gif" width="268" height="112" alt="">
            </td>
        <td colspan="7">
            <img src="images/图书管理系统.gif" width="556" height="77" alt=""></td>
    </tr>
    <tr>
        <td>
            <img src="images/图书查询.gif" width="79" height="35" alt=""></td>
        <td>
            <img src="images/借书查询.gif" width="75" height="35" alt=""></td>
        <td><a href='book_serv_main.php'>       <!--超链接到"借书还书"页面-->
            <img src="images/借书还书.gif" width="74" height="35" border="0" alt=
            ""></a></td>
        <td><a href='reader_serv_main.php'>      <!--超链接到"读者管理"页面-->
            <img src="images/读者管理.gif" width="74" height="35" border="0" alt=
            ""></a></td>
        <td>
            <img src="images/图书管理.gif" width="72" height="35" alt=""></td>
        <td>
            <img src="images/关于.gif" width="71" height="35" alt=""></td>
        <td>
            <img src="images/背景.gif" width="111" height="35" alt=""></td>
    </tr>
</table>
<!--End Save for Web Slices -->
</body>
</html>
```

2）book_serv_main.php 文件

book_serv_main.php 文件生成"借书还书"界面的整体布局。其中包含了显示头部菜单的 top.html 文件和显示读者借阅信息的 show_book_info.php 页面(将在后面介绍)。

代码如下:

```php
<?php
    session_start();                        //启动 SESSION
    @include "top.html";                    //包含 top.html 页面
?>
<html>
<head>
    <title>图书管理系统</title>
    <style>.font1{font-size:13px;}</style>
</head>
<body>
    <table bgcolor="#71CABF" align="center">
        <tr>
            <td>
                <form name="frm1" method="post" action="lend_book.php">
                    <table border="1" width="180" cellspacing=1 class="font1">
                        <tr bgcolor="#E9EDF5"><td>内容选择</td></tr>
                        <tr>
                            <td align="left" valign="top" height="400">
                                <table align="center" class="font1">
                                    <tr><td align="center"><br>图书信息<br></td>
                                    </tr>
                                    <tr><td>I S B N <input
                                    name="ISBN" type="text" size="16"></td></tr>
                                    <tr><td>索 书 号<input name=
                                    "BookID" type="text" size="16"></td></tr>
                                    <tr><td align="center"><input name="btn
                                    " type="submit" value="借书"></td></tr>
                                    <tr><td align="center"><input name="btn
                                    " type="submit" value="还书"></td></tr>
                                </table>
                            </td>
                        </tr>
                    </table>
                </form>
            </td>
            <td>
                <form name="frm2" method="get" action="book_serv_main.php">
                    <table border="1" width="617" class="font1">
                        <tr bgcolor="#E9EDF5">
                            <td>
                                借书证号<input name="ReaderNum" id="ReaderNum"
                                type="text" size="15"><input type="submit" value=
                                "查询">
```

```
                </td>
              </tr>
              <tr>
                <td height="386" valign="top"><br>
<?php
    @include "show_book_info.php";            //包含 show_book_info.php 页面
?>
                </td>
              </tr>
              <tr></tr>
            </table>
          </form>
        </td>
      </tr>
      <tr>
        <td colspan="2" align="center" class="font1">
            南京师范大学:南京市宁海路 122 号   邮编:210097<br>
            师教教育研究中心版权所有 2010-2015
        </td>
      </tr>
    </table>
</body>
</html>
```

3) show_book_info. php 文件

show_book_info. php 文件以表格形式显示借书证号、索书号、ISBN、书名、出版社、价格以及借书时间等借阅记录的信息,该页面获取 book_serv_main. php 页面传来的借书证号信息,并显示相应读者的借阅记录。在不输入借书证号的情况下,默认显示系统中所有的借阅记录;输入借书证号查询后,显示该读者所对应的借阅记录;没有借阅记录时,显示"无记录";当输入的借书证号不存在时,提示并显示"无记录"。

代码如下:

```
<?php
    require "fun.php";
    if($_SESSION['number']&&(!@$_GET['ReaderNum']))
        $ReaderNum=$_SESSION['number'];       //获取 SESSION 中保存的借书证号
    else
        $ReaderNum=@$_GET['ReaderNum'];
                                    //以 GET 方式从 book_serv_main.php 获取借书证号
    if(!$ReaderNum)
        $sql="SELECT * FROM rbl";              //借书证号为空时显示所有借阅记录
    else{
        $_SESSION['number']=$ReaderNum;        //将该读者的借书证号保存在 SESSION 中
        //查询该读者所对应的借阅记录
```

```php
    $sql="SELECT * FROM rbl WHERE ReaderID='$ReaderNum'";
    //查询是否存在此借书证号的读者
    $T_sql="SELECT ReaderID FROM TReader WHERE ReaderID='$ReaderNum'";
    $T_result=sqlsrv_query($conn,$T_sql);
    $T_row=sqlsrv_fetch_array($T_result);
    if(!$T_row)                          //借书证号不存在时提示
        echo "<script>alert('借书证号不存在!');location.href='book_serv_
        main.php';</script>";
}
//这里要求显式指明使用键集游标,因为系统默认的前进游标返回的是 false,无法获得记录总数
$result=sqlsrv_query($conn,$sql,array(),array("Scrollable"=>SQLSRV_
CURSOR_KEYSET));
    $total=sqlsrv_num_rows($result);         //获取借阅记录的总数
    $page=isset($_GET['page'])?intval($_GET['page']):1;
                                         //获取地址栏中 page 的值,不存在则设为 1
    $num=7;                              //每页显示 7 条记录
    $url='book_serv_main.php';
    $pagenum=ceil($total/$num);          //页码计算,获得总页数(也是最后一页)
    $page=min($pagenum,$page);           //获得首页
    $prepg=$page-1;                      //获得上一页
    $nextpg=($page==$pagenum?0:$page+1); //获得下一页
    $offset=($page-1) * $num;            //获取本页记录数的起始值
//生成从第($offset+1)个记录开始的$num个记录的 SQL 语句
$new_sql="SELECT TOP $num ReaderID, BookID, ISBN, BookName, Publisher, Price,
CONVERT(char(20),LTime,20) AS LTime FROM ($sql) AS Result WHERE BookID NOT IN
(SELECT TOP $offset BookID FROM ($sql)AS WW)ORDER BY BookID";
$new_result=sqlsrv_query($conn,$new_sql);
//输出表格
echo "<table width=605 border=1 align=center cellpadding=0 cellspacing=0
class=font1>";
echo "<tr bgcolor=#E9EDF5><th>借书证号</th>";
echo "<th>索书号</th><th>ISBN</th><th>书名</th>";
echo "<th>出版社</th><th>价格</th><th>借书时间</th></tr>";
if($new_row=sqlsrv_fetch_array($new_result)){ //查询结果不为空时输出显示结果
    do{
        list($ReadID,$BookID,$ISBN,$BookName,$Publisher,$Price,$LTime)=
        $new_row;
        echo "<td>$ReadID</td><td>$BookID</td><td>$ISBN</td>";
        echo "<td>$BookName</td><td>$Publisher</td><td>$Price</td>";
        $timeTemp=strtotime($LTime);    //将借书时间解析为 UNIX 时间戳
        $time=date("Y-n-j",$timeTemp);
                                        //用 date 函数将时间戳转换为"年-月-日"的形式
        echo "<td>$time</td>";          //输出借书时间
        echo "</tr>";
```

```
        }while($new_row=sqlsrv_fetch_array($new_result));
        echo "</table>";
        //开始分页导航条代码
        $pagenav="";
        if($prepg)
            $pagenav.="<a href='$url?page=$prepg&ReaderNum=$ReaderNum'>上一页
            </a>";
        for($i=1; $i<=$pagenum; $i++){
            if($page==$i)
                $pagenav.=$i." ";
            else
                $pagenav.="<a href='$url?page=$i&ReaderNum=$ReaderNum'>$i</a>";
        }
        if($nextpg)
            $pagenav.="<a href='$url?page=$nextpg&ReaderNum=$ReaderNum'>下一
            页</a>";
        $pagenav.="共 (".$pagenum.")页";
        echo "<br><div align=right><b>".$pagenav."</b></div>";   //输出分页导航
    }else{
        echo "</table>";
        echo "<center>无记录!</center>";                        //查询结果为空时显示
    }
?>
```

说明：在用户输入借书证号查询借阅记录时，使用 SESSION 保存借书证号值，并在 lend_book.php 文件中取出该值，用于实现借书功能。

4) lend_book.php 文件

lend_book.php 文件完成的是借还书功能：通过执行存储过程 book_borrow 来完成借书，将借书证号、ISBN 和索书号作为存储过程的输入参数，存储过程执行完成后获取其输出参数 out_str 和返回值 con，并利用它们向用户反馈借书操作的结果；通过执行 SQL 语句 (DELETE)和触发器 tlend_delete 来完成图书的归还。

代码如下：

```
<?php
    require "fun.php";
    include "book_serv_main.php";
    $number=$_SESSION['number'];       //接收 show_book_info.php 页面传来的借书证号值
    $ISBN=$_POST['ISBN'];              //以 POST 方式获取页面上输入的 ISBN 值
    $BookID=$_POST['BookID'];          //以 POST 方式获取页面上输入的索书号
    if(@$_POST["btn"]=='借书'){        //单击"借书"按钮
        $sql="DECLARE @con int        //调用执行存储过程的语句
                DECLARE @out_str char(30)
                EXEC @con=book_borrow '$number', '$ISBN', '$BookID', @out_
                str OUTPUT
```

```
                    SELECT @con as con, @out_str as out_str";
            $result=sqlsrv_query($conn,$sql);          //执行存储过程
            $row=sqlsrv_fetch_array($result);
            if($row['con']=='0')                       //返回值 0 表示借书操作失败
                echo "<script>alert('".$row['out_str']."');location.href='book_
                serv_main.php';</script>";
            else                                       //返回值 1 表示借书操作成功
                echo "<script>alert('借书成功!');location.href='book_serv_main.php
                ';</script>";
        }
        if(@$_POST["btn"]=='还书'){                    //单击"还书"按钮
            //DELETE 语句删除对应索书号的借阅记录
            $sql="DELETE FROM TLend WHERE BookID='$BookID'";
            //查询是否存在此索书号的借阅记录
            $T_sql="SELECT BookID FROM TLend WHERE BookID='$BookID'";
            $T_result=sqlsrv_query($conn,$T_sql);
            $T_row=sqlsrv_fetch_array($T_result);
            if(!$T_row)                                //索书号不存在时提示
                echo "<script>alert('借书记录不存在!');location.href='book_serv_
                main.php';</script>";
            else{                                      //索书号存在则执行还书操作
                $result=sqlsrv_query($conn,$sql);
                if(sqlsrv_rows_affected($result)>0)    //判断操作结果
                    echo "<script>alert('还书成功!');location.href='book_serv_main.
                    php';</script>";
                else
                    echo "<script>alert('操作失败!');location.href='book_serv_main.
                    php';</script>";
            }
        }
    }
?>
```

P1.4   模块 2：读者管理

1. 目的要求

掌握对 SQL Server 2012 数据库进行 INSERT、DELETE、UPDATE 和 SELECT 操作的方法。

2. 程序界面

程序界面如图 P1.25 所示。

3. 实现功能

通过输入借书证号后,单击"读者查询"按钮,查询出该读者的基本信息(显示在界面右部框架的"读者信息"表单里);修改表单中信息后,单击"读者修改"按钮,可以修改该读者的信息,单击"读者删除"按钮则删除该读者的记录;在"读者信息"表单中填入新读者的各项信

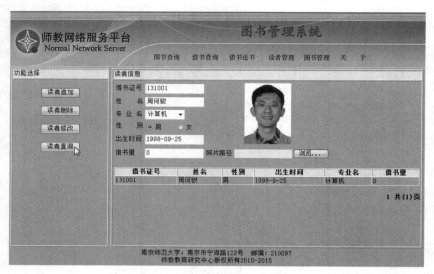

图 P1.25 "读者管理"界面

息后,单击"读者追加"按钮,可以向数据库中添加新的读者记录。每次操作后都将在页面下方的表格中显示相应的读者记录。

4. 实现过程

(1) 创建 reader_serv_main. php 文件。该页面包含了 top. html 文件,用来显示页面头部的主菜单部分。文件中新建了一个表单 frm3,表单中包含"功能选择"和"读者信息"两个表格。"功能选择"表格包含了"读者追加"、"读者删除"、"读者修改"和"读者查询"4 个提交按钮;"读者信息"表格包含了借书证号、姓名、专业名、性别、出生时间、借书量、照片等信息和用来显示读者信息的文件 show_reader_info. php,如图 P1.25 所示。

(2) 创建 manage_reader. php 文件。以 POST 方式接收 reader_serv_main. php 页面提交的表单 frm3 的数据,对读者信息进行增加、删除、修改和查询等各种操作,同时将借书证号保存在 SESSION 中。

(3) 创建 show_reader_info. php 文件。它接收使用 SESSION 从 manage_reader. php 页面传来的借书证号值,查找对应的读者信息,以分页列表显示。

(4) 创建显示相片页面 show_picture. php。以 GET 方式从 reader_serv_main. php 页面上 img 控件的 src 属性中获取借书证号值,查询读者表并输出照片。

5. 主要代码

1) reader_serv_main. php 页面

实现功能:实现"读者管理"页面布局,页面效果如图 P1.25 所示。在"借书证号"栏中输入读者的借书证号后单击"读者查询"按钮,可以将数据提交到 manage_reader. php 页面,并将该读者的信息显示在页面的表单中。显示照片时调用 showpicture. php 文件。

reader_serv_main. php 文件的代码如下:

```php
<?php
    session_start();                          //启动 SESSION
    @include "top.html";                      //包含 top.html 页面
```

```
?>
<html>
<head>
    <title>图书管理系统</title>
    <style>.font1 {font-size: 13px;}</style>
</head>
<body>
    <?php
        $row=$_SESSION['row'];
        $ReadNum=$row['ReaderID'];
    ?>
    <form name="frm3" method="post" action="manage_reader.php" enctype=
    "multipart/form-data" style="margin: 0">
        <table bgcolor="#71CABF" align="center">
            <tr>
                <td>
                    <table border="1" width="194" cellspacing=1 class="font1">
                        <tr bgcolor="#E9EDF5"><td>功能选择</td></tr>
                        <tr>
                            <td align="center" valign="top" height="400"><br>
                            <input name="btn" type="submit" value="读者追加">
                            <br><br>
                            <input name="btn" type="submit" value="读者删除">
                            <br><br>
                            <input name="btn" type="submit" value="读者修改">
                            <br><br>
                            <input name="btn" type="submit" value="读者查询">
                            <br><br>
                            </td>
                        </tr>
                    </table>
                </td>
                <td>
                    <table border="1" width="617" class="font1">
                        <tr bgcolor="#E9EDF5"><td>读者信息</td></tr>
                        <tr>
                            <td height="397" valign="top">
                                <table class="font1">
                                    <tr>
                                        <td>借书证号</td>
                                        <td>
                                            <input name="ReaderNum" type="text"
                                            size="15" value="<?php echo @$row
                                            ['ReaderID'];?>">
```

```
                           <!--隐藏文本框用来保存当前查询的借书证号值-->
                                        <input name =" ReaderNum _ h " type =
                                        "hidden" size="15" value="<?php echo
                                        @$row['ReaderID'];?>">
                                        </td>
                                        <td rowspan="5" colspan=
                                        "2" align="center">
    <!--使用 img 控件调用 showpicture.php 页面用于显示照片,readerid 用于保存当前借书证
    号值,time()函数用于产生一个时间戳,防止服务器读取缓存中的内容-->
                                        <?php
                                            if(@$row['Photo'])
                                                echo "< img src= 'show_picture.
                                                php? readerid=$ReadNum&time=".
                                                time()."'>";
                                            else
                                                echo "< div class=STYLE1>暂无照
                                                片</div>";
                                        ?>
                                        </td>
                                </tr>
                                <tr>
                                    <td>姓     名</td>
                                    <td>
                                        <input name="StuName" type="text" size=
                                        "15" value="<?php echo @$row['Name'];?>">
                                    </td>
                                </tr>
                                <tr>
                                    <td>专 业 名</td>
                                    <td>
                                        <select name="Spec">
                                <?php
                                    if($row['Spec'])
                                        echo "<option>".@$row['Spec'].
                                        "</option>";
                                    else
                                        echo "<option>请选择</option>";
                                    require "fun.php";
                                    //查找所有的专业名
                                    $spec _ sql =" SELECT DISTINCT Spec FROM
                                    TReader";
                                    $spec_result=sqlsrv_query($conn,$spec_sql);
                                //输出专业名到下拉框中
                                while($spec _ row = sqlsrv_fetch_array($spec_
                                result)){
```

```php
            $special=$spec_row['Spec'];
            if($special!=$row['Spec'])
            echo "<option value=$special>$special
            </option>";
            }
        ?>
            </select>
        </td>
    </tr>
    <tr>
        <td>性     别</td>
        <?php
            if(@$row['Sex']===0){
        ?>
        <td>
            <input type="radio" name="Sex" value=
            "1">男    
            <input type="radio" name="Sex" value=
            "0" checked="checked">女
        </td>
        <?php
            }else{
        ?>
        <td>
            <input type="radio" name="Sex" value=
            "1" checked =" checked " > 男  
              
            <input type="radio" name="Sex" value=
            "0">女
        </td>
        <?php
            }
        ?>
    </tr>
    <tr>
        <td>出生时间</td>
        <td>
            <input name =" Birthday" type =" text"
            size=" 15" value ="<?php echo @$row
            ['Born'];?>">
        </td>
    </tr>
    <tr>
        <td>借书量</td>
        <td>
```

```
                                        <input name="Number" type="text" size=
                                        "15" value="<?php echo @$row['Num'];
                                        ?>" readonly>
                                    </td>
                                    <td>照片路径</td>
                                    <td>
                                        <input name="FileName" type="file"
                                        size="15">
                                    </td>
                                </tr>
                            </table><br>
                            <?php include "show_reader_info.php";?>
                        </td>
                    </tr>
                </table>
            </td>
        </tr>
        <tr>
            <td colspan="2" align="center" class="font1">
                南京师范大学:南京市宁海路 122 号   邮编:210097<br>
                师教教育研究中心版权所有 2010-2015
            </td>
        </tr>
    </table>
</form>
</body>
</html>
```

说明：代码中"读者信息"表格内输入框中将 value 属性值设为查询到的结果值，即可显示读者的相应信息。在用户输入借书证号操作以后，使用 SESSION 保存借书证号值，并在 show_reader_info.php 页面中获取该值，用于显示该读者信息。

2）manage_reader.php 页面

该页面接收 reader_serv_main.php 页面表单提交的数据，对数据库中的读者记录进行各种操作，其代码的主体结构如下：

```php
<?php
    require "fun.php";
    include "reader_serv_main.php";
    $ReaderNum=@$_POST['ReaderNum'];          //获取借书证号
    $Read_h=@$_POST["ReaderNum_h"];           //隐藏表单中的借书证号
    $StuName=@$_POST['StuName'];              //姓名
    $Spec=@$_POST['Spec'];                    //专业名
    $Sex=@$_POST['Sex'];                      //性别
    $Birthday=@$_POST['Birthday'];            //出生时间
```

```
$tmp_file=@$_FILES["FileName"]["tmp_name"];
                                      //文件被上传后在服务端储存的临时文件
$handle=@fopen($tmp_file,'rb');       //打开文件
$Picture=base64_encode(fread($handle,filesize($tmp_file)));
                                      //读取上传的照片变量并编码
//使用正则表达式简单验证日期的格式
$checkbirthday=@preg_match('/^\d{4}-(0?\d|1?[012])-(0?\d|[12]\d|3[01])$/
',$Birthday);
//查找借书证号、借书量信息
$s_sql="SELECT ReaderID, Num FROM TReader WHERE ReaderID='$ReaderNum'";
$s_result=sqlsrv_query($conn,$s_sql);
$s_row=sqlsrv_fetch_array($s_result);
/* 以下为验证函数的代码 */
...
/* 以下为各"读者管理"操作按钮的代码 */
//"读者追加"功能代码
...
//"读者删除"功能代码
...
//"读者修改"功能代码
...
//"读者查询"功能代码
...
?>
```

　　由于本页面代码量比较多,为了便于读者阅读,下面将验证函数、读者追加、读者删除、读者修改和读者查询等部分代码分别单独列出。

　　(1) 验证函数

　　验证函数 test 用来验证在添加和修改读者信息时表单数据的正确性。本系统允许照片为空,但照片不为空时,对照片的"格式"、"大小"也做了一些规定。验证函数的所有代码都在 manage_reader.php 文件中编写。

　　代码如下:

```
function test($ReaderNum, $StuName, $Spec, $checkbirthday, $tmp_file){
    if(!$ReaderNum){                   //没有输入借书证号时提示
        echo "<script>alert('请输入借书证号!');location.href='reader_serv_main.
        php'</script>";
        exit;
    }else if(!$StuName){               //没有输入姓名时提示
        echo "<script>alert('请输入姓名!');location.href='reader_serv_main.
        php';</script>";
        exit;
    }else if($Spec=="请选择"){          //没有选择专业时提示
```

```
        echo "<script>alert('请选择专业!');location.href='reader_serv_main.
        php';</script>";
        exit;
      }else if(!$checkbirthday){                        //判断日期是否符合格式要求
        echo "<script>alert('日期格式错误!');location.href='reader_serv_main.
        php';</script>";
        exit;
      }else{
        if($tmp_file){                                   //如果上传了照片
          $type=@$_FILES['FileName']['type'];            //上传文件的格式
          $Psize=@$_FILES['FileName']['size'];           //图片的大小
          //判断图片格式
          if((($type !="image/gif")&&($type !="image/jpeg")&&($type !="image/
          pjpeg")&&($type !="image/bmp"))){
            echo "<script>alert('照片格式不对!');location.href='reader_serv_
            main.php';</script>";
            exit;
          }else if($Psize>100000){                       //照片大于 100 KB 时不允许上传
echo "<script>alert('照片尺寸太大,无法上传!');location.href='reader_serv_
main.php';</script>";
            exit;
          }
        }
      }
}
```

(2) "读者追加"功能

输入读者信息后,单击"读者追加"按钮可以将新建的读者记录添加到数据库,并将添加后的记录回显在页面上。

代码如下:

```
if(@$_POST["btn"]=='读者追加'){                          //单击"读者追加"按钮
    test($ReaderNum,$StuName,$Spec,$checkbirthday,$tmp_file);
                                                        //验证表单数据
    if($s_row)                                          //要添加的借书证号已经存在时提示
      echo "<script>alert('借书证号已存在,请重新输入!');location.href='reader_
      serv_main.php';</script>";
    else{
      if(!$tmp_file){                                   //没有上传照片的情况
        $insert_sql="INSERT INTO TReader VALUES ('$ReaderNum','$StuName',
        $Sex,'$Birthday','$Spec',0,NULL)";
      }else{                                            //有照片上传的情况
        $insert_sql="INSERT INTO TReader VALUES ('$ReaderNum','$StuName',
        $Sex,'$Birthday','$Spec',0,CONVERT(varbinary(MAX),'$Picture'))";
```

```
        }
        $insert_result=sqlsrv_query($conn,$insert_sql);      //执行追加操作
        if(sqlsrv_rows_affected($insert_result)>0){          //操作成功
            @$_SESSION['ReadNum']=0;
            echo "<script>alert('添加成功!');location.href='reader_serv_main.
php';</script>";
        }else                                                //操作失败
            echo "<script>alert('添加失败,请检查输入信息!');location.href=
            'reader_serv_main.php';</script>";
    }
}
```

说明：在添加记录时，如果上传了照片，则需要使用 CONVERT 函数将照片变量 $Picture 转化为二进制流格式再插入数据库。

（3）"读者删除"功能

输入借书证号后，单击"读者删除"按钮可以删除读者信息，代码如下：

```
if(@$_POST["btn"]=='读者删除'){                              //单击"读者删除"按钮
    if($ReaderNum==NULL)                                    //没有输入借书证号时提示
    echo "<script>alert('请输入要删除的借书证号!');location.href='reader_
    serv_main.php';</script>";
    else{                                                   //输入了借书证号
        if(!$s_row)                                         //借书证号不存在时提示
echo "<script>alert('借书证号不存在,无法删除!');location.href='reader_serv_
main.php';</script>";
        else{                                               //处理借书证号存在的情况
            if($s_row['Num']!=0)                            //借书证号有借书记录时提示
                echo "<script>alert('该读者有借书记录,不能删除!');location.href=
                'reader_serv_main.php';</script>";
            else{                                           //执行删除操作
                $del_sql="DELETE FROM TReader WHERE ReaderID='$ReaderNum'";
                $del_result=sqlsrv_query($conn,$del_sql);
                if(sqlsrv_rows_affected($del_result)>0){    //判断操作是否成功
                    @$_SESSION['ReadNum']=0;
                    echo "<script>alert('删除借书证号".$ReaderNum."成功!');
                    location.href='reader_serv_main.php';</script>";
                }
            }
        }
    }
}
```

（4）"读者修改"功能

当用户输入借书证号查询到读者信息时，修改了读者的信息后，单击"读者修改"按钮，

可以对读者信息进行修改。若用户修改了原来的借书证号值，则不允许此修改操作。"读者修改"功能的代码如下：

```
if(@$_POST["btn"]=='读者修改'){                    //单击"读者修改"按钮
    test($ReaderNum,$StuName,$Spec,$checkbirthday,$tmp_file);
                                                    //验证表单的正确性
    if($Read_h!=$ReaderNum&&!$s_row){              //如果读者修改了原借书证号
        $_SESSION['ReadNum']=$Read_h;              //将原借书证号值使用 SESSION 保存
        echo "<script>alert('借书证号不可修改!');location.href='reader_serv_
        main.php';</script>";
    }else{                                          //修改操作
        $_SESSION['ReadNum']=$ReaderNum;           //将用户输入的借书证号用 SESSION 保存
        test($ReaderNum,$StuName,$Spec,$Birthday,$tmp_file);
        if(!$tmp_file)                              //若没有上传文件则不修改照片列
            $update_sql="UPDATE TReader SET Name='$StuName', Sex=$Sex, Born=
            '$Birthday', Spec='$Spec' WHERE ReaderID='$ReaderNum'";
        else                                        //若上传了文件则要修改照片列
            $update_sql="UPDATE TReader SET Name='$StuName', Sex=$Sex, Born=
            '$Birthday', Spec='$Spec', Photo=CONVERT(varbinary(MAX),'$Picture
            ')WHERE ReaderID='$ReaderNum'";
        $update_result=sqlsrv_query($conn,$update_sql);  //执行修改操作
        if(sqlsrv_rows_affected($update_result)>0)        //判断操作是否成功
            echo "<script>alert('修改成功!');location.href='reader_serv_main.
            php';</script>";
        else
            echo "<script>alert('修改失败,请检查输入信息!');location.href=
            'reader_serv_main.php';</script>";
    }
}
```

（5）"读者查询"功能

当用户输入借书证号，单击"读者查询"按钮，可以查出对应该借书证号的读者信息，该读者的信息会同时显示在"读者信息"表单及其下方的表格中，该功能的代码如下：

```
if(@$_POST["btn"]=='读者查询'){                    //单击"读者查询"按钮
    if(!$ReaderNum)                                 //判断借书证号是否输入
        echo "<script>alert('请输入借书证号!');location.href='reader_serv_main.
        php';</script>";
    else{                                           //查询操作
        $_SESSION['ReadNum']=$ReaderNum;           //将借书证号值传给其他页面
        $sql="SELECT ReaderID, Name, Sex, CONVERT(char(20),Born,20)AS Born, Spec,
        Num, Photo FROM TReader WHERE ReaderID='$ReaderNum'";
                                                    //查找借书证号对应的读者信息
        $result=sqlsrv_query($conn,$sql);          //执行查询操作
```

```php
        $row=sqlsrv_fetch_array($result);    //返回结果集
        if(!$row)                            //结果集为空
            echo "<script>alert('没有该读者的信息!');location.href='reader_serv_
            main.php';</script>";
            //判断借书证号是否存在
        else{
            $_SESSION['row']=$row;
            echo "<script>location.href='reader_serv_main.php';</script>";
        }
    }
}
```

3）show_reader_info.php 页面

以表格的形式将读者信息输出。该页面获取 manage_reader.php 页面，使用 SESSION 保存的借书证号值，并显示相应的读者信息。在不输入借书证号的情况下，默认分页显示所有读者的信息；输入借书证号，并查询后显示所对应的读者信息；当读者信息不存在时，提示并显示无记录。

代码如下：

```php
<?php
    require "fun.php";
    @session_start();
    $ReadNum=@$_SESSION['ReadNum'];          //从 SESSION 获取借书证号
    if(!$ReadNum)                            //若借书证号为空则查询所有读者记录
        $sql="SELECT ReaderID, Name, Sex, Born, Spec, Num FROM TReader";
    else                                     //若借书证号不为空则查询相应的读者信息
        $sql=" SELECT ReaderID, Name, Sex, Born, Spec, Num FROM TReader WHERE
        ReaderID='$ReadNum'";
    $result=sqlsrv_query($conn,$sql,array(),array("Scrollable"=>SQLSRV_
CURSOR_KEYSET));
    $total=sqlsrv_num_rows($result);
    $page=isset($_GET['page'])?intval($_GET['page']):1;
                                             //获取地址栏中 page 的值,不存在则设为 1
    $num=7;                                  //每页显示 7 条记录
    $url='reader_serv_main.php';
    $pagenum=ceil($total/$num);              //页码计算,获得总页数(也是最后一页)
    $page=min($pagenum,$page);               //获得首页
    $prepg=$page-1;                          //获得上一页
    $nextpg=($page==$pagenum?0:$page+1);     //获得下一页
    $offset=($page-1) * $num;                //获取本页记录数的起始值
    //生成从第($offset+1)个记录开始的$num个记录的 SQL 语句
    $new_sql="SELECT TOP $num ReaderID, Name, Sex, CONVERT(char(20),Born,20) AS
    Born, Spec, Num FROM($sql)AS Result1 WHERE ReaderID NOT IN(SELECT TOP $offset
    ReaderID FROM($sql)AS Result2)ORDER BY ReaderID";
```

```
@$new_result=sqlsrv_query($conn,$new_sql);
echo "<table width=605 border=1 align=center cellpadding=0 cellspacing=
0 class=font1>";
echo "<tr bgcolor=#E9EDF5><th>借书证号</th>";
echo "<th>姓名</th><th>性别</th>";
echo "<th>出生时间</th><th>专业名</th>";
echo "<th>借书量</th></tr>";
if(@$new_row=sqlsrv_fetch_array($new_result)){
                                    //查询结果不为空时输出显示结果
    do{
        list($ReaderID,$Name,$Sex,$Born,$Spec,$Num)=$new_row;
        echo "<td>$ReaderID</td>";
        echo "<td>$Name</td>";
        if($Sex==1)
            echo "<td>男</td>";
        else
            echo "<td>女</td>";
        $timeTemp=strtotime($Born);    //将出生时间解析为 UNIX 时间戳
        $time=date("Y-n-j",$timeTemp);
                               //用 date 函数将时间戳转换为"年-月-日"的形式
        echo "<td>$time</td>";          //输出出生时间
        echo "<td>$Spec</td>";
        echo "<td>$Num</td>";
        echo "</tr>";
    }while($new_row=sqlsrv_fetch_array($new_result));
    echo "</table>";
    //开始分页导航条代码
    $pagenav="";
    if($prepg)
        $pagenav.="<a href='$url?page=$prepg'>上一页</a>";
    for($i=1; $i<=$pagenum; $i++){
        if($page==$i)
            $pagenav.=$i." ";
        else
            $pagenav.="<a href='$url?page=$i'>$i</a>";
    }
    if($nextpg)
        $pagenav.="<a href='$url?page=$nextpg'>下一页</a>";
    $pagenav.="共(".$pagenum.")页";
    //输出分页导航
    echo "<br><div align=right><b>".$pagenav."</b></div>";
}else{
    echo "</table>";
    echo "<center>无记录!</center>";
}
?>
```

4）show_picture. php 页面

showpicture. php 文件通过接收借书证号值，查找到读者的照片信息并显示。

代码如下：

```php
<?php
    header('Content-type: image/jpg');          //输出 HTTP 头信息
    require "fun.php";
    //以 GET 方法从 reader_serv_main.php 页面下 img 控件的 src 属性中获取借书证号值
    $ReadNumber=$_GET['readerid'];
    //根据借书证号查找照片
    $sql="SELECT Photo FROM TReader WHERE ReaderID='$ReadNumber'";
    $result=sqlsrv_query($conn,$sql);           //执行查询
    $row=sqlsrv_fetch_array($result);
    $image=base64_decode($row['Photo']);        //使用 base64_decode()函数解码
    echo $image;                                 //输出图片
?>
```

说明：本程序插入图片的操作，先通过 PHP 的 base64_encode 函数，将图片文件编码后，存入 SQL Server 数据库；在显示图片时，在 showpicture. php 文件中，使用 base64_decode 函数，将数据解码后显示。如果不是图片数据且不是通过 base64_encode 函数编码而保存的，在显示时就不需要使用 base64_decode 函数解码。

至此，本系统预定设计的两个功能模块已经全部开发完成，读者可以根据需要对其他的功能自行扩展。

Java EE/SQL Server 2012 图书管理系统

本实习基于 Java EE(Struts2)实现图书管理系统,Web 服务器使用 Tomcat 8. x,访问后台数据库 SQL Server 2012。系统同样包含"借书还书"和"读者管理"两大功能模块,读者可以在本系统的基础上进行相应的扩展,增加其他模块。在学习这部分内容前首先需要掌握一定的 Java EE 开发的基础知识。

P2.1 开发环境的搭建

SQL Server 2012 数据库的安装和配置不再重复,这里只介绍如何搭建 Java EE 操作 SQL Server 2012 数据库的开发环境。

1. 安装 JDK 8

在实习 1 中已经安装过 JDK,这里设置环境变量以便后面使用。下面是具体设置方法。

(1) 打开"环境变量"对话框。右击桌面"计算机"图标,选择"属性",在弹出的控制面板主页中单击"高级系统设置"链接项,在弹出的"系统属性"对话框里单击"环境变量"按钮,弹出"环境变量"对话框,操作如图 P2.1 所示。

(2) 新建系统变量 JAVA_HOME。在"系统变量"列表下单击"新建"按钮弹出"新建系统变量"对话框。在"变量名"栏中输入 JAVA_HOME,"变量值"栏输入 JDK 安装路径 C:\Program Files\Java\jdk1.8.0_20,如图 P2.2(a)所示,单击"确定"按钮。

(3) 设置系统变量 Path。在"系统变量"列表中找到名为 Path 的变量,单击"编辑"按钮,在"变量值"字符串中加入路径:%JAVA_HOME%\bin;,如图 P2.2(b)所示,单击"确定"按钮。

选择任务栏"开始"下的"运行",输入 cmd 并回车,在命令行输入 java-version,如果环境变量设置成功就会出现 Java 的版本信息,如图 P2.3 所示。

2. 安装 Tomcat 8

本书采用最新的 Tomcat 8. x 作为承载 Java EE 应用的服务器,可在其官网 http://tomcat. apache. org/下载,图 P2.4 所示为 Tomcat 的下载发布页。

图中 Core 下的 Windows Service Installer(手形鼠标所指)是一个安装版软件,下载获得执行文件 apache-tomcat-8.0.14. exe,双击启动安装向导,如图 P2.5 所示。安装过程均取默认选项,不再详细说明。

图 P2.1　打开"环境变量"对话框

(a) 新建JAVA_HOME变量　　　　(b) 编辑Path变量

图 P2.2　设置环境变量

图 P2.3　JDK 8 安装成功

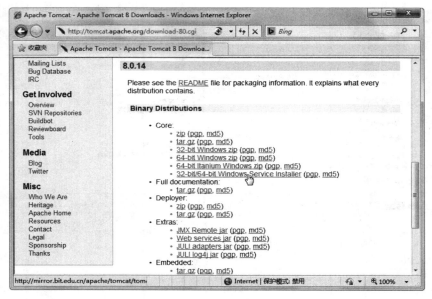

图 P2.4　Apache 官网上的 Tomcat 发布页

图 P2.5　Tomcat 8 安装向导

安装完成后 Tomcat 会自行启动,打开浏览器输入 http://localhost:8080 并回车测试,若呈现如图 P2.6 所示的页面,就表明安装成功。

3. 安装 MyEclipse 2014

MyEclipse 企业级工作平台 MyEclipse Enterprise Workbench,简称 MyEclipse,它是一个功能强大的 Java EE 集成开发环境(IDE)。目前,MyEclipse 在国内也有官网 http://www.myeclipseide.cn/index.html,提供中文 Windows 版 MyEclipse 的注册破解,极大地方便了广大 Java EE 初学者。本书使用最新版的 MyEclipse 2014,从官网下载安装包执行文件 myeclipse-pro-2014-GA-offline-installer-windows.exe,双击启动安装向导,如图 P2.7 所示。

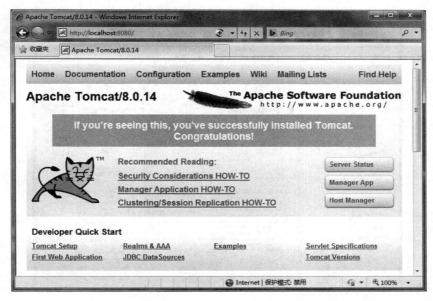

图 P2.6　Tomcat 8 安装成功

图 P2.7　MyEclipse 2014 安装向导

按照向导的指引往下操作,安装过程从略。安装完再从官网免费下载所提供的《Myeclipse2014 激活教程》,请读者自己学习,注册完就可以使用 MyEclipse 了。

4. 配置 MyEclipse 2014 所用的 JRE

在 MyEclipse 2014 中内嵌了 Java 编译器,但为了使用安装的最新 JDK,还需要手动配置。启动 MyEclipse 2014,选择主菜单 Window 下的 Preferences,出现如图 P2.8 所示的窗口。

展开选择左边项目树中 Java,并选择 Installed JREs 项,单击右边的 Add 按钮,添加自

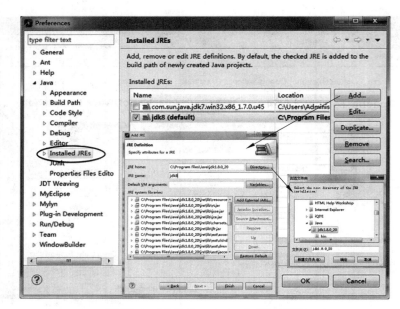

图 P2.8　MyEclipse 2014 的 JRE 配置

已安装的 JDK 并命名为 jdk8。

5. 集成 MyEclipse 2014 与 Tomcat 8

启动 MyEclipse 2014，选择主菜单 Window 下的 Preferences，展开单击左边项目树中 MyEclipse→Servers→Tomcat→Tomcat 8. x 项，在右面激活 Tomcat 8. x，设置 Tomcat 的安装路径，如图 P2.9 所示。

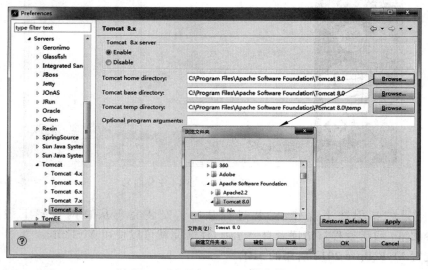

图 P2.9　MyEclipse 2014 服务器配置

进一步展开项目树，选择 Tomcat 8. x 中的 JDK 项，将其设置为前面刚设置的名为 jdk8 的 Installed JRE（从下拉列表中选择），如图 P2.10 所示。

在 MyEclipse 2014 工具栏上单击 Run/Stop/Restart MyEclipse Servers 复合按钮

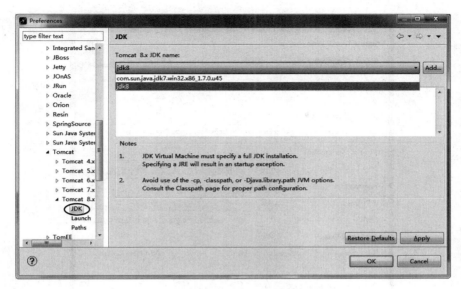

图 P2.10　配置 Tomcat 所使用的 JDK

右边的下箭头,选择 Tomcat 8. x 下的 Start,主界面下方控制台区就会输出 Tomcat 的启动
信息,如图 P2.11 所示,说明服务器已经开启了。

图 P2.11　由 MyEclipse 2014 来启动 Tomcat 8

　　打开浏览器,输入 http://localhost:8080 并回车,如果配置成功,将出现与图 P2.6 一
样的 Tomcat 8 首页,表示 MyEclipse 2014 已经与 Tomcat 8 紧密集成了。
　　至此,一个以 MyEclipse 2014 为核心的 Java EE 应用开发平台搭建成功。

P2.2　创建 Struts2 项目

1. 新建 Java EE 项目

　　启动 MyEclipse 2014,选择主菜单 File→New→Web Project,出现如图 P2.12 所示对
话框,填写 Project Name 栏(项目名)为 bookManage,在 Java EE version 下拉列表选
JavaEE 7-Web 3.1,其余保持默认。
　　单击 Next 继续,在 Web Module 页勾选 Generate web. xml deployment descriptor 选
项(自动生成项目的 web. xml 配置文件);在 Configure Project Libraries 页勾选 Java EE 7.0
Generic Library 选项,同时取消选择 JSTL 1.2.2 Library,如图 P2.13 所示。
　　设置完成,单击 Finish 按钮,MyEclipse 就会自动生成一个 Java EE 项目。

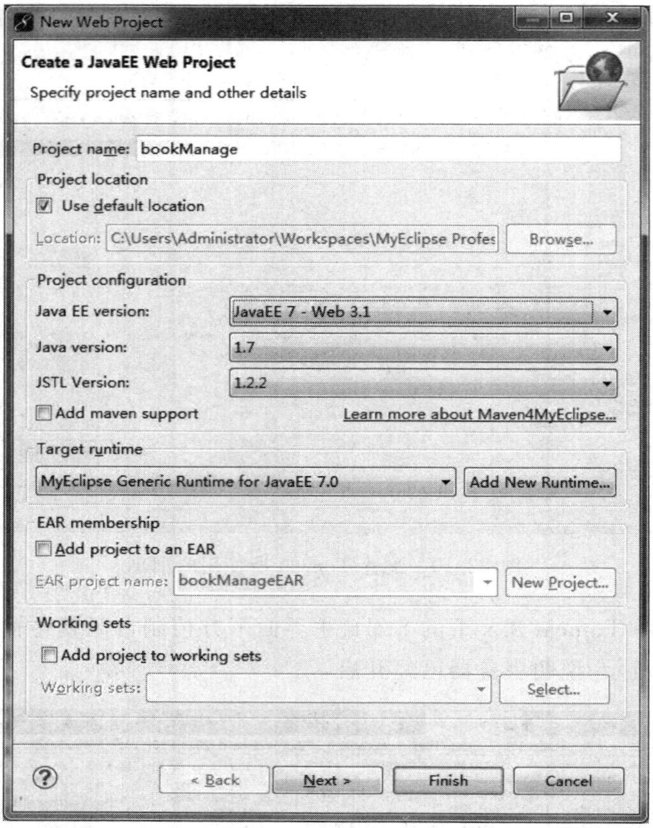

图 P2.12　创建 Java EE 项目

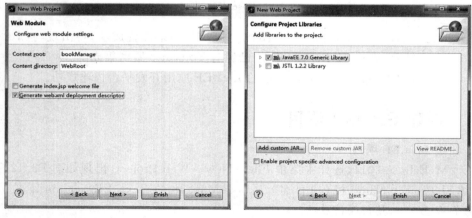

图 P2.13　项目设置

2. 加载 Struts2 包

　　登录 http://struts.apache.org/,下载 Struts2 完整版,本书使用的是 Struts2.3.16.3。将下载的文件 struts-2.3.16.3-all.zip 解压缩,得到文件夹包含的目录结构如图 P2.14 所示,这是一个典型的 Web 结构。

apps：包含基于 Struts2 的示例应用，对学习者来说是
非常有用的资料。

docs：包含 Struts2 的相关文档，如 Struts2 的快速入
门、Struts2 的 API 文档等内容。

图 P2.14　Struts2.3.16.3 目录

lib：包含 Struts2 框架的核心类库，以及 Struts2 的第三
方插件类库。

src：包含 Struts2 框架的全部源代码。

大部分时候，使用 Struts2 的 Java EE 应用并不需要用到 Struts2 的全部特性，开发
Struts2 程序只需用到 lib 下的 9 个 jar 包，包括：

（1）传统 Struts2 的 5 个基本类库。

```
struts2-core-2.3.16.3.jar
xwork-core-2.3.16.3.jar
ognl-3.0.6.jar
commons-logging-1.1.3.jar
freemarker-2.3.19.jar
```

（2）附加的 4 个库。

```
commons-io-2.2.jar
commons-lang3-3.1.jar
javassist-3.11.0.GA.jar
commons-fileupload-1.3.1.jar
```

将它们一起复制到项目的\WebRoot\WEB-INF\lib 路径下，右击项目名，从弹出的菜
单中选择 Refresh 刷新即可。

然后，在 WebRoot/WEB-INF 目录下配置 web.xml 文件，代码如下：

```xml
<?xml version="1.0" encoding="UTF-8"?>
<web-app xmlns:xsi="http://www.w3.org/2001/XMLSchema-instance" xmlns=
"http://xmlns.jcp.org/xml/ns/javaee" xsi:schemaLocation="http://xmlns.jcp.
org/xml/ns/javaee http://xmlns.jcp.org/xml/ns/javaee/web-app_3_1.xsd" id=
"WebApp_ID" version="3.1">
<filter>
<filter-name>struts2</filter-name>
<!--配置 Struts2 框架的核心 Filter-->
<filter-class>org.apache.struts2.dispatcher.ng.filter.
StrutsPrepareAndExecuteFilter</filter-class>
<init-param>
    <param-name>actionPackages</param-name>
    <param-value>com.mycompany.myapp.actions</param-value>
</init-param>
</filter>
```

```
<filter-mapping>
  <filter-name>struts2</filter-name>
  <url-pattern>/*</url-pattern>
</filter-mapping>
<display-name>bookManage</display-name>
<welcome-file-list>
  <welcome-file>head.jsp</welcome-file>
</welcome-file-list>
</web-app>
```

3. 连接 SQL Server 2012

选择主菜单 Window → Open Perspective → MyEclipse Database Explorer,打开 MyEclipse2014 的 DB Browser("数据库浏览器"模式),右击,选择菜单项 New,出现如 图 P2.15 所示的窗口,在其中编辑数据库连接驱动。

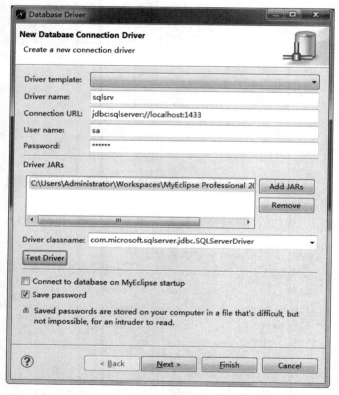

图 P2.15   配置 SQL Server 2012 驱动

完成后,在 DB Browser 中右击打开连接 sqlsrv,若能看到 MBOOK 数据库中的表,就说明 MyEclipse 2014 已成功地与 SQL Server 2012 相连了。

接着编写用于连接 SQL Server 2012 的 Java 类,在项目 src 下建立 org.jdbc 包,在该包下创建 DBConn.java,代码如下:

```
package org.jdbc;
import java.sql.*;
public class DBConn {
    private Connection conn=null;                    //Connection 对象(连接)
    public DBConn(){
        this.conn=this.getConnection();              //获取数据库连接
    }
    public Connection getConnection(){               //获取连接类
        try {
            /**加载并注册 SQL Server 2012 的 JDBC 驱动 */
            Class.forName("com.microsoft.sqlserver.jdbc.SQLServerDriver");
            /**编写连接字符串,创建并获取连接 */
            conn=DriverManager.getConnection("jdbc:sqlserver://localhost:1433;
            databaseName=MBOOK","sa","123456");
        } catch(Exception e){
            e.printStackTrace();
        }
        return conn;
    }
    public Connection getConn(){return conn;}    //返回一个 Connection
}
```

为了能用 Java 面向对象方式操作数据库,要预先创建"读者"、"图书"和"借阅"的值对象,它们位于 src 下 org.vo 包中。

Reader.java 构建"读者"的值对象,代码如下:

```
package org.vo;
import java.util.Date;
public class Reader implements java.io.Serializable {
    private String readerID;                         //借书证号
    private String name;                             //姓名
    private byte sex;                                //性别
    private Date born;                               //出生时间
    private String spec;                             //专业
    private int num;                                 //借书量
    private byte[] photo;                            //照片,字节数组
    //上面各属性的 get()和 set()方法
    public String getReaderID(){                     //获取借书证号的值
        return this.readerID;
    }
    public void setReaderID(String readerID){    //给借书证号赋值
        this.readerID=readerID;
    }
    ...
}
```

说明：Reader.java 文件中只列出变量 readerID 的 get()和 set()方法，其余变量的 get()和 set()方法与其类似，更详细的代码请参考本书附带的源代码。

Book.java 构建"图书"的值对象，代码如下：

```java
package org.vo;
public class Book {
    private String isbn;                //ISBN
    private String bookName;            //书名
    private String author;              //作者
    private String publisher;           //出版社
    private float price;                //价格
    private int cnum;                   //复本量
    private int snum;                   //库存量
    private String summary;             //内容提要
    private byte[] photo;               //封面照片

    //上面各属性的 get()和 set()方法
    ...
}
```

Lend.java 构建"借阅"的值对象，代码如下：

```java
package org.vo;
import java.util.*;
public class Lend {
    private String bookID;              //索书号
    private String readerID;            //借书证号
    private String isbn;                //ISBN
    private Date ltime;                 //借书时间
    private String bookName;            //书名
    private String publisher;           //出版社
    private float price;                //价格

    //上面各属性的 get()和 set()方法
    ...
}
```

说明：Book.java 和 Lend.java 文件中的 get()和 set()方法与 Reader.java 中的书写格式一样，请读者参考本书附带的源代码，这里省略不列出。

P2.3 模块 1：借书还书

1. 创建 JSP 页面

在 WebRoot 目录下建立下面两个 JSP 文件：head.jsp 文件用于布局窗体的头部；lendBook.jsp 页面用于实现借阅信息查询和借还书的功能。这两个页面需要使用图片资源，在项目 WebRoot 目录下创建一个 images 文件夹，将事先准备好的图片复制到该文件夹中,右击 Refresh 刷新项目。

1) head.jsp 代码

head.jsp 的代码如下:

```
<%@ page language="java" pageEncoding="utf-8"%>
<html>
<head>
<title>图书管理系统</title>
</head>
<body bgcolor="#FFFFFF" leftmargin="0" topmargin="0" marginwidth="0"
marginheight="0">
<!--Save for Web Slices(图书管理系统.jpg)-->
<table id="__01" width="824" height="112" border="0" cellpadding="0"
cellspacing="0" align="center">
    <tr>
        <td rowspan="2">
            <img src="images/师教网络服务平台.gif" width="268" height="112" alt="">
            </td>
        <td colspan="7">
            <img src="images/图书管理系统.gif" width="556" height="77" alt=""></td>
    </tr>
    <tr>
        <td>
            <img src="images/图书查询.gif" width="79" height="35" alt=""></td>
        <td>
            <img src="images/借书查询.gif" width="75" height="35" alt=""></td>
        <!--单击触发操作,style="cursor:hand"表示当鼠标移动到该图片时图标变成手状,
        下同-->
        <td>
            <img src="images/借书还书.gif" width="74" height="35" alt="" onclick=
            "location.href='lendBook.jsp'" style="cursor:hand"></td>
        <td>
            <img src="images/读者管理.gif" width="74" height="35" alt="" onclick=
            "location.href='browseReader.jsp'" style="cursor:hand"></td>
        <td>
            <img src="images/图书管理.gif" width="72" height="35" alt=""></td>
        <td>
            <img src="images/关于.gif" width="71" height="35" alt=""></td>
        <td>
            <img src="images/背景.gif" width="111" height="35" alt=""></td>
    </tr>
</table>
<!--End Save for Web Slices-->
</body>
</html>
```

系统主页头部运行效果，如图 P2.16 所示。

图 P2.16 "图书管理系统"主页头部

说明：该页面使用了两个超链接图片，单击"借书还书"图片链接到 lendBook.jsp 页，进入"借书还书"功能页面；单击"读者管理"图片链接到 browseReader.jsp（该 JSP 页的代码实现将在后面"P2.4 模块 2：读者管理"部分给出），进入"读者管理"功能页面。

2）lendBook.jsp 代码

lendBook.jsp 代码如下：

```
<%@ page language="java" pageEncoding="utf-8"%>
<%@ taglib uri="/struts-tags" prefix="s"%>
<html>
<head>
    <title>借书还书</title>
    <style>.font1{font-size:13px;}</style>
</head>
<body>
<table bgcolor=#71CABF align="center" class="font1">
    <tr>
        <td colspan="2"><jsp:include page="head.jsp"/></td>
    </tr>
    <tr>
        <s:form theme="simple" action="lend" method="post" validate="true">
        <td>
            <table border="1" width="190" cellspacing=1 class="font1">
                <tr bgcolor="#E9EDF5"><td>内容选择</td></tr>
                <tr>
                    <td align="left" valign="top" height="466">
                        <table align="center" class="font1">
                            <tr><td align="center"><br>图书信息<br></td></tr>
                            <tr><td> I  S  B  N < input name=
                            "lend.isbn" type="text" size="15"></td></tr>
                            <tr><td>索书号  < input name="lend.bookID" type=
                            "text" size="15"></td></tr>
                            <tr><td align="center"><s:submit value="借书" method=
                            "lendBook"/></td></tr>
                            <tr><td align="center"><s:submit value="还书" method=
                            "returnBook"/></td></tr>
                        </table>
                    </td>
```

```
            </tr>
        </table>
</td>
</s:form>
<td>
    <table border="1" width="622" cellspacing="1" class="font1" valign="top">
        <tr bgcolor="#E9EDF5">
            <td>
                <table border="1" width="622" cellspacing="1" class="font1">
                    <tr bgcolor="#E9EDF5">
                        <s:form theme="simple" action="search" method=
                        "post" validate="true">
                        <td>
                            借书证号 < input  type =" text "  name =" lend.
                            readerID"/><input type="submit" value="查询"/>
                        </td>
                        </s:form>
                    </tr>
                </table>
            </td>
        </tr>
        <tr>
            <td height="450" valign="top">
                <table border="1" width="622" cellspacing="1" class="font1">
                    <tr bgcolor="#E9EDF5">
                        <td align="center">借书证号</td>
                        <td align="center">索书号</td>
                        <td align="center">ISBN</td>
                        <td align="center">书名</td>
                        <td align="center">出版社</td>
                        <td align="center">价格</td>
                        <td align="center">借书时间</td>
                    </tr>
                    <s:iterator value="#request.lendList" id="xs1">
                    <tr>
                        <td><s:property value="#xs1.readerID"/></td>
                        <td><s:property value="#xs1.bookID"/></td>
                        <td><s:property value="#xs1.isbn"/></td>
                        <td><s:property value="#xs1.bookName"/></td>
                        <td><s:property value="#xs1.publisher"/></td>
                        <td><s:property value="#xs1.price"/></td>
                        <td><s:property value="#xs1.ltime"/></td>
                    </tr>
                    </s:iterator>
```

```
                              <s:set name="pager" value="#request.pager"/>
                              <s:if test="#pager.hasFirst">
                                  <a href=" lendBookPaging. action? currentPage =
                                  1&lend. readerID = < s: property value =" # request.
                                  readerId"/>">首页</a>
                              </s:if>
                              <s:if test="#pager.hasPrevious">
                                  <a href="lendBookPaging. action? currentPage=< s:
                                  property value =" # pager. currentPage - 1"/> &lend.
                                  readerID=<s:property value="#request.readerId"/>">上
                                  一页</a>
                              </s:if>
                              <s:if test="#pager.hasNext">
                                  <a href="lendBookPaging. action? currentPage=< s:
                                  property value =" # pager. currentPage + 1"/> &lend.
                                  readerID=<s:property value="#request.readerId"/
                                  >">下一页</a>
                              </s:if>
                              <s:if test="#pager.hasLast">
                                  <a href="lendBookPaging. action? currentPage=< s:
                                  property value="#pager.totalPage"/>&lend.readerID
                                  =<s:property value="#request.readerId"/>">尾页</a>
                              </s:if>
                              当前第<s:property value="#pager.currentPage"/>页，总
                              共<s:property value="#pager.totalPage"/>页
                          </table>
                      </td>
                  </tr>
              </table>
          </td>
      </tr>
      <tr>
      <td colspan="2" align="center">
          南京师范大学:南京市宁海路 122 号   邮编:210097<br>
          师教教育研究中心版权所有 2010- 2015
      </td>
      </tr>
</table>
</body>
</html>
```

说明：该页面根据读者的借书证号将读者已借阅的图书查询出来,并根据 ISBN 和索书号借阅图书,用索书号还书。

3) 创建页面类,实现分页查询

读者的图书借阅查询使用了分页技术。在 src 下建立 org.util 包,在该包下建立 Pager.java,用于分页查询,代码如下:

```java
package org.util;
public class Pager {
    private int currentPage;                    //当前页数
    private int pageSize=8;                      //每页显示多少条记录
    private int totalPage;                       //共有多少页
    private int totalSize;                       //总共多少记录
    private boolean hasFirst;                    //是否有首页
    private boolean hasPrevious;                 //是否有前一页
    private boolean hasNext;                     //是否有下一页
    private boolean hasLast;                     //是否有最后一页
    public Pager(int currentPage,int totalSize){
        this.currentPage=currentPage;            //利用构造方法为变量赋值
        this.totalSize=totalSize;
    }
    public int getCurrentPage(){
        return currentPage;
    }
    public void setCurrentPage(int currentPage){
        this.currentPage=currentPage;
    }
    public int getPageSize(){
        return pageSize;
    }
    public void setPageSize(int pageSize){
        this.pageSize=pageSize;
    }
    public int getTotalPage(){
        totalPage=getTotalSize()/getPageSize();       //总共多少页的算法
        if(totalSize%pageSize!=0)
            totalPage++;
        return totalPage;
    }
    public void setTotalPage(int totalPage){
        this.totalPage=totalPage;
    }
    public int getTotalSize(){
        return totalSize;
    }
    public void setTotalSize(int totalSize){
        this.totalSize=totalSize;
```

```
        }
        public boolean isHasFirst(){
            if(currentPage==1)                              //如果当前为第一页就没有首页
                return false;
            else return true;
        }
        public void setHasFirst(boolean hasFirst){
            this.hasFirst=hasFirst;
        }
        public boolean isHasPrevious(){
            if(this.isHasFirst())       //如果有首页就有前一页,因为还有首页表明本页不是第一页
                return true;
            else return false;
        }
        public void setHasPrevious(boolean hasPrevious){
            this.hasPrevious=hasPrevious;
        }
        public boolean isHasNext(){
            if(isHasLast())          //如果有尾页就有下一页,因为还有尾页表明本页不是最后一页
                return true;
            else return false;
        }
        public void setHasNext(boolean hasNext){
            this.hasNext=hasNext;
        }
        public boolean isHasLast(){
            if(currentPage==this.getTotalPage())            //如果不是最后一页就有尾页
                return false;
            else return true;
        }
        public void setHasLast(boolean hasLast){
            this.hasLast=hasLast;
        }
}
```

2. 实现控制器

在 src 下创建 org. action 包,在该包下创建 LendAction. java,源程序如下:

```
package org.action;
import org.jdbc.*;
import org.vo.*;                                  //引入值对象
import org.util.Pager;                            //引入分页类
import java.util.*;
import java.sql.*;
```

```java
import java.io.File;                                    //引入文件类
import java.io.FileInputStream;'                        //引入文件输入流类
import com.opensymphony.xwork2.*;                       //引入 Struts2 的 xwork 库
import org.apache.struts2.ServletActionContext;
import javax.servlet.*;                                 //引入 servlet 库
import javax.servlet.http.*;
public class LendAction extends ActionSupport {
    private Reader reader;
    private Lend lend;
    private String readerID;
    private int currentPage=1;                          //设置当前页是第一页
    private List<Lend>lendList;                          //定义 List 引用
    public Lend getLend(){return lend;}
    public void setLend(Lend lend){this.lend=lend;}
    public int getCurrentPage(){return currentPage;}
    public void setCurrentPage(int currentPage){this.currentPage=currentPage;}
    public Reader getReader(){return reader;}
    public void setReader(Reader reader){this.reader=reader;}
    private List readerList;
    public String lendBookPaging()throws Exception {        /*分页查询所借图书*/
        LendJdbc lendJ=new LendJdbc();
        int totalSize=lendJ.getTotal(lend.getReaderID());   //该读者已借阅图书总数
        Pager pager=new Pager(currentPage, totalSize);  //创建分页类
        int s=pager.getPageSize() * (currentPage-1);        //当前的记录行数
        try {
            lendList=lendJ.showBook(pager.getPageSize(),s,lend.getReaderID());
        } catch(SQLException e){
            e.printStackTrace();
        }
        Map request= (Map)ActionContext.getContext().get("request");
                                                            //创建 Map 对象
        request.put("lendList", lendList);          //将查询的借阅信息放到 Map 容器中
        request.put("pager",pager);
        request.put("readerId", lend.getReaderID());
        Map session= (Map)ActionContext.getContext().getSession();
        session.put("lend.readerID", lend.getReaderID());   //保存读者的借书证号
        return SUCCESS;
    }
    /*借阅图书*/
    public String lendBook()throws Exception{
        Map session= (Map)ActionContext.getContext().getSession();
        String str= (String)session.get("lend.readerID");   //获取读者的借书证号
        LendJdbc lendJ=new LendJdbc();
        /*开始收集数据*/
```

```
            lend.setBookID(lend.getBookID());
            lend.setIsbn(lend.getIsbn());
            lend.setReaderID(str);
            lendJ.addBook(lend);                    //addBook 方法实现借书功能
            return SUCCESS;
        }
        /*归还图书*/
        public String returnBook()throws Exception{
            LendJdbc lendJ=new LendJdbc();
            lendJ.delBook(lend.getBookID());    //delBook 方法实现还书功能
            return SUCCESS;
        }
    }
```

说明：当用户单击页面上不同的按钮（“借书”或“还书”）时，Struts2 框架会根据请求的不同分别执行 Action 中不同的方法（lendBook()或 returnBook()方法），将表单中提交的数据收集起来传给业务逻辑类。

3. 实现业务逻辑

在 org.jdbc 包下创建 LendJdbc 类，该类用于实现“查询借阅信息”、“借书”和“还书”的业务逻辑，并且直接对数据库进行操作。

LendJdbc.java 代码如下：

```
package org.jdbc;
import java.sql.*;
import java.util.*;
import org.vo.*;                               //引入值对象
public class LendJdbc {
    private Connection conn=null;              //连接对象
    private PreparedStatement psmt=null;     //sql 语句对象
    private ResultSet rs=null;                 //结果集
    private String sql1,sql2;
    public LendJdbc(){}
    public Connection getConn(){               //获取连接对象
        try {
            if(this.conn==null||this.conn.isClosed()){
                DBConn mc=new DBConn();
                this.conn=mc.getConn();        //获取数据库连接
            }
        } catch(SQLException e){
            e.printStackTrace();
        }
        return conn;                            //返回连接对象
    }

    /*获取总的记录数*/
```

```
public int getTotal(String readerID)throws SQLException {
    if(readerID.isEmpty()){              //不输入借书证号时默认获取系统全部借阅记录数
        sql1="SELECT COUNT(*)FROM rbl";
    } else {                             //获取该借书证号对应读者的借阅记录数
        sql1="SELECT COUNT(*)FROM rbl WHERE rbl.readerID="+readerID;
    }
    Statement stmt=null;                 //初始化
    ResultSet rs=null;
    int a=0;
    try {
        stmt=this.getConn().createStatement();
        rs=stmt.executeQuery(sql1);  //执行查询
        if(rs.next()){
            a=rs.getInt(1);              //获取记录数
        }
    } catch(Exception e){
        e.toString();
    }
    return a;                            //返回结果
}


/*查询读者的借阅信息*/
public List showBook(int num,int topsize,String readerID)throws SQLException {
    int a=num;                           //每页显示的记录数
    int b=topsize;                       //当前的记录行数
    if(readerID.isEmpty()){              //不输借书证号时默认查询系统全部的借阅记录
        sql2="SELECT TOP("+a+") * FROM rbl WHERE BookID NOT IN(SELECT TOP ("+b+")
        BookID FROM rbl)ORDER BY BookID";
    } else {                             //查询该借书证号所对应读者的借阅记录
        sql2="SELECT TOP("+a+") * FROM rbl WHERE ReaderID="+readerID+" AND
        BookID not in (SELECT TOP ("+b+") BookID FROM rbl WHERE ReaderID=
        "+readerID+")";
    }
    //创建一个ArrayList容器,将从数据库中查询的读者信息存放在容器中
    List lendList=new ArrayList();
    try {
        psmt=this.getConn().prepareStatement(sql2);
        rs=psmt.executeQuery();          //执行查询
        while(rs.next()){
            Lend lend=new Lend();        //每个Lend对象中存放一条借阅记录
            /*开始保存借阅记录各字段的数据*/
            lend.setReaderID(rs.getString("readerID"));
            lend.setBookID(rs.getString("bookID"));
            lend.setIsbn(rs.getString("isbn"));
```

```
            lend.setBookName(rs.getString("bookName"));
            lend.setPublisher(rs.getString("publisher"));
            lend.setPrice(rs.getFloat("price"));
            lend.setLtime(rs.getDate("ltime"));
            lendList.add(lend);                    //添加到容器中
        }
        return lendList;                           //返回记录 List
    } catch(Exception e){
        e.printStackTrace();
    } finally {
        …
    //关闭 Connection、PreparedStatement 和 ResultSet 对象,详见本书附带的源代码
    }
    return lendList;
}


/*添加借阅信息(借书功能实现)*/
public Lend addBook(Lend lend){
    CallableStatement stmt=null;
    try {
        conn=this.getConn();
        stmt=conn.prepareCall("{CALL book_borrow(?,?,?,?)}");
                                                    //为调用存储过程准备
        stmt.setString(1, lend.getReaderID());     //输入存储过程的第 1 个参数
        stmt.setString(2, lend.getIsbn());         //输入存储过程的第 2 个参数
        stmt.setString(3, lend.getBookID());       //输入存储过程的第 3 个参数
        stmt.registerOutParameter(4, Types.CHAR,1); //登记输出参数
        stmt.executeUpdate();                       //调用 book_borrow 存储过程,执行语句
        String str=stmt.getString(4);              //获取输出参数值
        System.out.println(str);                    //在控制台打印输出参数信息
    } catch(Exception e){
        e.printStackTrace();
    } finally {
        …            //关闭 Connection、PreparedStatement 对象,详见本书附带的源代码
    }
    return lend;
}


/*删除借阅信息(还书功能实现)*/
public void delBook(String bookID)throws Exception {
    String sql="DELETE FROM TLend WHERE BookID="+bookID;
                                                    //删除对应索书号的记录
    //查询该索书号的借阅记录是否存在
    String sql2="SELECT COUNT(*)FROM TLend WHERE BookID="+bookID;
    Statement stmt=null;                           //初始化
```

```java
ResultSet rs=null;
int a=0;
stmt=this.getConn().createStatement();      //获取 Statement 对象
rs=stmt.executeQuery(sql2);                 //执行查询语句
if(rs.next()){                              //返回结果集不为空
    a=rs.getInt(1);
}
if(a !=0){                                  //存在该索书号的记录
    try {
        psmt=this.getConn().prepareStatement(sql);
        psmt.execute();                    //执行删除语句
    } catch(Exception e){
        e.printStackTrace();
    } finally {
        …       //关闭 Connection、PreparedStatement 对象,详见本书附带的源代码
    }
} else {
    System.out.println("该索书号不存在!");
}
}
}
```

4. 配置 struts. xml

Struts2 框架的核心配置文件就是 struts. xml,该文件主要负责管理 Struts2 框架的业务控制器 Action。Struts2 框架自动加载该文件。

在 src 目录下创建 struts. xml 文件,并加入下面的代码:

```xml
<?xml version="1.0" encoding="utf-8"?>
<!DOCTYPE struts PUBLIC
    "-//Apache Software Foundation//DTD Struts Configuration 2.0//EN"
    "http://struts.apache.org/dtds/struts-2.0.dtd">
<struts>
    <package name="default" extends="struts-default">
        <!--查询全部的借阅信息-->
        <action name="lendBookPaging" class="org.action.LendAction" method=
"lendBookPaging">
            <result name="success">/lendBook.jsp</result>
            <result name="input">/lendBook.jsp</result>
        </action>
        <!--查询某一个读者的借阅信息-->
        <action name =" search" class =" org. action. LendAction " method =
"lendBookPaging">
            <result name="success">/lendBook.jsp</result>
            <result name="input">/lendBook.jsp</result>
```

```
        </action>
        <!--借书和还书-->
        <action name="lend" class="org.action.LendAction">
            <result name="success">/lendBook.jsp</result>
            <result name="input">/lendBook.jsp</result>
        </action>
    </package>
    <constant name="struts.multipart.saveDir" value="/tmp"></constant>
    <!--设置动态方法调用-->
    <constant name="struts.enable.DynamicMethodInvocation" value="true" />
</struts>
```

说明：当浏览者进行翻页查询时，实际上客户端发出 lendBookPaging. action 请求，调用 lendBookPaging()方法；当客户端发出 search. action 请求时，Struts2 框架根据配置文件调用 org. action. LendAction 类的 lendBookPaging()方法，将该读者已借阅的图书查询出来；当客户端发出 lend. actionURL 请求时，因配置文件中设置常量 struts. enable. DynamicMethodInvocation 值为 true，Struts2 框架就能根据页面上用户所单击按钮的 method 属性，自动地"识别"出应该调用 org. action. LendAction 类中的哪一种方法：当读者单击"借书"按钮时，调用 lendBook()方法借阅图书；；若单击"还书"按钮，则调用 returnBook()方法归还图书。

5. 部署运行

完成了上面的步骤之后，项目可以部署运行了。单击 MyEclipse 2014 工具栏上的"部署"按钮，弹出对话框，如图 P2.17 所示。单击 Add 按钮，加载 Tomcat 8. x 服务器，单击 Finish，再单击 OK 按钮，项目部署完成。

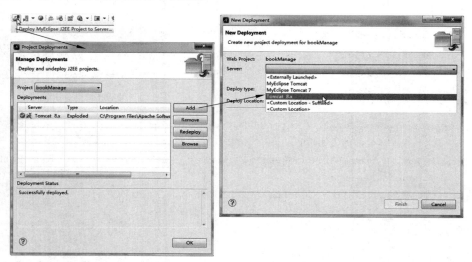

图 P2.17　部署 Struts2 项目

项目部署完成之后就可以运行了。打开浏览器，在地址栏中输入 http://localhost：8080/bookManage/，单击页面头部"借书还书"图片链接，出现如图 P2.18 所示的借还书功能页,在该页右部框架上方的文本框中输入131101,单击"查询"按钮,则借书证号为131101的读者的借阅信息就列表显示出来。

图 P2.18　读者借阅信息查询

　　若该读者还要借阅新书,则在页左部框架"图书信息"表单中输入要借的书的 ISBN 号和"索书号",单击"借书"按钮,程序会调用 book_borrow 存储过程,根据该读者的"借书证号"以及他所输入的 ISBN 和号"索书号"执行 SQL 语句,并于控制台输出返回信息;若要还书,只需输入相应图书借阅记录的"索书号",单击"还书"按钮即可。

P2.4　模块2:读者管理

1. 创建 JSP 页面

1)单击主页头部"读者管理"图片链接到 browseReader.jsp

实现主页头部"读者管理"图片链接 browsReader.jsp 的代码如下:

```
<%@page language="java" pageEncoding="utf-8"%>
<%@taglib prefix="s" uri="/struts-tags" %>
<html>
<head>
    <title>读者管理</title>
</head>
<body>
    <s:action name="browseReaderPaging" executeResult="true"/>
</body>
</html>
```

　　该页用于浏览全部读者信息的列表,其上仅部署了一个名为 browseReaderPaging 的 Action,触发该 Action 将跳转到"读者管理"功能页 readerManage.jsp。

　　2)readerManage.jsp 实现"读者管理"功能的页面

实现"读者管理"功能页面的 readManage.jsp 的代码如下:

```
<%@page language="java" pageEncoding="utf-8"%>
<%@taglib uri="/struts-tags" prefix="s"%>
<html>
<head>
    <title>读者管理</title>
    <style>.font1{font-size:13px;}</style>
    <script type="text/javascript" src="images/calendar.js"></script>
</head>
<body>
<s:set name="xs" value="#request.reader1"/>
<table bgcolor=#71CABF align="center" class="font1">
    <tr>
        <td colspan="2"><jsp:include page="head.jsp"/></td>
    </tr>
    <tr>
        <s:form theme="simple" action="reader" method="post" enctype=
        "multipart/form-data" validate="true">
        <td>
            <table border="1" width="200" cellspacing=1 class="font1">
                <tr bgcolor="#E9EDF5"><td>功能选择</td></tr>
                <tr>
                    <td align="center" valign="top" height="402">
                        <br><br><br>
                        <s:submit value="读者追加" method="addReader"/><br><br>
                        <s:submit value="读者删除" method="deleteReader"/><br><br>
                        <s:submit value="读者修改" method="updateReader"/><br><br>
                        <s:submit value="读者查询" method="selectReader"/>
                    </td>
                </tr>
            </table>
        </td>
        <td>
            <table border="1" width="599" cellspacing="1" class="font1" valign=
            "top">
                <tr bgcolor="#E9EDF5"><td>读者信息</td></tr>
                <tr>
                    <td height="200" valign="top">
                        <table class="font1" border=0>
                            <tr>
                                <td width="100">借书证号</td>
                                <td><input type="text" name="reader.ReaderID"
                                value="<s:property value="#xs.ReaderID"/>"/>
                                </td>
                            </tr>
```

```
<tr>
    <td width="100">姓名</td>
    <td><input type="text" name="reader.name" value=
    "<s:property value="#xs.name"/>"/></td>
    <td></td>
    <td rowspan="4" align="center">
        <img id="image" src="getImage.action?reader.
        ReaderID=<s:property value="#xs.ReaderID"/>"
        width="100" height="120">
    </td>
</tr>
<tr>
    <td width="100">专业名</td>
    <td>
        <input type="text" name="reader.spec" value=
        "<s:property value="#xs.spec"/>"/>
    </td>
</tr>
<tr>
    <td width="100">性别</td>
    <td>
        <s:radio list="#{1:'男',0:'女'}" value="#xs.
        sex" label="性别" name="reader.sex"/>
    </td>
</tr>
<tr>
    <td width="100">出生时间</td>
    <!--调用 JS 写的时间控件,非常方便时间的选择,而且输入
    框设为只读,防止输入错误的格式-->
    <td>
        <input type="text" name="reader.born" onclick=
        "calendar();" readonly="true" value="<s:date name
        ="#xs.born" format="yyyy-MM-dd"/>"/>
    </td>
</tr>
<tr>
    <td width="100">借书量</td>
    <td>
        <input type="text" name="reader.num" readonly=
        "true" value="<s:property     value="#xs.num"/>"/>
    </td>
    <td>照片路径</td>
    <td width="100">
        <s: file name =" zpfile" accept =" image/* "
        onchange="document.all['image'].src= this.
        value;"/>
```

```
                        </td>
                    </tr>
                </table>
            </td>
        </tr>
        <tr>
            <td height="200" valign="top">
                <table border="1" width="599" cellspacing="1" class=
                "font1">
                    <tr bgcolor="#E9EDF5">
                        <td align="center">借书证号</td>
                        <td align="center">姓名</td>
                        <td align="center">专业名</td>
                        <td align="center">性别</td>
                        <td align="center">出生时间</td>
                        <td align="center">借书量</td>
                    </tr>
                    <s:iterator value="#request.readerList" id="xs1">
                    <tr>
                        <td>
                            <a href="selectReader.action?reader.readerID
                            =<s:property value="#xs1.readerID"/>">
                                <s:property value="#xs1.readerID"/>
                            </a>
                        </td>
                        <td><s:property value="#xs1.name"/></td>
                        <td><s:property value="#xs1.spec"/></td>
                        <td>
                            <s:if test="#xs1.sex==1">男</s:if>
                            <s:else>女</s:else>
                        </td>
                        <td><s:date name="#xs1.born" format="yyyy-MM-
                        dd"/></td>
                        <td><s:property value="#xs1.num"/></td>
                    </tr>
                    </s:iterator>
                    <s:set name="pager" value="#request.pager"/>
                    <s:if test="#pager.hasFirst">
                        <a href="browseReaderPaging.action?currentPage=
                        1">首页</a>
                    </s:if>
                    <s:if test="#pager.hasPrevious">
                        <a href="browseReaderPaging.action?currentPage=
                        <s:property value="#pager.currentPage-1"/>">上一
                        页</a>
```

```
            </s:if>
            <s:if test="#pager.hasNext">
                <a href="browseReaderPaging.action?currentPage=
                <s:property value="#pager.currentPage+1"/>">下一
                页</a>
            </s:if>
            <s:if test="#pager.hasLast">
                <a href="browseReaderPaging.action?currentPage=
                <s:property value="#pager.totalPage"/>">尾页</a>
            </s:if>
            当前第<s:property value="#pager.currentPage"/>页,总
            共<s:property value="#pager.totalPage"/>页
        </table>
    </td>
</tr>
</table>
</s:form>
</tr>
<tr>
<td colspan="2" align="center">
    南京师范大学:南京市宁海路 122 号   邮编:210097<br>
    师教教育研究中心版权所有 2010-2015
</td>
</tr>
</table>
</body>
</html>
```

说明：在 readerManage.jsp 页面中需要实现上传照片，因此为表单元素的 enctype 属性设置 enctype="multipart/form-data"，表示提交表单时不再以字符串形式而是以二进制编码的形式提交请求参数；action 属性指定了表单提交的 actionURL，在这个页面中同时实现读者信息的增加、删除、修改和查询功能，因此在 reader.action 中有 4 个方法，分别为 addReader、deleteReader、updateReader 和 selectReader；在显示出生时间时应以 yyyy-MM-dd 的格式，在添加出生时间时，调用一个 JS 写的时间控件，当鼠标单击该文本框时，就会调用该 JS 控件，可灵活地选择时间，该时间控件已放入 images 文件夹下，页面引用该时间控件方式如下：

```
<script type="text/javascript" src="images/calendar.js"></script>
```

其中，<s:file>标签表示文件选择对话框，用于上传文件内容，这里要上传的是照片信息。<%@ taglib uri="/struts-tags" prefix="s"%>表示引用 Struts2 的标签库。

2. 实现控制器

在 org.action 包下创建 ReaderAction.java，代码如下：

```
package org.action;
…//引入所需类库和包,同前面 LendAction.java,此处略
public class ReaderAction extends ActionSupport {
    private Reader reader;
    private int currentPage=1;                          //设置当前页为第一页
    private File zpfile;                                //定义文件类
    public int getCurrentPage(){return currentPage;}    //获取当前页
    public void setCurrentPage(int currentPage){this.currentPage=currentPage;}
                                                        //设置当前页
    public File getZpfile(){return zpfile;}             //获取照片内容
    public void setZpfile(File zpfile){this.zpfile=zpfile;}
                                                        //设置照片内容
    public Reader getReader(){return reader;}
    public void setReader(Reader reader){this.reader=reader;}
    private List readerList;                            //定义 List 引用
    /* 添加读者 */
    public String addReader()throws Exception {
        ReaderJdbc ReaderJ=new ReaderJdbc();
        /* 开始收集表单数据 */
        reader.setReaderID(reader.getReaderID());
        reader.setName(reader.getName());
        reader.setSex(reader.getSex());
        reader.setBorn(reader.getBorn());
        reader.setSpec(reader.getSpec());
        reader.setNum(reader.getNum());
        if(this.getZpfile()!=null){
            //创建文件输入流,用于读取照片内容
            FileInputStream fis=new FileInputStream(this.getZpfile());
            //创建字节类型数组,用于存放照片的二进制数据
            byte[] buffer=new byte[fis.available()];
            fis.read(buffer);                           //将照片内容读入到字节数组中
            reader.setPhoto(buffer);                    //通过 setPhoto()方法赋值到 reader 中
        }
        ReaderJ.addReader(reader);                      //传给业务逻辑类
        return SUCCESS;
    }
    /* 查询所有读者 */
    public String browseReaderPaging()throws Exception {
        ReaderJdbc readerJ=new ReaderJdbc();
        int totalSize=readerJ.getTotal();               //获取总的读者记录数
        Pager pager=new Pager(currentPage, totalSize);  //创建分页类
        int s=pager.getPageSize() * (currentPage-1);    //获取当前的记录号
        Reader reader1=new Reader();
        try {
```

```
            readerList=readerJ.showStudent(pager.getPageSize(), s);
                                                        //传给业务逻辑类
        } catch(SQLException e){
            e.printStackTrace();
        }
        Map request=(Map)ActionContext.getContext().get("request");
                                                        //返回一个 Map 对象
        request.put("readerList", readerList);   //将查询的读者信息放到 Map 容器中
        request.put("pager",pager);              //将查询的分页信息放到 Map 容器中
        return SUCCESS;
}


/*查询一个读者信息*/
public String selectReader()throws Exception {
    Reader reader1=new Reader();
    ReaderJdbc readerJ=new ReaderJdbc();
    reader1=readerJ.selectReader(reader.getReaderID()); //查询一个读者信息
    Map request=(Map)ActionContext.getContext().get("request");
    request.put("reader1", reader1);              //将查询的读者信息放到 Map 容器中
    return SUCCESS;
}


/*获取照片信息*/
public String getImage()throws Exception {
    if(reader.getReaderID().length()==0)
        return null;                              //如果不存在记录则返回空
    else {
        HttpServletResponse response=ServletActionContext.getResponse();
        Reader reader1=new Reader();
        ReaderJdbc readerJ=new ReaderJdbc();
        reader1=readerJ.selectReader(reader.getReaderID()); //查询一个读者信息
        byte[] img=reader1.getPhoto();            //获取照片信息
        response.setContentType("image/*");       //指定 HTTP 响应的编码
        ServletOutputStream os=response.getOutputStream();
        if(img !=null && img.length !=0){
            for(int i=0; i<img.length; i++){
                os.write(img[i]);                 //向流中写入数据
            }
        }
        return null;
    }
}


/*更新一个读者信息*/
```

```
public String updateReader()throws Exception {
    ReaderJdbc readerJ=new ReaderJdbc();
    /*开始收集表单数据*/
    reader.setReaderID(reader.getReaderID());
    reader.setName(reader.getName());
    reader.setSex(reader.getSex());
    reader.setBorn(reader.getBorn());
    reader.setSpec(reader.getSpec());
    reader.setNum(reader.getNum());
    if(this.getZpfile()!=null){            //创建文件输入流用于读取照片信息
        FileInputStream fis=new FileInputStream(this.getZpfile());
        byte[] buffer=new byte[fis.available()];
                                           //创建字节数组,存放照片的二进制数据
        fis.read(buffer);
        reader.setPhoto(buffer);           //通过 setPhoto()方法赋值到 reader 中
    }
    readerJ.updateSaveReader(reader);   //更新读者信息
    return SUCCESS;
}
/*删除一个读者信息*/
public String deleteReader()throws Exception {
    Reader reader1=new Reader();
    ReaderJdbc studentJ=new ReaderJdbc();
    studentJ.deleteReader(reader.getReaderID());            //删除指定的读者信息
    return SUCCESS;
}
}
```

3. 实现业务逻辑

在 org. jdbc 包下建立 ReaderJdbc. java,用于完成对读者信息的增加、删除、修改和查询等操作。

ReaderJdbc. java 源程序如下:

```
package org.jdbc;
…//引入所需类库和包,同前面 LendJdbc.java,此处略
public class ReaderJdbc {
    private Connection conn=null;              //连接对象
    private PreparedStatement psmt=null;       //SQL 语句对象
    private ResultSet rs=null;                 //结果集
    public ReaderJdbc(){}
    /*获取数据库连接*/
    …                                  //代码同前面 LendJdbc.java 的 getConn()方法,此处略
    /*添加读者(读者追加功能实现)*/
    public Reader addReader(Reader reader){
```

```
    String sql="INSERT INTO TReader(readerID,name,sex,born,spec,num,photo)
    VALUES(?,?,?,?,?,?,?)";
    try {
        psmt=this.getConn().prepareStatement(sql);
                                            //获取 PreparedStatement 对象
        /*开始收集数据*/
        psmt.setString(1, reader.getReaderID());
        psmt.setString(2, reader.getName());
        psmt.setByte(3, reader.getSex());
        psmt.setTimestamp(4, new Timestamp(reader.getBorn().getTime()));
                                            //插入时间值
        psmt.setString(5, reader.getSpec());
        psmt.setInt(6, reader.getNum());
        psmt.setBytes(7, reader.getPhoto());
        psmt.execute();                     //执行预编译语句
    } catch(Exception e){
        e.printStackTrace();
    } finally {
        …            //关闭 Connection、PreparedStatement 对象,详见本书附带的源代码
    }
    return reader;                          //返回 Reader 对象给 Action
}
/*查询所有读者*/
public List showStudent(int num,int topsize)throws SQLException {
    int a=num;                             //每页显示的记录数
    int b=topsize;                         //当前的记录行数
    //分页查询读者记录
    String sql="SELECT TOP("+a+") * FROM TReader WHERE readerID NOT IN(SELECT
    TOP("+b+")readerID FROM TReader)";
    //创建一个 ArrayList 容器,将从数据库中查询的读者信息存放入容器中
    List readerList=new ArrayList();
    try {
        psmt=this.getConn().prepareStatement(sql);
        rs=psmt.executeQuery();            //执行 SQL 语句,返回所查询的读者信息
        while(rs.next()){                  //读取 ResultSet 中的数据,放入 ArrayList 中
            Reader reader=new Reader();
            /*开始收集数据*/
            reader.setReaderID(rs.getString("readerID"));
            reader.setName(rs.getString("name"));
            reader.setSex(rs.getByte("sex"));
            reader.setBorn(rs.getDate("born"));
            reader.setSpec(rs.getString("spec"));
            reader.setNum(rs.getInt("num"));
            reader.setPhoto(rs.getBytes("photo"));
```

```
                readerList.add(reader);        //将 reader 对象放入 ArrayList 中
            }
            return readerList;                //返回 ArrayList 对象给 Action
        } catch(Exception e){
            e.printStackTrace();
        } finally {
            ...
         //关闭 Connection、PreparedStatement 和 ResultSet 对象,详见本书附带的源代码
        }
        return readerList;
    }


    /* 查询读者的记录数 */
    public int getTotal()throws SQLException {
        String sql="SELECT COUNT(*)FROM TReader";
        Statement stmt=null;                   //初始化
        ResultSet rs=null;
        int a=0;
        try {
            stmt=this.getConn().createStatement();              //获取 Statement 对象
            rs=stmt.executeQuery(sql);         //执行 SQL 语句
            if(rs.next()){
                a=rs.getInt(1);                //获取记录数
            }
        } catch(Exception e){
            e.toString();
        }
        return a;                              //返回读者的记录数
    }


    /* 查询一个读者(读者查询功能实现) */
    public Reader selectReader(String ReaderID){
        ResultSet rs=null;
        if(ReaderID.length()==0)               //如果不存在这条记录,直接返回
            return null;
        else {
            String sql="SELECT * FROM TReader WHERE ReaderID="+ReaderID;
            Reader reader=new Reader();
            try {
                psmt=this.getConn().prepareStatement(sql);
                                               //获取 PreparedStatement 对象
                rs=psmt.executeQuery();        //执行查询
                while(rs.next()){
                    /* 开始收集数据 */
                    reader.setReaderID(rs.getString("ReaderID"));
                    reader.setName(rs.getString("name"));
                    reader.setSex(rs.getByte("sex"));
```

```
                reader.setBorn(rs.getDate("born"));
                reader.setSpec(rs.getString("spec"));
                reader.setNum(rs.getInt("num"));
                reader.setPhoto(rs.getBytes("photo"));
            }
        } catch(Exception e){
            e.printStackTrace();
        } finally {
            …       //关闭 Connection、PreparedStatement 对象,详见本书附带的源代码
        }
        return reader;                          //返回查到的 Reader 对象
    }
}


/*更新一个读者(读者修改功能实现)*/
public Reader updateSaveReader(Reader reader){
    String sql="UPDATE TReader SET readerID=?,name=?,sex=?,born=?,spec=?,
    num=?,photo=?WHERE readerID="+reader.getReaderID();
    try {
        psmt=this.getConn().prepareStatement(sql);
                                            //获取 PreparedStatement 对象
        /*开始赋值*/
        psmt.setString(1, reader.getReaderID());
        psmt.setString(2, reader.getName());
        psmt.setByte(3, reader.getSex());
        System.out.println(reader.getBorn());
        psmt.setTimestamp(4, new Timestamp(reader.getBorn().getTime()));
        psmt.setString(5, reader.getSpec());
        psmt.setInt(6, reader.getNum());
        psmt.setBytes(7, reader.getPhoto());
        psmt.execute();                     //执行预编译语句
    } catch(Exception e){
        e.printStackTrace();
    } finally {
        …       //关闭 Connection、PreparedStatement 对象,详见本书附带的源代码
    }
    return reader;                          //返回读者对象
}
/*删除一个读者(读者删除功能实现)*/
public void deleteReader(String readerID)throws Exception {
    String sql="DELETE FROM TReader WHERE readerID="+readerID;
    //查询该读者是否存在借阅记录,若存在就不能删
    String sql2="SELECT COUNT(*)FROM TLend WHERE readerID="+readerID;
    Statement stmt=null;                    //初始化
    ResultSet rs=null;
    int a=0;
```

```
            stmt=this.getConn().createStatement();        //获取 Statement 对象
            rs=stmt.executeQuery(sql2);                    //执行 SQL 语句
            if(rs.next()){                                 //返回结果集不为空
                a=rs.getInt(1);
            }
            if(a==0){                                      //该读者没有借阅记录,可以删
                try {
                    psmt=this.getConn().prepareStatement(sql);
                                                           //获取 PreparedStatement 对象
                    psmt.execute();                        //执行删除操作
                } catch(Exception e){
                    e.printStackTrace();
                } finally {
                    …      //关闭 Connection、PreparedStatement 对象,详见本书附带的源代码
                }
            } else {
                System.out.println("该读者存在借阅记录,不能删除该读者记录");
            }
        }
    }
```

4. 配置 struts. xml

在 struts. xml 中加入如下代码:

```
…
<struts>
    <package name="default" extends="struts-default">
        …
        <!--读者管理-->
        <action name="reader" class="org.action.ReaderAction">
            <result name="success">/browseReader.jsp</result>
            <result name="input">/browseReader.jsp</result>
        </action>
        <!--查询所有读者信息-->
        <action name ="browseReaderPaging" class =" org. action. ReaderAction"
        method="browseReaderPaging">
            <result name="success">/readerManage.jsp</result>
            <result name="input">/readerManage.jsp</result>
        </action>
        <!--查询一个读者信息-->
        <action name="selectReader" class="org.action.ReaderAction" method=
        "selectReader">
            <result name="success">/browseReader.jsp</result>
            <result name="input">/browseReader.jsp</result>
        </action>
```

```
    <!--查询该读者的照片信息-->
    <action name="getImage" class="org.action.ReaderAction" method=
    "getImage"/>
  </package>
  …
</struts>
```

说明：

（1）同样因为设置了动态方法调用，当客户端发出 reader.actionURL 请求时，Struts2 框架能够根据用户所单击按钮的 method 属性决定应该调用 org.action.ReaderAction 类中的哪一个方法。执行操作后，请求被转发到/browseReader.jsp，触发其上名为 browseReaderPaging 的 Action，以便实时地查看当前数据库中全部读者的信息列表。

（2）当用户进入"读者管理"页面，单击左边的"读者查询"按钮时，客户端实际上发出 browseReaderPaging.actionURL 请求。Struts2 框架根据 struts.xml 的配置文件找到相应的 Action，根据 Action 调用 org.action.ReaderAction 类的 browseReaderPaging()方法。

（3）当客户端发出 selectReader.action 请求时，Struts2 框架根据 struts.xml 中的配置文件寻找 selectReader 的 Action。找到后，调用 org.action.ReaderAction 类的 selectReader()方法。同样，客户端发出 getImage.action 请求时，调用 org.action.ReaderAction 的 getImage()方法获取照片信息。

5. 运行项目

开发完成之后需要重新部署项目，操作同前 P2.3 的图 P2.17。接下来测试运行，启动 Tomcat 服务器，在浏览器地址栏中输入 http://localhost:8080/bookManage/，单击页头部"读者管理"图片链接，出现如图 P2.19 所示的读者管理功能页。在页面表单中填入要添加的读者信息后，单击"读者追加"按钮即可往数据库中添加新的读者记录。

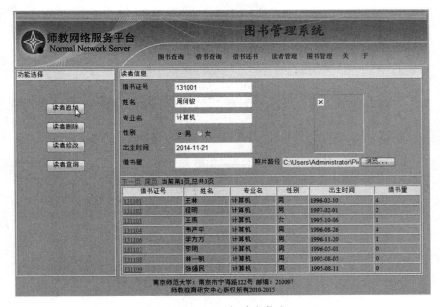

图 P2.19　添加读者信息

读者信息添加成功之后,又回到 readerManage. jsp 页面,这时可在下方列表里看到刚刚添加的读者记录,如图 P2.20 所示。单击该记录的"借书证号"超链接,在页面上的表单里会自动加载显示该读者的详细信息。当然,用户也可以通过在表单"借书证号"一栏输入该读者的借书证号后,单击"读者查询"按钮,同样可以查询出该读者的详细信息,并于表单中显示。

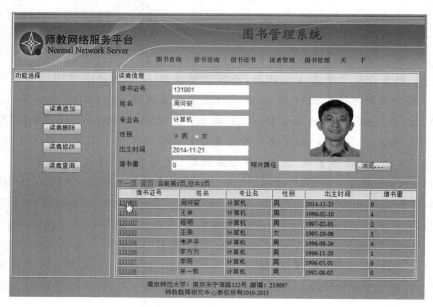

图 P2.20　读者信息查询

读者的详细信息显示出来后,就可以修改该读者信息,如图 P2.21 所示是通过页面上的 JS 时间控件修改该读者的出生时间,修改后单击"读者修改"按钮,该读者的信息修改成功,从下方列表里就可以马上看到修改效果。

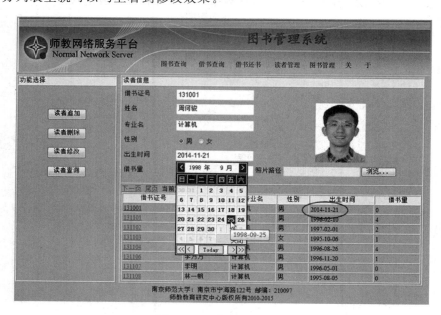

图 P2.21　修改读者信息

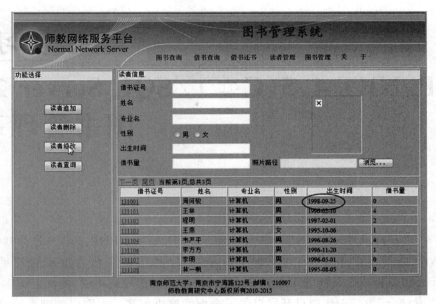

图 P2.21（续）

　　在显示出某读者的详细信息后，单击"读者删除"按钮，这时会参照完整性约束自动执行，如果该读者存在借阅记录，那么就不能删除该读者信息，否则该读者信息将被删除。

　　至此，本系统预定设计的两个功能模块已经全部开发完成，读者可以根据需要对其他的功能自行扩展。

ASP. NET 4. 5(C♯)/SQL Server 2012 图书管理系统

近年来 Microsoft 公司的. NET 越来越流行,已经成为与 PHP、Java EE 并驾齐驱的三大主流 Web 应用开发平台之一。SQL Server 2012 作为新一代数据库管理系统,它与 Microsoft 公司的集成开发环境 Visual Studio. NET 系列很好地集成,提供了更多的应用开发特性,二者结合,为新一代项目开发提供了全面的解决方案。本图书管理系统是在. NET 4.5 框架之上、使用最新的 Visual Studio 2013、基于 C♯语言开发的。

P3.1 创建图书管理网站

图书管理系统包括"图书查询"、"借书查询"、"借书还书"、"读者管理"、"图书管理"和"关于"等功能,限于篇幅,这里只介绍"借书还书"和"读者管理"两个功能模块的开发,感兴趣的读者可以自己完成其他的功能。

1. 新建 ASP. NET 项目

启动 Visual Studio 2013,选择"文件"→"新建"→"项目",打开如图 P3.1 所示的"新建项目"对话框。在左边窗口"已安装"树状列表中展开 Visual C♯类型节点,单击 Web 子节点,选择中间窗口中"ASP. NET Web 应用程序"项。在下方"名称"栏输入项目名 bookManage,单击"确定"按钮。

在弹出如图 P3.2 所示的"选择模板"对话框中选择 Empty 图标,单击"确定"按钮即可建立一个空的 ASP. NET 项目。

2. 设计母版页

使用母版页可以为 Web 应用程序中的页面创建一致的布局,单个母版页就可以为网站系统中的所有(或一组)页定义所需的外观和标准行为,使整个网站保持一致的风格和样式。图书管理系统的每个功能页的头部都有着相同的图片和导航链接,底部也有着一样的版权声明信息,故理想的方法是采用母版页来设计实现。

ASP. NET 母版页的设计步骤如下。

1) 创建母版页

在解决方案资源管理器中,右击项目 bookManage,选择"添加"下的"新建项"。在弹出

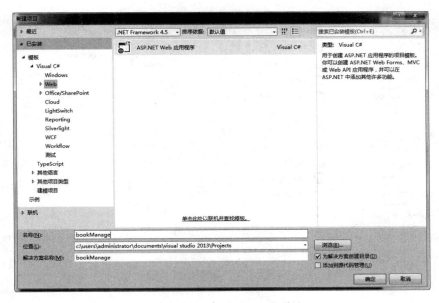

图 P3.1　新建 ASP.NET 项目

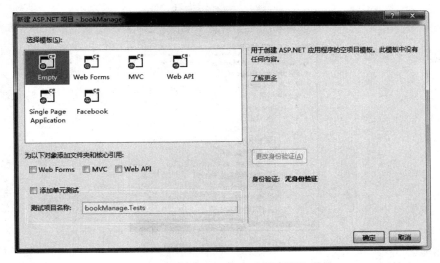

图 P3.2　选择建立一个空 ASP.NET 项目

的"添加新项"对话框中选择"Web 窗体母版页"模板，如图 P3.3 所示，单击"添加"按钮，新建的母版页默认名为 MasterPage.Master。

2）添加图片资源

在解决方案资源管理器中，右击项目，选择"添加"下的"新建文件夹"，在项目目录树中建立一个文件夹，命名为 images。右击 images 文件夹，选择"添加"下的"现有项"，从弹出的"添加现有项"对话框中选择准备好的图片资源，单击"添加"按钮将它们导入项目中。展开项目的目录树，如图 P3.4 所示，可以看到导入的图片项。

图 P3.3　新建母版页

图 P3.4　添加图片资源

3) 编写母版代码

打开母版页(MasterPage. Master)的源视图,编写代码如下:

```
<%@Master Language="C#" AutoEventWireup="true" CodeBehind="MasterPage.master.
cs" Inherits="bookManage.MasterPage" %>
<!DOCTYPE html>
<html xmlns="http://www.w3.org/1999/xhtml">
<head runat="server">
<meta http-equiv="Content-Type" content="text/html; charset=utf-8"/>
    <title></title>
```

```
        <asp:ContentPlaceHolder ID="head" runat="server">
        </asp:ContentPlaceHolder>
</head>
< body  bgcolor =" # FFFFFF "  leftmargin =" 0 "  topmargin =" 0 "  marginwidth =" 0 "
marginheight="0">
    <form id="form1" runat="server">
        <table id="__01" width="824" border="0" cellpadding="0" cellspacing="0"
        align="center" bgcolor="#91D7C0">
<tr>
    <td rowspan="2">
        <img src="images/师教网络服务平台.gif" width="268" height="112" alt="">
</td>
    <td colspan="7">
        <img src="images/图书管理系统.gif" width="556" height="77" alt=""></td>
</tr>
<tr>
    <td>
        <img src="images/图书查询.gif" width="79" height="35" alt=""></td>
    <td>
        <img src="images/借书查询.gif" width="75" height="35" alt=""></td>
    <td>
        <img src="images/借书还书.gif" width="74" height="35" alt=""></td>
    <td>
        <img src="images/读者管理.gif" width="74" height="35" alt=""></td>
    <td>
        <img src="images/图书管理.gif" width="72" height="35" alt=""></td>
    <td>
        <img src="images/关于.gif" width="71" height="35" alt=""></td>
    <td>
        <img src="images/背景.gif" width="111" height="35" alt=""></td>
</tr>
</table>
< table  id =" __02"  width =" 824"  height =" 112"  border =" 0 "  cellpadding =" 0 "
cellspacing="0" align="center" bgcolor="#91D7C0">
    <tr>
        <td>
            <div>
                <asp:ContentPlaceHolder ID="ContentPlaceHolder1" runat="server">
                </asp:ContentPlaceHolder>
            </div>
        </td>
    </tr>
    <tr>
```

```
        <td align="center">
            南京师范大学:南京市宁海路 122 号 邮编:210097<br/>师教教育研究中心版权所
            有 2010-2015
        </td>
    </tr>
</table>
</form>
</body>
</html>
```

切换到设计视图，可预览母版页的显示效果，如图 P3.5 所示。

图 P3.5　母版页显示效果

3．创建功能页

设计好母版页后，就可以在接下来创建的"读者管理"、"借书还书"等功能页面中使用这个母版页。

操作步骤如下。

1）添加"读者管理"页面

在解决方案资源管理器中，右击项目，选择"添加"中的"新建项"。在弹出的"添加新项"对话框中选择"包含母版页的 Web 窗体"模板，如图 P3.6 所示，在下面的"名称"栏填写页名 ReaderManage．aspx。

2）选择母版页

单击"添加"按钮，在弹出的"选择母版页"对话框中选择刚刚设计的 MasterPage．Master 母版页，如图 P3.7 所示，单击"确定"按钮，这样"读者管理"页面就创建成功。

3）添加"借书还书"页面

与添加"读者管理"页面的操作完全相同，页面命名为 BorrowBook．aspx，这里不再赘述。

4）设置页面导航超链接

打开母版页 MasterPage．Master，切换到设计视图，删除"读者管理"图片，替换一个 ImageButton 控件，打开 ImageButton 控件属性，ImageUrl 选择"读者管理．gif"图片，Height 和 Width 属性均设置为源"读者管理．gif"图片的相应属性值，PostBackUrl 属性设置为～/ReaderManage．aspx，表示单击此图片按钮会链接到 ReaderManage．aspx 页面。"借书还书"功能导航超链接的设置与"读者管理"类似，这里不再赘述。

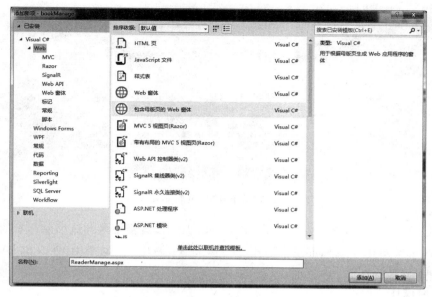

图 P3.6　添加 Web 页面

图 P3.7　选择母版页

P3.2　模块 1：借书还书

1. 功能描述

"借书还书"页面(BorrowBook.aspx)的功能包括：

(1) 根据借书证号查询此读者的借阅记录。当输入借书证号并单击"查询"按钮时,把该读者所借的书本信息显示在页面上,页面如图 P3.8 所示。

(2) 输入索书号,根据 ISBN 和借书证号执行借书操作。当单击"借书"按钮时将借书证号、ISBN 和索书号作为 book_borrow 存储过程的参数并调用此存储过程,完成图书的借阅并把此读者所有借的书显示在页面上。

(3) 根据提供的索书号,归还图书。当给出索书号,单击"还书"按钮时,删除数据库中

图 P3.8　"借书还书"页面部分截图

对应索书号的借阅记录,并由触发器 tlend_delete 保证读者借书量和该书库存量的正确。

此页面主要是操作数据库 MBOOK 的 rbl 视图、调用 book_borrow 存储过程和应用 tlend_delete 触发器。

2. 页面设计

"借书还书"页面的设计步骤如下。

1) 页面布局

切换到"借书还书"页面(BorrowBook.aspx)设计视图,选择主菜单"表"下的"插入表",在弹出的"插入表格"对话框中设置表为 6 行 2 列。合并第 2 列中的 2~6 行,操作方法可以选定要合并的单元格,然后右击,选择"修改"下的"合并单元格"选项。

2) 拖放控件

打开"工具箱",拖放 5 个 Label 控件、3 个 Button 控件、3 个 TextBox 控件、1 个 GridView 控件和 1 个 SqlDataSource 控件到表格的相应位置,并输入提示字样,如图 P3.9 所示。

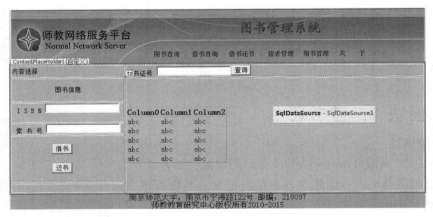

图 P3.9　"借书还书"页面的布局

3) 控件的设置

此页面的控件设置主要是针对 SqlDataSource 控件和 GridView 控件的。其他控件的属性如表 P3.1 所示。

表 P3.1　简单控件的属性设置

控件类别	包含的控件 ID	控件属性设置	说　明
Button	Button1～Button3	Text 属性分别为"查询"、"借书"和"还书"	3 个按钮分别执行读者所借的书的查询和借书还书操作
TextBox	TextBox1～TextBox3		接受用户输入信息
Label	Label1～Label5	Text 属性分别为"内容选择"、"借书证号"、"图书信息"、"ISBN"和"索书号"	显示页面提示文本

（1）SqlDataSource 控件的设置

SqlDataSource1 是为 GridView1 提供数据源的，而 GridView1 显示读者所借书的信息。单击 SqlDataSource1 右上角的 ▷ 图标，选择"配置数据源"选项，在弹出的"配置数据源"对话框单击"新建连接"按钮，弹出"选择数据源"对话框，如图 P3.10 所示，选择 Microsoft SQL Server。

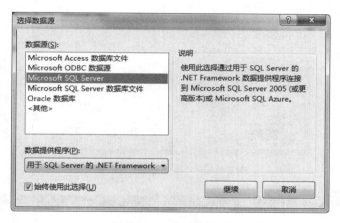

图 P3.10　选择数据源

单击"继续"按钮，弹出"添加连接"对话框，设置连接参数，如图 P3.11 所示。测试连接成功后单击"确定"按钮，单击"下一步"按钮，在弹出的"将连接字符串保存到应用程序配置文件中"对话框中保持复选框的选中状态和文本框的字符（MBOOKConnectionString）不变。

说明：将数据库连接字符串保存到应用程序配置文件中是为了方便数据库连接，同时也是为了数据库安全。

单击"下一步"按钮，配置 Select 语句，设置如图 P3.12 所示，单击 WHERE 按钮，弹出"添加 WHERE 子句"对话框，设置如图 P3.13 所示，单击"添加"和"确定"按钮完成添加 WHERE 子句的操作。单击"下一步"按钮，单击"完成"按钮完成数据源的配置。

（2）GridView 控件的设置

单击 GridView1 右上角的 ▷ 图标，数据源选择 SqlDataSource1，选中"启用分页"和"启用排序"。单击"编辑列"选项，将各个字段的 HeaderText 改为相应的名称，同时"借书时间"的 DataFormatString 设置为{0:d}，即按精简日期格式显示，单击"确定"按钮。编辑各

图 P3.11 "添加连接"对话框

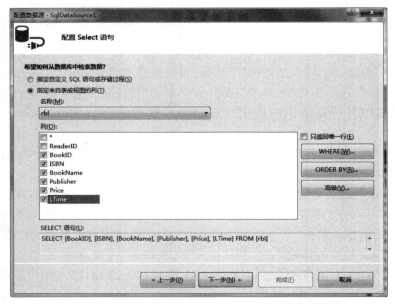

图 P3.12 "配置 Select 语句"对话框

个字段如图 P3.14 所示。

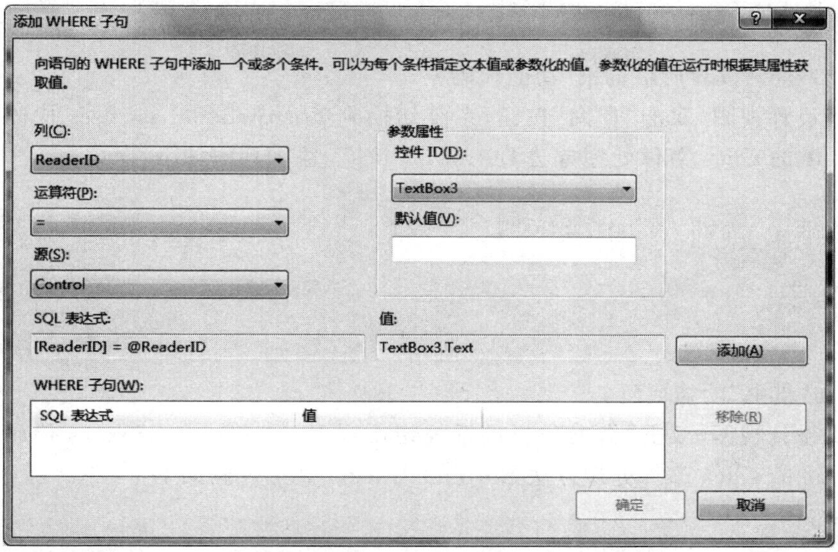

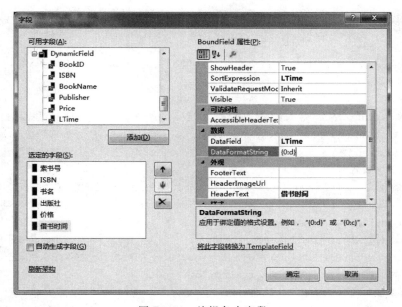

图 P3.13 "添加 WHERE 子句"对话框

图 P3.14 编辑各个字段

3. 代码编写

1) 添加命名空间

因为本页面涉及操作 SQL Server 2012 数据库和配置文件的读取,所以打开 BorrowBook.aspx.cs 代码页,添加命名空间如下:

```
using System.Data.SqlClient;
```

```
using System.Data;
using System.Configuration;
```

2）添加"查询读者所借的书"功能代码

切换到设计视图，双击"查询"按钮，系统切换到 BorrowBook. aspx. cs 代码页面，并添加了 Button1 的 Click 事件处理方法 Button1_Click。添加代码如下：

```
protected void Button1_Click(object sender, EventArgs e)        //查询读者所借的书
{
    GridView1.DataBind();                                       //GridView1 重新绑定
}
```

3）添加"借书"功能代码

切换到设计视图，双击"借书"按钮，系统切换到 BorrowBook. aspx. cs 代码页面，并添加了 Button2 的 Click 事件处理方法 Button2_Click。添加代码如下：

```
protected void Button2_Click(object sender, EventArgs e)  //借书
{
    //检查存储过程所需的三个参数是否输入齐全
    if(TextBox1.Text.Trim()==""||TextBox2.Text.Trim()==""||TextBox3.Text.Trim
    ()=="")
    {
        Response.Write("<script>alert('借书证号,ISBN,索书号输入完整!')</script>");
        return;
    }
    SqlConnection conn=new SqlConnection(connStr);        //新建数据库连接对象
    SqlCommand cmd=new SqlCommand("book_borrow", conn);   //新建数据库命令对象
    cmd.CommandType=CommandType.StoredProcedure;          //设置命令类型为存储过程
    //新建并设置参数
    SqlParameter inReaderID=new SqlParameter("@in_ReaderID", SqlDbType.Char, 8);
    inReaderID.Direction=ParameterDirection.Input;        //参数类型为输入参数
    inReaderID.Value=TextBox3.Text.Trim();                //给参数赋值
    cmd.Parameters.Add(inReaderID);                       //添加"借书证号"参数
    SqlParameter inISBN=new SqlParameter("@in_ISBN", SqlDbType.Char, 18);
    inISBN.Direction=ParameterDirection.Input;
    inISBN.Value=TextBox1.Text.Trim();
    cmd.Parameters.Add(inISBN);                           //添加 ISBN 参数
    SqlParameter inBookID=new SqlParameter("@in_BookID", SqlDbType.Char, 8);
    inBookID.Direction=ParameterDirection.Input;
    inBookID.Value=TextBox2.Text.Trim();
    cmd.Parameters.Add(inBookID);                         //添加"索书号"参数
    SqlParameter outReturn=new SqlParameter("@out_str", SqlDbType.Char, 30);
    outReturn.Direction=ParameterDirection.Output;        //参数类型为输出参数
    cmd.Parameters.Add(outReturn);                        //添加参数
```

```
    try
    {
        conn.Open();                              //打开数据库连接
        cmd.ExecuteNonQuery();                    //执行存储过程
        Response.Write("<script>alert('"+outReturn.Value.ToString()+"')
        </script>");
    }
    catch
    {
        Response.Write("<script>alert('借书出错!')</script>");
    }
    finally
    {
        conn.Close();
        GridView1.DataBind();                     //重新绑定 GridView1 数据源
    }
}
```

4）添加"还书"功能代码

切换到设计视图，双击"还书"按钮，系统切换到 BorrowBook.aspx.cs 代码页面，并添加了 Button3 的 Click 事件处理方法 Button3_Click。添加代码如下：

```
protected void Button3_Click(object sender, EventArgs e) //还书
{
    if(TextBox2.Text=="")                                 //必须输入索书号
    {
        Response.Write("<script>alert('请输入索书号')</script>");
        return;
    }
    SqlConnection conn=new SqlConnection(connStr);         //新建数据库连接对象
    string sqlStr="DELETE FROM TLend WHERE BookID=@BookID"; //设置 SQL 语句
    SqlCommand cmd=new SqlCommand(sqlStr, conn);           //新建操作数据库命令对象
    cmd.Parameters.Add("@BookID", SqlDbType.Char, 10).Value=TextBox2.Text.Trim();
                                                           //添加参数
    try
    {
        conn.Open();                                       //打开数据库连接
        int a=cmd.ExecuteNonQuery();                       //执行 SQL 语句
        GridView1.DataBind();                              //重新绑定
        if(a !=0)                                          //返回值判断操作是否成功
        {
            Response.Write("<script>alert('删除成功!')</script>");
        }
        else
```

```
        {
            Response.Write("<script>alert('没有此索书号的借阅记录!')
        </script>");
        }
    }
    catch
    {
        Response.Write("<script>alert('删除错误!')</script>");
    }
    finally
    {
        conn.Close();                        //关闭数据库连接
    }
}
```

至此，完成了"借书还书"功能模块的开发。

P3.3   模块 2：读者管理

1. 功能描述

"读者管理"页面（ReaderManage.aspx）的功能包括：

（1）读者追加。当输入读者信息并单击"读者追加"按钮时，把读者信息存储到数据库中，并从数据库中读取数据显示在页面上，成功添加了一个读者后，页面如图 P3.15 所示。

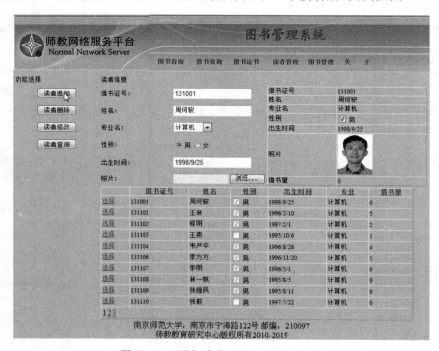

图 P3.15   添加读者后的页面部分截图

（2）读者删除。用于删除读者,当此读者存在借书情况时不允许删除。

（3）读者修改。用于修改读者信息,修改成功后信息显示在页面上。

（4）读者查询。根据借书证号查询此读者的详细信息并显示在页面上。页面下部分表格显示所有读者的信息。

此页面主要操作数据库 MBOOK 的 TReader 表,执行数据库的增加、删除、修改、查询等基本 SQL 操作。

2. 页面设计

"读者管理"页面的设计步骤如下。

1）页面布局

切换到读者管理页面(ReaderManage. aspx)设计视图,选择主菜单"表"下的"插入表",在弹出的"插入表格"对话框中设置表为 8 行 4 列。合并第 4 列中的 2～7 行,合并第 8 行的 2～4 列。

2）拖放控件

打开"工具箱",拖放 8 个 Label 控件、4 个 Button 控件、3 个 TextBox 控件、1 个 DropDownList 控件、1 个 RadioButtonList 控件、1 个 FileUpload 控件、1 个 GridView 控件、1 个 DetailsView 控件和 1 个 SqlDataSource 控件到表格的相应位置,并且输入提示字样,如图 P3.16 所示。

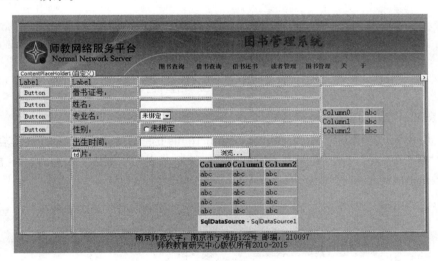

图 P3.16　布局后的页面

3）控件的设置

此页面的控件设置主要是针对 DropDownList 控件、RadioButtonList 控件、SqlDataSource 控件、GridView 控件和 DetailsView 控件的。其他控件的属性如表 P3.2 所示。

（1）DropDownList 控件的设置

打开 DropDownList1 的"属性"窗口,单击 Items 的 ⋯ 图标打开 ListItem 集合编辑器,分别添加"计算机"和"通信工程","计算机"的属性如图 P3.17 所示,"通信工程"的 Selected 为 False。

表 P3.2　简单控件的属性设置

控件类别	包含的控件 ID	控件属性设置	说　明
Button	Button1~Button4	Text 属性分别为"读者追加"、"读者删除"、"读者修改"和"读者查询"	4 个按钮分别执行读者的添加、删除、修改和查询操作
TextBox	TextBox1~TextBox3		接受用户输入信息和显示信息
Label	Label1~Label8	Text 属性分别为"功能选择"、"读者信息"、"借书证号："、"姓名："、"专业名："、"性别："、"出生时间："和"照片："	显示页面提示文本

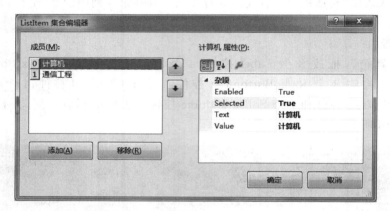

图 P3.17　DropDownList 控件的设置

（2）RadioButtonList 控件的设置

打开 RadioButtonList1 的"属性"窗口，单击 Items 的 ⬚ 图标打开 ListItem 集合编辑器，分别添加"男"和"女"，"男"的属性如图 P3.18 所示，"女"的 Selected 和 Value 都设置为 False。RepeatDirection 设置为 Horizontal。

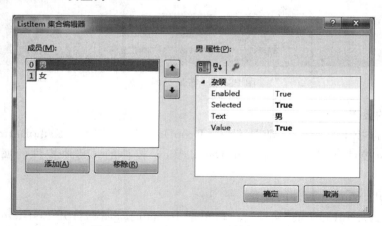

图 P3.18　RadioButtonList 控件的设置

（3）SqlDataSource 控件的设置

SqlDataSource1 为 GridView1 提供数据源，GridView1 显示所有读者信息。单击 SqlDataSource1 右上角的⟩图标，选择"配置数据源"选项，在弹出的"配置数据源"对话框中选择 MBOOKConnectionString 数据连接，单击"下一步"按钮，弹出"配置数据源"对话框，设置如图 P3.19 所示，单击"下一步"按钮，单击"完成"按钮完成数据源的配置。

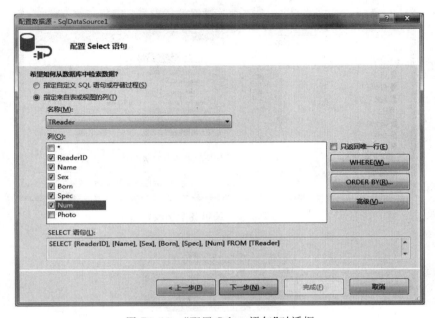

图 P3.19　"配置 Select 语句"对话框

（4）GridView 控件的设置

单击 GridView1 右上角的⟩图标，数据源选择 SqlDataSource1，选中"启用分页"、"启用排序"和"启用选定内容"复选框。单击"编辑列"选项，将各个字段的 HeaderText 改为相应的名称，同时"出生时间"的 DataFormatString 设置为{0:d}，即按精简日期格式显示，将"性别"转换为 TemplateField，单击"确定"按钮。编辑各个字段如图 P3.20 所示。右击"GridView1→编辑模板→Column[3]-性别"，在 ItemTemplate 中输入"男"，表示复选框选中为男，否则为女，如图 P3.21 所示。右击 GridView1，选择"结束模板编辑"选项。

（5）DetailsView 控件的编辑

右击 DetailsView1 右上角的⟩图标，选择"编辑字段"选项，在弹出的"字段"对话框中分别添加 8 个 BoundField，它们的 DataField 分别设置为 ReaderID、Name、Spec、Sex、Born、Photo 和 Num，HeaderText 设置为对应的汉字。将 Sex 和 Photo 转换为 TemplateField，DetailsView1 字段的设置和 GridView1 基本相同，单击"确定"按钮。

右击 DetailsView1，选择"编辑模板"中的"Field[3]-性别"，在 ItemTemplate 中拖曳一个 CheckBox 控件并输入"男"，表示复选框选中为男，否则为女，如图 P3.21 所示，右击 CheckBox 控件中的"编辑 DataBindings"，在弹出的 CheckBox2 DataBindings 对话框中设

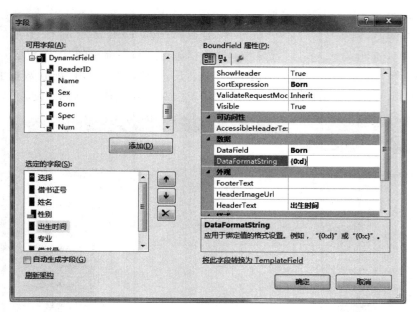

图 P3.20　编辑各个字段

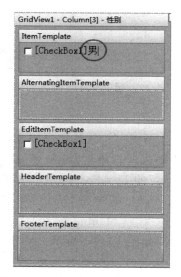

图 P3.21　设置性别的 ItemTemplate

置 Checked 的自定义绑定代码表达式为 Eval("Sex"),如图 P3.22 所示,单击"确定"按钮完成 CheckBox 控件的 Checked 绑定。

　　右击 DetailsView1,选择"编辑模板"中的"Field[5]-照片",删除 ItemTemplate 中的 Label 控件,并拖曳一个 Image 控件,调整到适当的大小,右击 Image 控件中的"编辑 DataBindings",在弹出的 Image1 DataBindings 对话框中设置 ImageUrl 的自定义绑定代码表达式为"Pic.aspx id＝"＋Eval("ReaderID"),单击"确定"按钮完成 Image 控件的 ImageUrl 绑定。

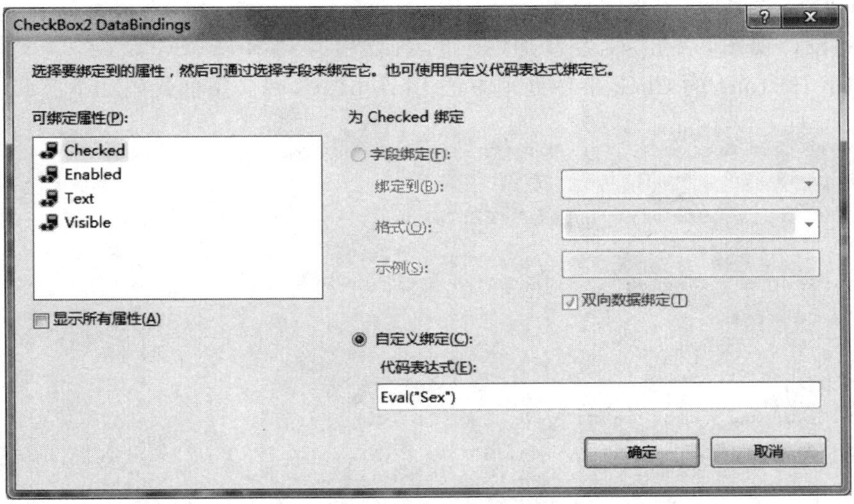

图 P3.22　自定义代码表达式绑定控件

3. 代码编写

1）添加命名空间

因为本页面涉及操作 SQL Server 2012 数据库和配置文件的读取，所以打开
ReaderManage.aspx.cs 代码页，添加命名空间如下：

```
using System.Configuration;
using System.Data.SqlClient;
using System.Data;
using System.IO;
```

2）定义连接字符串变量

为了在接下来的编程中，各个方法能方便地使用数据库连接字符串，特将数据库连接字
符串定义为成员变量，置于 ReaderManage 类中，如下：

```
namespace bookManage
{
    public partial class ReaderManage : System.Web.UI.Page
    {
        //获取连接字符串
        protected string connStr=ConfigurationManager.ConnectionStrings
        ["MBOOKConnectionString"].ConnectionString;
        protected void Page_Load(object sender, EventArgs e)
        {

        }
        ...

    }
}
```

3) 添加"读者追加"功能代码

切换到设计视图,双击"读者追加"按钮,系统切换到 ReaderManage. aspx. cs 代码页面,并添加了 Button1 的 Click 事件处理方法 Button1_Click。添加代码如下:

```
protected void Button1_Click(object sender, EventArgs e)        //读者追加
{
    if(TextBox1.Text==""||TextBox2.Text==""||TextBox3.Text=="")
    {
                                                               //检查输入是否完整
        Response.Write("<script>alert('请输入完整!')</script>");
        return;                                                //如果没输入完整则返回
    }
    string sqlStr;
    SqlConnection conn=new SqlConnection(connStr);             //新建数据库连接对象
    if(!string.IsNullOrEmpty(FileUpload1.FileName))            //如果选择了照片
    {
        //设置 SQL 语句
        sqlStr="INSERT INTO TReader VALUES(@ReaderID,@Name,@Sex,@Born,@Spec,0,
        @Photo)";
    }else{                                                     //如果没选择照片
        //设置 SQL 语句
        sqlStr="INSERT INTO TReader VALUES(@ReaderID,@Name,@Sex,@Born,@Spec,0,
        NULL)";
    }
    SqlCommand cmd=new SqlCommand(sqlStr, conn);               //新建操作数据库命令对象
    //添加参数
    cmd.Parameters.Add("@ReaderID", SqlDbType.Char, 8).Value=TextBox1.Text.
    Trim();
    cmd.Parameters.Add("@Name", SqlDbType.Char, 8).Value=TextBox2.Text.Trim();
    cmd.Parameters.Add("@Sex", SqlDbType.Bit).Value=RadioButtonList1.
    SelectedValue;
    cmd.Parameters.Add("@Born", SqlDbType.Date).Value=TextBox3.Text.Trim();
    cmd.Parameters.Add("@Spec", SqlDbType.Char, 12).Value=DropDownList1.
    SelectedValue;
    if(!string.IsNullOrEmpty(FileUpload1.FileName)) //若选择了照片加入参数@Photo
    {
        cmd.Parameters.Add("@Photo", SqlDbType.Image);    //这里选择 Image 类型
        cmd.Parameters["@Photo"].Value=FileUpload1.FileBytes;
                                                          //把照片转化成字节数组
    }
    try
    {
        conn.Open();                                          //打开数据库连接
        cmd.ExecuteNonQuery();                                //执行 SQL 语句
        string sqlStrSelect="SELECT ReaderID,Name,Sex,Spec,Born,Photo,Num FROM TReader
        WHERE ReaderID='"+TextBox1.Text.Trim()+"'";           //查询添加读者后 SQL 语句
```

```
            SqlCommand cmdBind=new SqlCommand(sqlStrSelect, conn);
            DetailsView1.DataSource=cmdBind.ExecuteReader();
                                                //查询结果作为 DetailsView1 数据源
            DetailsView1.DataBind();            //绑定 DetailsView1
        }
    catch(Exception ex)
    {
            Response.Write("<script>alert('出错!"+ex.Message+"')</script>");
    }
    finally
    {
            conn.Close();                       //关闭数据库连接
    }
}
```

4）添加"选定"功能代码

当选定了 GridView1 中的某个读者时，将此读者的详细信息显示到页面上。打开 GridView1 的"属性"窗口，单击 🗲 图标，双击 SelectedIndexChanged 事件后的空白处，系统自动添加了 GridView1_SelectedIndexChanged 方法。添加代码如下：

```
protected void GridView1_SelectedIndexChanged(object sender, EventArgs e)
                                                //选中特定的读者
{
    TextBox1.Text= (GridView1.SelectedRow.Cells[1]).Text.ToString();
                                                //借书证号放 TextBox1 中
    TextBox2.Text= (GridView1.SelectedRow.Cells[2]).Text.ToString();
                                                //姓名放 TextBox2 中
    DropDownList1.Items.FindByValue("计算机").Selected=false;
                                                //取消专业的选择
    string zy= (GridView1.SelectedRow.Cells[5]).Text.Trim().ToString();
    DropDownList1.Items.FindByValue(zy).Selected=true;
                                                //重新选择专业
    CheckBox ck= (CheckBox)GridView1.SelectedRow.Cells[3].FindControl
    ("CheckBox1");
    if(ck.Checked==false)                       //如果性别为女
    {
        RadioButtonList1.Items.FindByText("男").Selected=false;
        RadioButtonList1.Items.FindByText("女").Selected=true;
    }
    TextBox3.Text= (GridView1.SelectedRow.Cells[4]).Text.ToString();
                                                //出生时间放 TextBox3 中
    SeachReader((GridView1.SelectedRow.Cells[1]).Text.ToString());
                                                //调用 SeachReader 方法
}
```

其中调用了 SeachReader 方法,此方法根据借书证号从数据库中查找出此读者的信息并显示在页面上,添加 SeachReader 方法的代码,代码如下:

```
protected void SeachReader(string sreaderid)              //查找读者
{
    SqlConnection conn=new SqlConnection(connStr);        //新建数据库连接对象
    string sqlStrSelect=" SELECT ReaderID, Name, Sex, Spec, Born, Photo, Num FROM
    TReader WHERE ReaderID='"+sreaderid+"'";              //设置 SQL 语句
    try
    {
        conn.Open();                                      //打开数据库连接
        SqlCommand cmdBind=new SqlCommand(sqlStrSelect, conn);
        DetailsView1.DataSource=cmdBind.ExecuteReader();
                                                          //执行结果作为 DetailsView1 数据源
        DetailsView1.DataBind();                          //绑定 DetailsView1
    }
    catch
    {
        Response.Write("<script>alert('查找数据出错')</script>");
    }
    finally
    {
        conn.Close();
    }
}
```

5) 实现"显示照片"页

读者详细信息内容中可能包含照片,为此需要专门编写一个页面,此页面的功能就是根据读者的借书证号从数据库中找出此读者照片并且显示在页面上。

添加显示照片页面的步骤如下:

(1) 添加一个 Web 窗体。在解决方案资源管理器中,右击项目,选择"添加"中的"新建项"选项,系统弹出"添加新项"对话框,选择"Web 窗体"模板,命名为 Pic. aspx,单击"添加"按钮。

(2) 添加代码。打开 Pic. aspx. cs 文件,添加显示读者照片的代码,代码如下:

```
using System;
using System.Collections.Generic;
using System.Linq;
using System.Web;
using System.Web.UI;
using System.Web.UI.WebControls;
using System.Configuration;                    //添加命名空间
using System.Data.SqlClient;
namespace bookManage
```

```
{
    public partial class Pic : System.Web.UI.Page
    {
        protected void Page_Load(object sender, EventArgs e)
        {
            if(!Page.IsPostBack)                          //判断是否第一次加载页面
            {
                byte[] picData;              //以字节数组的方式存储获取的图片数据
                string id=Request.QueryString["id"];    //获取传入的参数
                if(!CheckParameter(id, out picData))     //参数验证
                {
                    Response.Write("<script>alert('没有可以显示的照片。')</script>");
                }else{
                    Response.ContentType="application/octet-stream";
                                                         //设置页面的输出类型
                    Response.BinaryWrite(picData);        //以二进制输出图片数据
                    Response.End();                       //清空缓冲,停止页面执行
                }
            }
        }
        private bool CheckParameter(string id, out byte[] picData)
        {
            picData=null;
            if(string.IsNullOrEmpty(id))                 //判断传入参数是否为空
            {
                return false;
            }
            //从配置文件中获取连接字符串
            string connStr=ConfigurationManager.ConnectionStrings
            ["MBOOKConnectionString"].ConnectionString;
            SqlConnection conn=new SqlConnection(connStr);   //新建数据库连接对象
            string query= string.Format("SELECT Photo FROM TReader WHERE ReaderID=
            '{0}'", id);
            SqlCommand cmd=new SqlCommand(query, conn);       //新建数据库命令对象
            try{
                conn.Open();                              //打开数据库连接
                object data=cmd.ExecuteScalar();          //根据参数获取数据
                if(Convert.IsDBNull(data)||data==null)
                                                          //如果照片字段为空或者无返回值
                {
                    return false;
                }
                else
                {
                    picData= (byte[])data;                //照片数据存储在字节数组中
```

```
                    return true;
            }
        }finally{
            conn.Close();                    //关闭数据库连接
        }
    }
}
```

当在其他页面的 Image 控件上要显示照片时,可以使用 Image 控件的 ImageUrl 属性自定义绑定到此显示照片页即可。

6) 添加"读者删除"功能代码

切换到设计视图,双击"读者删除"按钮,系统切换到 ReaderManage. aspx. cs 代码页面,并添加了 Button2 的 Click 事件处理方法 Button2_Click。添加代码如下:

```
protected void Button2_Click(object sender, EventArgs e)       //读者删除
{
    if(TextBox1.Text=="")                                  //必须输入借书证号
    {
        Response.Write("<script>alert('请输入借书证号')</script>");
        return;
    }
    SqlConnection conn=new SqlConnection(connStr);         //新建数据库连接对象
    string sqlStr="DELETE FROM TReader WHERE ReaderID=@ReaderID";
                                                           //设置 SQL 语句
    SqlCommand cmd=new SqlCommand(sqlStr, conn);           //新建数据库命令对象
    cmd.Parameters.Add("@ReaderID", SqlDbType.Char, 8).Value=TextBox1.Text.
    Trim();                                                //添加参数
    try
    {
        conn.Open();                                       //打开数据库连接
        int a=cmd.ExecuteNonQuery();                       //执行 SQL 语句
        GridView1.DataBind();                              //重新绑定 GridView1
        DetailsView1.DataBind();                           //重新绑定 DetailsView1
        if(a==1)                                           //根据返回值判断操作执行情况
        {
            Response.Write("<script>alert('删除成功!')</script>");
        }else{
            Response.Write("<script>alert('数据库中没有此读者!')</script>");
        }
    }
    catch
    {
        Response.Write("<script>alert('删除错误!')</script>");
```

```
    }
    finally
    {
        conn.Close();                                      //关闭数据库连接
    }
}
```

7）添加"读者修改"功能代码

切换到设计视图，双击"读者修改"按钮，系统切换到 ReaderManage. aspx. cs 代码页面，并添加了 Button3 的 Click 事件处理方法 Button3_Click。添加代码如下：

```
protected void Button3_Click(object sender, EventArgs e) //读者修改
{
    if(TextBox1.Text.Trim()=="")                          //必须输入借书证号
    {
        Response.Write("<script>alert('请输入借书证号')</script>");
        return;
    }
    SqlConnection conn=new SqlConnection(connStr);          //新建数据库连接对象
    //设置读者修改的 SQL 语句
    string sqlStr="UPDATE TReader SET";
    if(TextBox2.Text.Trim().ToString()!="")                //如果姓名有改动
    {
        sqlStr+=" Name='"+TextBox2.Text.Trim()+"',";
    }
    if(TextBox3.Text.Trim()!="")                           //如果出生时间有改动
    {
        sqlStr+=" Born='"+TextBox3.Text.Trim()+"',";
    }
    if(!string.IsNullOrEmpty(FileUpload1.FileName))        //如果选择了照片
    {
        sqlStr+=" Photo=@Photo,";
    }
    sqlStr+=" Spec='"+DropDownList1.SelectedValue+"',Sex='"+RadioButtonList1.
    SelectedValue+"'";                                     //获取专业和性别的改动
    sqlStr+=" WHERE ReaderID='"+TextBox1.Text.Trim()+"'";
    SqlCommand cmd=new SqlCommand(sqlStr, conn);            //新建数据库命令对象
    cmd.Parameters.Add("@Photo", SqlDbType.Image);          //这里选择 Image 类型
    //把照片转换为字节流作为@Photo 参数值
    cmd.Parameters["@Photo"].Value=FileUpload1.FileBytes;
    try
    {
        conn.Open();                                       //打开数据库连接
        int yxh=cmd.ExecuteNonQuery();                     //执行 SQL 语句
```

```
        if(yxh !=1)                         //如果影响的行数不为 1 则说明没有此读者
        {
            Response.Write("<script>alert('数据库中没有此读者!')</script>");
        }
        SeachReader(TextBox1.Text.Trim());
                                    //重新从数据库中查找出此读者信息并显示在页面上
    }
    catch
    {
        Response.Write("<script>alert('出错,没有完成读者的修改!')</script>");
    }
    finally
    {
        conn.Close();                   //关闭数据库连接
    }
}
```

8）添加"读者查询"功能代码

切换到设计视图，双击"读者查询"按钮，系统切换到 ReaderManage. aspx. cs 代码页面，并添加了 Button4 的 Click 事件处理方法 Button4_Click。添加代码如下：

```
protected void Button4_Click(object sender, EventArgs e)  //读者查询
{
    if(TextBox1.Text=="")                              //必须输入借书证号才能查询
    {
        Response.Write("<script>alert('请输入借书证号')</script>");
        return;
    }
    SeachReader(TextBox1.Text.Trim());                //调用 SeachReader 方法查找读者
}
```

至此，完成了"读者管理"功能模块的开发。

实习 **4**

Visual C♯ 2013/SQL Server 2012
图书管理系统

实习 3 是 ASP. NET 4.5(C♯)操作 SQL Server 2012,采用 B/S 模式,而此实习使用 Windows 窗体应用程序来设计图书管理系统,使用 Visual C♯ 2013 操作 SQL Server 2012,采用的是 C/S 模式,依然使用 Microsoft 公司的 Visual Studio 2013 工具开发。

P4.1 创建图书管理系统

1. 新建 Visual C♯ 项目

启动 Visual Studio 2013,选择"文件"→"新建"→"项目",打开如图 P4.1 所示的"新建项目"对话框。在左边窗口"已安装"树状列表中展开 Visual C♯ 类型节点,单击 Windows 子节点,选择中间窗口中"Windows 窗体应用程序"项。在下方"名称"栏输入项目名 bookManage。

图 P4.1 新建 Visual C♯ 项目

单击"确定"按钮完成项目的新建。

2．添加窗体

在解决方案资源管理器中，右击项目 bookManage，选择"添加"下的"Windows 窗体"，系统弹出"添加新项"对话框，选择"MDI 父窗体"模板，保持默认名称 MDIParent1.cs 不变，如图 P4.2 所示，单击"添加"按钮完成父窗体的添加。

图 P4.2　添加父窗体

可用同样的方法往项目中添加子窗体，只须在"添加新项"对话框中选择"Windows 窗体"模板即可。因新建项目时系统已自动生成了一个窗体 Form1，这里就直接用它作为"借书还书"功能的子窗体，而无须另外添加窗体了。

3．设置窗体

在添加完应用程序所需的窗体后，还要设置各窗体属性，定义它们之间的关联和启动顺序，设计步骤如下。

1）设置父窗体属性

打开父窗体的"属性"窗口，Text 属性值设置为"图书管理系统"。删除父窗体中原有的 menuStrip 和 toolStrip 控件。

2）添加主菜单

从工具箱中拖放一个 menuStrip 菜单控件到父窗体中，分别添加"图书查询"、"借书查询"、"借书还书"、"读者管理"、"图书管理"和"关于"菜单项，如图 P4.3 所示。

图 P4.3　添加主菜单

3）删除原有代码

按 F7 键打开 MDIParent1.cs 代码页，删除 MDIParent1 部分类中除构造函数外的所有代码，删除后剩余的代码如下：

```
using System;
using System.Collections.Generic;
using System.ComponentModel;
using System.Data;
using System.Drawing;
using System.Linq;
using System.Text;
using System.Threading.Tasks;
using System.Windows.Forms;

namespace bookManage
{
    public partial class MDIParent1 : Form
    {
        public MDIParent1()                    //MDIParent1 的构造方法
        {
            InitializeComponent();         //初始化
        }
    }
}
```

4）添加代码

回到窗体设计模式，双击"借书还书"菜单项，系统自动切换到 MDIParent1.cs 代码页中，并且添加"借书还书 ToolStripMenuItem_Click"方法，表示当程序运行时单击父窗体"借书还书"菜单时所执行的事件方法，代码如下：

```
private void 借书还书 ToolStripMenuItem_Click(object sender, EventArgs e)
{
    Form1 form1=new Form1();
    form1.MdiParent=this;                  //form1 的父窗体为 MDIParent1
    form1.Show();                          //显示"借书还书"子窗体
}
```

5）设置启动窗体

将父窗体设置为首选执行（启动）窗体。在解决方案资源管理器中打开 Program.cs 源文件，将 form1 修改为 MDIParent1。修改后的代码如下：

```
...
namespace bookManage
{
    static class Program
    {
        //<summary>
        //应用程序的主入口点
```

```
//</summary>
[STAThread]
static void Main()
{
    Application.EnableVisualStyles();
    Application.SetCompatibleTextRenderingDefault(false);
    Application.Run(new MDIParent1());
}
}
}
```

至此完成了应用程序窗体的设置。

P4.2　功能实现：借书还书

完整的图书管理系统包括"图书查询"、"借书查询"、"借书还书"、"读者管理"、"图书管理"和"关于"等功能，限于篇幅，这里只介绍"借书还书"一项功能，感兴趣的读者可以模仿完成其他的功能。

1. 功能描述

"借书还书"窗体（Form1）的功能包括：

（1）根据借书证号查询此读者所借的书。当输入借书证号并单击"查询"按钮时，把该借书证号的读者所借的书本信息显示在界面上，并且在窗口左下角显示该读者姓名和借书量，若读者表中存有照片，界面上会同时显示照片，如图 P4.4 所示。

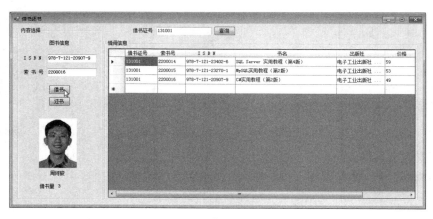

图 P4.4　"借书还书"界面

（2）输入要借图书的 ISBN 和索书号，执行借书操作。当单击"借书"按钮时，将借书证号、ISBN 和索书号作为 book_borrow 存储过程的参数并调用此存储过程，完成图书的借阅。

（3）根据提供的索书号，归还图书。当给出索书号，单击"还书"按钮时，删除数据库中对应索书号的借阅记录，并由触发器 tlend_delete 来保证读者借书量和该书库存量的正确性。

此窗体主要操作数据库 MBOOK 的 rbl 视图、调用 book_borrow 存储过程和应用 tlend _delete 触发器。

2. 界面设计

"借书还书"窗体的设计步骤如下。

1）控件的布局

切换到"借书还书"窗体（Form1）设计模式，从工具箱中拖放 2 个 groupBox、3 个 button、5 个 label、5 个 textBox、1 个 pictureBox 和 1 个 dataGridView 控件到窗体上。布局好的窗体如图 P4.5 所示。此窗体的 Text 属性设置为"借书还书"。

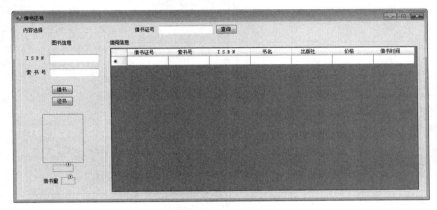

图 P4.5　控件布局后的"借书还书"窗体

2）简单控件属性设置

此窗体上简单控件的属性设置，如表 P4.1 所示。

表 P4.1　简单控件的属性设置

控件类别	包含的控件 ID	控件属性设置	说　明
button	button1～button3	Text 属性分别为"借书"、"还书"和"查询"	分别执行借还书和查询此读者所有借的书
textBox	textBox1～textBox5	其中 textBox4、textBox5 的 ReadOnly 属性设为 True（只读），BorderStyle 属性设为 None（无边框）	textBox1～textBox3 分别接受用户输入的 ISBN、"索书号"和"借书证号"信息；textBox4、textBox5 则用于显示读者姓名和借书量信息，为只读
Label	label1～label5	Text 属性分别为"图书信息"、ISBN、"索书号"、"借书证号"和"借书量"	显示提示字样
groupBox	groupBox1 和 groupBox2	Text 属性分别设置为"内容选择"和"借阅信息"	

3）dataGridView 控件设置

除了简单控件，此窗体控件的设置主要针对 dataGridView 控件。在 dataGridView 控件"属性"窗口中，单击 DataSource 属性，如图 P4.6 所示，单击"添加项目数据源"，弹出"数据源配置向导"对话框。

　　选择"数据库"并单击"下一步"按钮到"选择数据连接"页,单击"新建连接"按钮,在弹出的"添加连接"对话框中设置数据库连接参数,如图 P4.7 所示。测试连接成功后单击"确定"按钮,单击"下一步"按钮,提示是否将数据库连接字符串保存到配置文件中,选择"是"复选框,单击"下一步"按钮。

图 P4.6　添加数据源

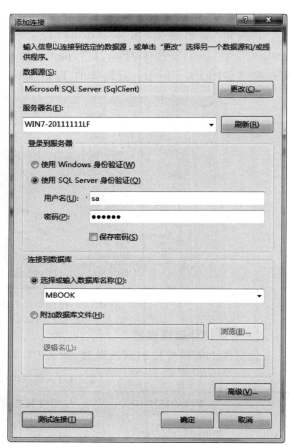

图 P4.7　设置数据库连接

　　弹出"选择数据库对象"对话框,选择 rbl 视图中的字段,如图 P4.8 所示,单击"完成"按钮完成数据源的添加。

　　右击 dataGridView 控件,选择"编辑列"选项,在弹出的"编辑列"对话框中将各个字段的 HeaderText 设置为对应汉字,如图 P4.9 所示,单击"确定"按钮。

3. 代码编写

1) 添加命名空间

　　因为本窗体涉及操作 SQL Server 2012 数据库和流的处理,所以打开 Form1.cs 代码页,添加命名空间。

```
using System.Data.SqlClient;
using System.IO;
```

图 P4.8 "选择数据库对象"对话框

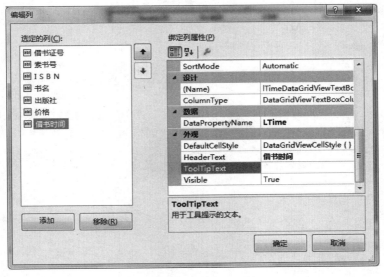

图 P4.9 "编辑列"对话框

2）定义连接字符串变量

为了在接下来的编程中，各个方法能方便地使用数据库连接字符串，将数据库连接字符串定义为成员变量，代码如下：

```
namespace bookManage
{
    public partial class Form1 : Form
    {
```

```
            string   strcon  =  bookManage.  Properties.  Settings.  Default.
            MBOOKConnectionString;
            public Form1()
            {
                InitializeComponent();
            }
        ...
    }
```

3）添加"查询"功能代码

切换到窗体设计界面，双击"查询"按钮，系统切换到 Form1.cs 代码页面并添加了 Button3 的 Click 事件处理方法 button3_Click。添加代码如下：

```
private void button3_Click(object sender, EventArgs e)        //查询读者和借阅信息
{
    SqlConnection conn=new SqlConnection(strcon);        //新建数据库连接对象
    string sqlStrSelect="SELECT ReaderID,BookID,ISBN,BookName,Publisher,Price,
    LTime FROM rbl WHERE ReaderID='"+textBox3.Text.Trim()+"'";
                                                        //查询借阅信息的 SQL 语句
    string sqlImgSelect="SELECT Name,Num,Photo FROM TReader WHERE ReaderID='"+
    textBox3.Text.Trim()+"'";                           //查询读者及照片信息的 SQL 语句
    try
    {
        SqlDataAdapter adapter=new SqlDataAdapter(sqlStrSelect, conn);
                                                        //实例化数据库适配器
        DataSet dstable=new DataSet();                  //定义数据集 dstable
        adapter.Fill(dstable, "testTable");             //填充数据集
        dataGridView1.DataSource=dstable.Tables["testTable"];
        //表 testTable 为 dataGridView1 数据源
        dataGridView1.Show();                           //显示 dataGridView1 数据
        //读取和显示照片
        if(this.pictureBox1.Image !=null)               //如果 pictureBox1 中有图片则先销毁
        {
            pictureBox1.Image.Dispose();
            pictureBox1.Image=null;
        }
        SqlCommand cmd=new SqlCommand(sqlImgSelect, conn);
                                                        //新建操作数据库命令对象
        conn.Open();                                    //打开数据库连接
        SqlDataReader sdr=cmd.ExecuteReader();
        MemoryStream memStream=null;                    //定义一个内存流
        if(sdr.HasRows)                                 //如果有记录
        {
            sdr.Read();                                 //读取第一行记录
```

```
        textBox4.Text=sdr["Name"].ToString();          //读取姓名
        textBox5.Text=sdr["Num"].ToString();           //读取借书量
        if(!(sdr["Photo"]==DBNull.Value))              //如果有照片
        {
            byte[] data=(byte[])sdr["Photo"];
            memStream=new MemoryStream(data);          //字节流转换为内存流
            this.pictureBox1.Image=Image.FromStream(memStream);
                                                       //内存流转换为照片
            memStream.Close();                         //关闭内存流
        }
        sdr.Close();                                   //关闭 sdr
    }
}
catch(Exception ex)
{
    MessageBox.Show(ex.Message);
}
finally
{
    conn.Close();                                      //关闭数据库连接
}
}
```

4）添加“借书”功能代码

切换到窗体设计界面，双击“借书”按钮，系统切换到 Form1.cs 代码页面并添加了 Button1 的 Click 事件处理方法 button1_Click。添加代码如下：

```
private void button1_Click(object sender, EventArgs e)    //借书功能
{
    //检查存储过程所需的三个参数是否输入齐全
    if(textBox1.Text.Trim()==""||textBox2.Text.Trim()==""||textBox3.Text.Trim
    ()=="")
    {
        MessageBox.Show("借书证号,ISBN,索书号输入完整!");
        return;
    }
    SqlConnection conn=new SqlConnection(strcon);            //新建数据库连接对象
    SqlCommand cmd=new SqlCommand("book_borrow", conn);      //新建数据库命令对象
    cmd.CommandType=CommandType.StoredProcedure;             //设置命令类型为存储过程
    SqlParameter inReaderID=new SqlParameter("@in_ReaderID", SqlDbType.Char, 8);
    inReaderID.Direction=ParameterDirection.Input;           //参数类型为输入参数
    inReaderID.Value=textBox3.Text.Trim();                   //给参数赋值
    cmd.Parameters.Add(inReaderID);                          //添加"借书证号"参数
    SqlParameter inISBN=new SqlParameter("@in_ISBN", SqlDbType.Char, 18);
```

```
inISBN.Direction=ParameterDirection.Input;
inISBN.Value=textBox1.Text.Trim();
cmd.Parameters.Add(inISBN);                          //添加 ISBN 参数
SqlParameter inBookID=new SqlParameter("@in_BookID", SqlDbType.Char, 8);
inBookID.Direction=ParameterDirection.Input;
inBookID.Value=textBox2.Text.Trim();
cmd.Parameters.Add(inBookID);                        //添加"索书号"参数
SqlParameter outReturn=new SqlParameter("@out_str", SqlDbType.Char, 30);
outReturn.Direction=ParameterDirection.Output;      //参数类型为输出参数
cmd.Parameters.Add(outReturn);                       //添加参数
try
{
    conn.Open();                                     //打开数据库连接
    cmd.ExecuteNonQuery();                           //执行存储过程
    MessageBox.Show(outReturn.Value.ToString());//输出数据库返回的信息
}
catch
{
    MessageBox.Show("借书出错!");
}
finally
{
    conn.Close();                                    //关闭数据库连接
    button3_Click(null, null);                       //调用 button3_Click 方法
}
}
```

5）添加"还书"功能代码

切换到窗体设计界面，双击"还书"按钮，系统切换到 Form1.cs 代码页面并添加了 Button2 的 Click 事件处理方法 button2_Click。添加代码如下：

```
private void button2_Click(object sender, EventArgs e)    //还书功能
{
    if(textBox2.Text.Trim()=="")                          //必须输入索书号
    {
        MessageBox.Show("请输入索书号!");
        return;
    }
    SqlConnection conn=new SqlConnection(strcon);         //新建数据库连接对象
    string sqlStrDelete="DELETE FROM TLend WHERE BookID='"+textBox2.Text.Trim()
    +"'";
    SqlCommand cmd=new SqlCommand(sqlStrDelete, conn);    //新建数据库命令对象
    cmd.Parameters.Add("@BookID", SqlDbType.Char, 10).Value=textBox2.Text.Trim();
                                                          //添加参数
```

```
try
{
    conn.Open();                        //打开数据库连接
    int a=cmd.ExecuteNonQuery();         //执行 SQL 语句
    if(a !=0)                            //返回值判断操作是否成功
    {
        MessageBox.Show("还书成功");
    }
    else
    {
        MessageBox.Show("没有此索书号的借阅记录!");
    }
}
catch
{
    MessageBox.Show("删除错误!");
}
finally
{
    conn.Close();                        //关闭数据库连接
    button3_Click(null, null);           //调用 button3_Click 方法
}
}
```

至此,完成了"借书还书"窗体的设计及功能开发。